Werner Bächtold

Mikrowellentechnik

Werner Bächtold

Mikrowellentechnik

Kompakte Grundlagen für das Studium

Mit 211 Abbildungen

Herausgegeben von Otto Mildenberger

Herausgeber:
Prof. Dr.-Ing. Otto Mildenberger lehrt an der Fachhochschule Wiesbaden in den
Fachbereichen Elektrotechnik und Informatik.

http://www.vieweg.de

Umschlaggestaltung: Ulrike Weigel, Niedernhausen

Gedruckt auf säurefreiem Papier

ISBN 978-3-528-07438-8   ISBN 978-3-322-91594-8 (eBook)
DOI 10.1007/978-3-322-91594-8

Vorwort

Das vorliegende Buch "Mikrowellentechnik" ist eine Einführung in die Grundlagen der modernen Mikrowellentechnik und namentlich der Mikrowellenelektronik. Bekanntlich sind in der allgemeinen Elektronik die nichtlinearen Effekte von grösstem Interesse: Die Digitalelektronik "lebt" ja ausschliesslich von nichtlinearen Vorgängen. In der Höchstfrequenzelektronik gilt dies in ähnlichem Mass. Trotzdem beinhaltet eine Einführung in die Höchstfrequenzelektronik zu einem grossen Teil lineare Netzwerkanalyse mit linearen konzentrierten und verteilten Bauelementen.

Aufbauend auf der klassischen Netzwerkanalyse und Leitungstheorie werden zunächst die linearen Komponenten wie Resonatoren, Filter und Antennen vorgestellt. Diese drei Elemente sind in den Kapiteln 1, 2 und 3 relativ knapp behandelt; dabei wird hauptsächlich auf wichtige technische Realisierungen eingegangen. Der Entwurf von Schaltungen der Höchstfrequenztechnik mit Hilfe von Computerprogrammen für lineare und nichtlineare Schaltungsanalyse hat die Produktivität des Schaltungsentwicklers in ungeahnter Weise erhöht. In der Praxis spielt der computergestützte Schaltungsentwurf eine grosse Rolle. Mit einer Einführung in den computergestützten Entwurf von linearen Schaltungen in Kapitel 4 wird dem Studenten ein äusserst nützliches Hilfsmittel in die Hand gegeben. An dieser Stelle soll aber auch auf eine Gefahr der computergestützten Schaltungsanalyse für den Anfänger hingewiesen werden: Mit den neueren, in der Ausführung sehr schnellen Programmen ist man häufig versucht, eine vorgängige Grobanalyse des Problems zu unterlassen und die Lösung "rasch" mittels "cut and try" auf dem Computer zu suchen. In den meisten Fällen bewährt sich jedoch die alte Computerbenützerweisheit: "Before using the computer, put brain in gear". Mit allen möglichen Hilfen, die die modernen Netzwerkanalyseprogramme bieten, bleiben diese lediglich Analyse-Programme, und die Synthese ist weitgehend die Aufgabe des Ingenieurs.

Kapitel 5 schafft mit einem Überblick über Halbleitereigenschaften von Silizium, Gallium-Arsenid und anderen III-V-Materialien die Basis zum Verständnis der Halbleiterbauelemente der Höchstfrequenztechnik. In Kapitel 6 werden die meist verwendeten Halbleiterdioden eingeführt: die pn-Diode, die Schottky-Diode, die Varaktor-Diode, die PIN-Diode und die Ladungsspeicherdiode. Kapitel 7 ist den elektronischen Rauschphänomenen gewidmet. Nach einer allgemeinen Einführung zum Verhalten und zur Charakterisierung von linearen rauschenden Zweitoren werden die Rauschquellen von elektronischen Komponenten behandelt. In den verbleibenden Kapiteln 8 und 9 werden Anwendungen der verschiedenen Dioden als Detektoren, Mischer, Schalter und Frequenzvervielfacher vorgestellt. In neuerer Zeit werden auch für diese Funktionen mehr und mehr aktive Bauelemente wie Bipolartransistoren, MESFETs und HEMTs eingesetzt.

Dieses Lehrbuch wurde auf der Basis der seit Wintersemester 1989 gehaltenen Vorlesung an der ETH-Zürich (Eidgenössische Technische Hochschule Zürich) ausgearbeitet und 1997/98 in grösseren Teilen überarbeitet und ergänzt. Für die genaue Durchsicht, die zahlreichen Verbesserungen sowie die Textverarbeitung und die Ausarbeitung der Illustrationen bin ich allen beteiligten Mitarbeitern der Fachgruppe "Höchstfrequenzelektronik" am Institut für Feldtheorie und Höchstfrequenztechnik der ETH-Zürich, besonders aber den Herren Dr. I. Lamoth und Dr. W. Knop zu grossem Dank verpflichtet. Herrn Dr. D. Erni verdanke ich die Initiative und die Beiträge zur Drucklegung und Herrn Prof. Dr. Otto Mildenberger vom Verlag Vieweg die gute speditive Zusammenarbeit und die sorgfältige Ausführung des Druckes.

Zürich, im Dezember 1998 Werner Bächtold

Inhalt

1 Resonatoren

Resonatoren sind häufig eingesetzte Bauelemente in der Hochfrequenz- und Mikrowellentechnik. Bei niedrigen Frequenzen sind Resonatoren aus konzentrierten, passiven elektrischen Bauelementen wie Induktivitäten und Kapazitäten aufgebaut oder als verteilte elektromechanische Strukturen (z. B. Quarzresonatoren) realisiert. Bei Mikrowellenfrequenzen sind die Abmessungen der Schaltungen mit der Wellenlänge vergleichbar. Daher kommen hier meist verteilte elektromagnetische Resonatoren zum Einsatz. In diesem Kapitel werden hauptsächlich solche Resonatoren betrachtet. Die konventionellen Mikrowellenresonatoren sind dadurch charakterisiert, dass das elektromagnetische Feld innerhalb eines Hohlraumes (cavity) mit gut leitenden Wänden konzentriert ist. Über Kopplungen wird ein Signal in den Resonator ein- und ausgekoppelt. Meist können die Resonatoreigenschaften, wie sie an den Koppelpunkten erscheinen, in einem gewissen Frequenzbereich mit wenigen Parametern hinreichend genau beschrieben oder mit einem Ersatzschaltbild dargestellt werden. So vereinfacht können Resonatoren als Teile von grösseren Schaltungen zur Schaltungsanalyse eingesetzt werden.
Es werden die folgenden Resonatortypen eingeführt:

- Mikrostreifenresonator
- Hohlraumresonator
- dielektrischer Resonator

1.1 Resonatorparameter

Die wichtigsten Parameter eines verteilten Mikrowellenresonators sind identisch mit denen eines aus konzentrierten Bauelementen bestehenden Resonators und können mit einem RLC-Kreis dargestellt werden. Die Resonatorparameter des Serie- und Parallelkreisresonators sind:

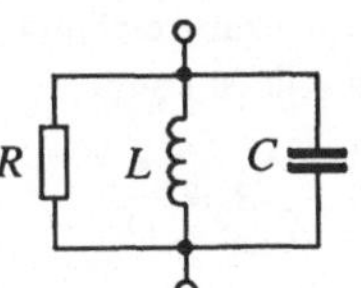

Seriekreis   Parallelkreis

Impedanz/Admittanz: $\quad \underline{Z} = R + j\,(\omega L - \dfrac{1}{\omega C}) \qquad\qquad \underline{Y} = G + j\,(\omega C - \dfrac{1}{\omega L})$ $\qquad$ (1.1)

Resonanzkreisfrequenz : $\qquad\qquad\qquad \omega_0 = 2\pi f_0 = \dfrac{1}{\sqrt{LC}}$ $\qquad$ (1.2)

Charakteristische Impedanz/Admittanz: $\qquad Z_0 = \dfrac{1}{Y_0} = \sqrt{L/C}$ $\qquad$ (1.3)

Güte: $\qquad\qquad Q = \omega_0 \dfrac{L}{R} = \dfrac{Z_0}{R} \qquad\qquad\qquad Q = \omega_0 \dfrac{C}{G} = \dfrac{Y_0}{G}$ $\qquad$ (1.4)

Verlustfaktor: $\qquad\qquad\qquad\qquad\qquad d = \dfrac{1}{Q}$ $\qquad$ (1.5)

Verstimmung:

$$\eta = \frac{\omega}{\omega_0} - \frac{\omega_0}{\omega} \tag{1.6}$$

für $\Delta\omega = \omega - \omega_0 \ll \omega_0$ gilt

$$\eta \approx \frac{2\,\Delta\omega}{\omega_0}$$

Die *Resonatorgüte* Q ist definiert als

$$Q = \omega_0 \frac{\text{gespeicherte Energie}}{\text{Energieverlust / Zeiteinheit}} \tag{1.7}$$

Die *relative Resonatorbandbreite B* ist definiert als die auf ω_0 normierte positive und negative Frequenzabweichung von der Resonanzfrequenz, bei der sich der Betrag der Resonatorimpedanz bzw. Resonanzadmittanz um einen Faktor $\sqrt{2}$ (um 3dB) gegenüber dem Wert in der Bandmitte verändert hat

$$B = \frac{2\,\Delta\omega_{3dB}}{\omega_0} \tag{1.8}$$

Für den Parallelresonanzkreis gilt

$$\underline{Z} = \frac{1}{\dfrac{1}{R} + \dfrac{1}{j\,\omega\,L} + j\,\omega\,C} \tag{1.9}$$

In der Umgebung der Resonanzfrequenz ist

$$\underline{Z} \approx \frac{R}{1 + j\,2\,Q\,\dfrac{\Delta\omega}{\omega_0}} \tag{1.10}$$

wobei $\Delta\omega$ die Frequenzabweichung von der Resonanzfrequenz ω_0 ist.
Die relative Bandbreite ist somit

$$B = \frac{1}{Q} \tag{1.11}$$

1.2 Leitungsresonatoren

Die Eigenschaften von TEM-Leitern und Mikrostreifenleitern sind in [6] Kapitel 1 und 6 behandelt. Aus den beschriebenen Eigenschaften der Impedanztransformation durch eine Leitung können die Resonatoreigenschaften von TEM-Leitungsresonatoren hergeleitet werden.

1.2.1 Die leerlaufende $\lambda/4$-Leitung

Eine Leitung ist mit der geometrischen Länge l, der Wellenimpedanz $\underline{Z}_W$ und der Wellenausbreitungskonstanten $\gamma = \alpha + j\,\beta$ charakterisiert. Die Komponenten der Wellenausbreitungskonstante γ sind der Dämpfungsbelag α und Phasenbelag β.

Figur 1.1 zeigt schematisch einen Mikrostreifenresonator bestehend aus einer leerlaufenden Leitung von einer Viertelwellenlänge.

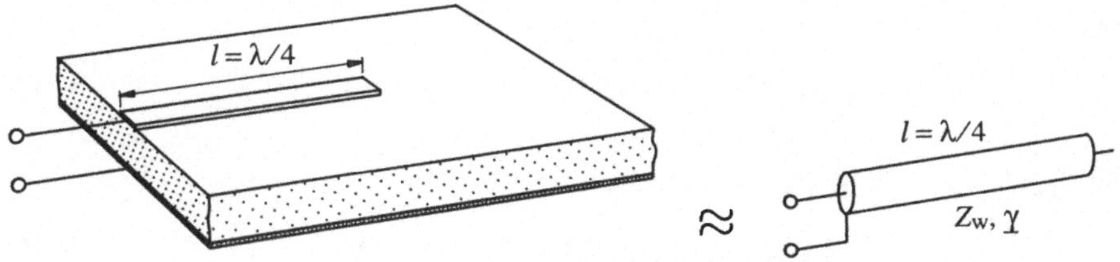

Figur 1.1   Leerlaufende $\lambda/4$-Leitung als Mikrostreifenresonator.

Eine beliebige Abschlussimpedanz $\underline{Z}_2$ wird mit einer Leitung auf den Wert $\underline{Z}_1$ transformiert

$$\underline{Z}_1 = \underline{Z}_\mathrm{w} \frac{\dfrac{\underline{Z}_2}{Z_\mathrm{w}} + \tanh(\gamma\, l)}{1 + \dfrac{\underline{Z}_2}{Z_\mathrm{w}}\tanh(\gamma\, l)} \tag{1.12}$$

Für eine leerlaufende Leitung ($\underline{Z}_2 = \infty$) mit schwacher Dämpfung ($\alpha\, l \ll 1$) gilt

$$\underline{Z}_1 = Z_\mathrm{w}\coth(\gamma\, l) = Z_\mathrm{w}\frac{1 + \tanh(\alpha\, l)\,\tanh(\mathrm{j}\dfrac{\omega}{v_\mathrm{p}}l)}{\tanh(\alpha\, l) + \tanh(\mathrm{j}\dfrac{\omega}{v_\mathrm{p}}l)} \approx Z_\mathrm{w}\frac{\cot(\dfrac{\omega}{v_\mathrm{p}}l) + \mathrm{j}\,\alpha\, l}{\alpha\, l\cot(\dfrac{\omega}{v_\mathrm{p}}l) + \mathrm{j}} \tag{1.13}$$

mit Phasengeschwindigkeit $v_\mathrm{p} = \omega/\beta$

Es soll nun ein möglichst einfaches Ersatzschaltbild des Leitungsresonators gefunden werden. Die leerlaufende $\lambda/4$-Leitung zeigt bei der Resonanzfrequenz eine im Idealfall verschwindende Eingangsimpedanz $\underline{Z}_1$. Sie dürfte damit im Bereich der Resonanzfrequenz ein dem RLC-Serieresonanzkreis ähnliches Verhalten aufweisen. Zur Ermittlung des Ersatzschaltbildes wird (1.13) im Bereich um ω_0 (Kreisfrequenz für Leitungslänge $l = \lambda/4$) entwickelt

$$\omega = \omega_0 + \Delta\omega \tag{1.14}$$

mit $\dfrac{\omega_0}{v_\mathrm{p}}l = \dfrac{\pi}{2}$ und $\cot(\dfrac{\pi}{2} + \dfrac{\Delta\omega}{v_\mathrm{p}}l) = \tan(-\dfrac{\Delta\omega}{v_\mathrm{p}}l) \approx -\dfrac{\Delta\omega}{v_\mathrm{p}}l$ wird (1.13) zu

$$\underline{Z}_1 \approx Z_\mathrm{w}\frac{-\dfrac{\Delta\omega}{v_\mathrm{p}}l + \mathrm{j}\,\alpha\, l}{-\dfrac{\Delta\omega}{v_\mathrm{p}}l\,\alpha\, l + \mathrm{j}} \tag{1.15}$$

Der erste Term im Nenner ist von zweiter Ordnung und verschwindet bei der Betrachtung der ersten Ordnung

$$\underline{Z}_1 \approx Z_\mathrm{w}(\alpha\, l + \mathrm{j}\frac{\Delta\omega\, l}{v_\mathrm{p}}) \tag{1.16}$$

Sind nur die Ohmschen Leiterverluste mit einem Widerstandsbelag R' zu berücksichtigen, dann ist

$$\alpha = \frac{R'}{2\,Z_{\mathrm{w}}} \tag{1.17}$$

Mit $v_{\mathrm{p}} = 1/\sqrt{L'\,C'}$ und $Z_{\mathrm{w}} = \sqrt{L'/C'}$ folgt aus (1.16)

$$\underline{Z}_1 = R'\frac{l}{2} + j\,\omega_0\,L'\,l\,\frac{\Delta\omega}{\omega_0} \tag{1.18}$$

Für die Impedanz $\underline{Z}$ des RLC-Seriekreises gilt für kleine Verstimmung

$$\underline{Z} = R + j\,\omega_0\,L\,\frac{2\Delta\omega}{\omega_0} \tag{1.19}$$

Der Vergleich von (1.18) und (1.19) liefert die Ersatzelemente für das Ersatzschaltbild der $\lambda/4$-Leitung

$$R \approx R'\frac{l}{2} \approx \alpha\,l\,Z_{\mathrm{w}} \tag{1.20}$$

$$L \approx L'\frac{l}{2} \tag{1.21}$$

Die Resonanzbedingung liefert

$$\omega_0^2 = \frac{1}{L\,C} = \left(\frac{2\pi\,v_{\mathrm{p}}}{\lambda}\right)^2 = \left(\frac{2\pi\,v_{\mathrm{p}}}{4\,l}\right)^2 = \left(\frac{\pi}{2\,l}\right)^2 \frac{1}{L'\,C'} \tag{1.22}$$

Aus (1.22) und (1.21) folgt für C

$$C = \frac{8}{\pi^2}\,C'\,l \tag{1.23}$$

Die Ersatzschaltung der leerlaufenden $\lambda/4$-Leitung ist in Figur 1.2 dargestellt.

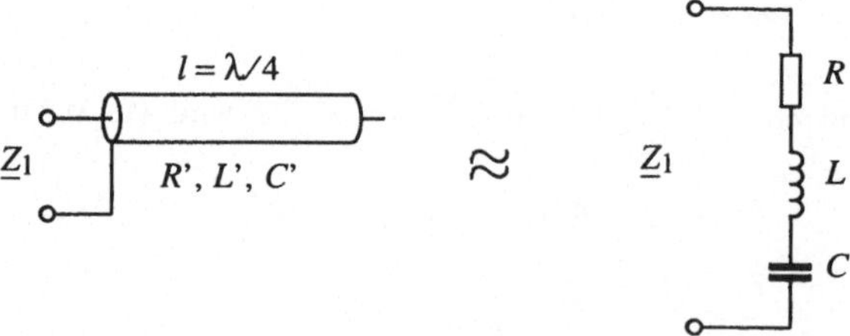

Figur 1.2　　Ersatzschaltung mit RLC-Serieresonanzkreis der leerlaufenden $\lambda/4$-Leitung.

Aus dem Ersatzschaltbild lässt sich nun die Güte des Leitungsresonators ermitteln. Nach (1.4) gilt für den RLC- mit RLC-Serieresonanzkreis

$$Q = \omega_0 \frac{L}{R} \tag{1.24}$$

Mit den Ersatzelementen (1.20), (1.21), (1.23) ist die Güte Q des leerlaufenden $\lambda/4$-Resonators

$$Q = \frac{\pi}{\alpha \lambda} \tag{1.25}$$

Figur 1.3 zeigt als Beispiel den Vergleich des Frequenzgangs der Impedanz einer leerlaufenden Leitung mit der Ersatzschaltung. Im Bereich der relativen Resonatorbandbreite $B = 1/Q$ ist die Approximation mit der Ersatzschaltung sehr genau.

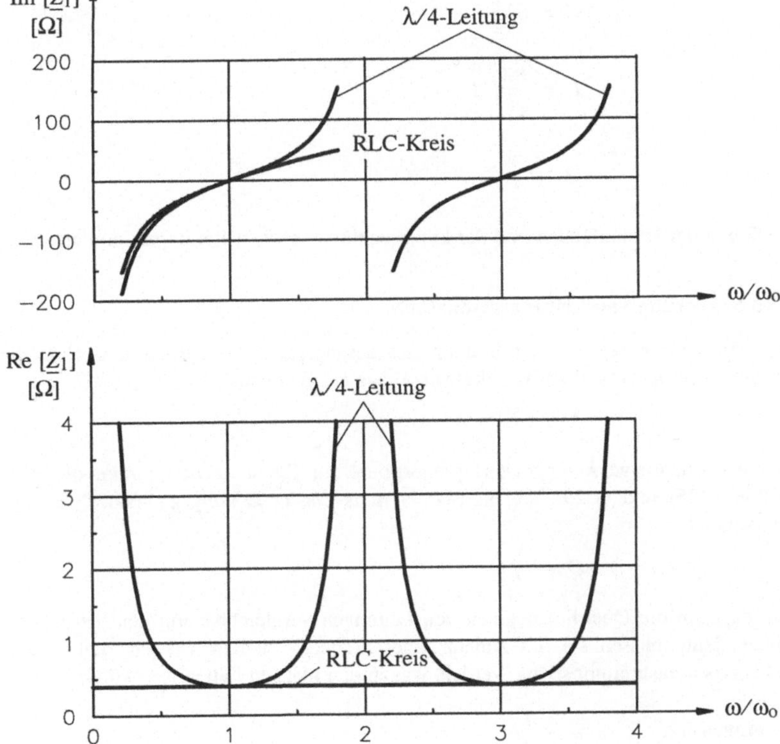

Figur 1.3   Vergleich der Frequenzgänge der Impedanzen des leerlaufenden $\lambda/4$-Leitungsresonators und des äquivalenten RLC-Serieresonanzkreis ($Z_W = 50\Omega$, $Q = 100$).

1.2.2 Die kurzgeschlossene $\lambda/4$-Leitung

Die gleichen Betrachtungen können für die kurzgeschlossene $\lambda/4$-Leitung durchgeführt werden. Man findet als Ersatzschaltung einen RLC-Parallelkreis mit folgenden Ersatzelementen (Figur 1.4):

Figur 1.4   Ersatzschaltung des kurzgeschlossenen $\lambda/4$-Resonators.

$$R = \frac{Z_w}{\alpha\, l} = \frac{2\, Z_w^2}{R'\, l} \qquad (1.26)$$

$$C = C' \frac{l}{2} \qquad (1.27)$$

$$L = \frac{8}{\pi^2} L'\, l \qquad (1.28)$$

$$Q = \frac{\pi}{\alpha\, \lambda} \qquad (1.29)$$

Die Güten der leerlaufenden und der kurzgeschlossenen $\lambda/4$-Leitungen sind also identisch.

1.2.3 Skalierung von Leitungsresonatoren

Der Dämpfungsbelag α einer Leitung mit ausgeprägtem Skineffekt und ohne dielektrische Verluste ist proportional zur Quadratwurzel aus der Frequenz f

$$\alpha \sim \sqrt{f} \qquad (1.30)$$

Da die Wellenlänge λ umgekehrt proportional zur Frequenz ist, nimmt die Resonatorgüte gemäss (1.25) und (1.29) bei konstanter transversaler Leitungsgeometrie mit zunehmender Frequenz zu

$$Q \sim \sqrt{f} \qquad (1.31)$$

Sind dagegen die Querdimensionen von Leitungen vergleichbar mit den betrachteten Wellenlängen, dann müssen sie mit zunehmender Frequenz skaliert werden, damit keine höheren Wellentypen ausbreitungsfähig werden, was in den meisten Fällen unerwünscht ist.

Querdimension: $w \sim \dfrac{1}{f}$ $\qquad (1.32)$

Mit skalierten Querdimensionen nimmt der Dämpfungsbelag α mit zunehmender Frequenz stärker zu

$$\alpha \sim \frac{R_0}{w} \sim f^{3/2} \qquad (1.33)$$

Mit skalierter Geometrie gilt für die Güte von Leitungsresonatoren nach (1.29)

$$Q \sim \frac{1}{\sqrt{f}} \tag{1.34}$$

Resonatoren mit Koaxialleitern und Mikrostreifenleitern werden im Frequenzbereich $f = 1\ldots50\,\mathrm{GHz}$ eingesetzt.

1.3 Belastete Güte eines Resonators

Bei den nach (1.25) und (1.29) bestimmten Güten wird ein allfälliger, über die Ankopplung verursachter Energieverlust nicht eingeschlossen. Die durch die Beschaltung verursachte Veränderung der Güte wird mit Hilfe des Ersatzschaltbildes nach Figur 1.5 bestimmt.

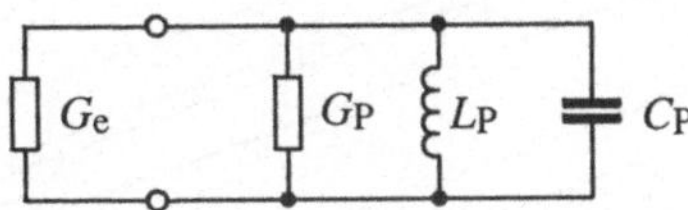

Figur 1.5   Ersatzschaltbild des belasteten Resonators. Der Leitwert G_e stellt die durch die Beschaltung verursachte Belastung dar.

Man führt dazu den Begriff der externen Güte Q_e ein

$$Q_e = \frac{\omega_0 \times \text{im Resonator gespeicherte Energie}}{\text{in der Beschaltung verbrauchte Leistung}} \tag{1.35}$$

Nach dem in Figur 1.5 gezeigten Ersatzschaltbild des Resonators, mit dem externen Leitwert G_e, ist die Resonatorgüte Q_0 und die externe Güte Q_e

$$Q_0 = \frac{\omega_0\, C_p}{G_p} \tag{1.36}$$

$$Q_e = \frac{\omega_0\, C_p}{G_e} \tag{1.37}$$

Die *belastete Güte* Q_L stellt die Güte des Resonators mit den internen und den externen Verlusten dar

$$Q_L = \frac{\omega_0\, C_p}{G_p + G_e} \tag{1.38}$$

Die Resonatorgüte und die externe Güte überlagern sich wie folgt zur belasteten Güte Q_L

$$\frac{1}{Q_L} = \frac{1}{Q_0} + \frac{1}{Q_e} \tag{1.39}$$

1. 4 Ausführungen von koaxialen Leitungsresonatoren und Ankopplung

Figur 1.6a zeigt schematisch einen koaxialen Leitungsresonator mit kapazitiver Ankopplung. In Figur 1.6b wird ein koaxialer Leitungsresonator mit induktiver Ankopplung abgebildet. Das leerlaufende Ende der Leitung ist als Kapazität ausgebildet. Damit wird eine Verkürzung der Resonatorlänge erreicht.

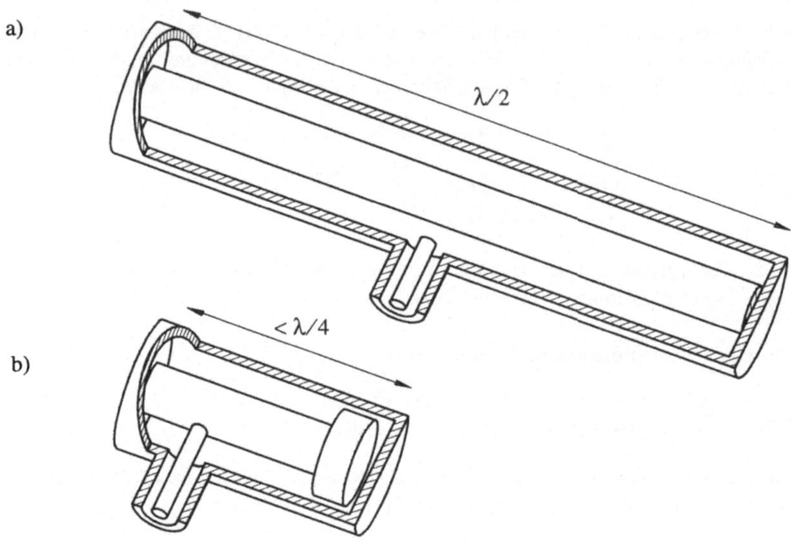

Figur 1.6   Koaxiale Leitungsresonatoren: a) mit kapazitiver Kopplung und
              b) mit galvanischer Kopplung und kapazitiver Verkürzung.

Die Ankopplung kann in einem Ersatzschaltbild als Transformator dargestellt werden (Figur 1.7):

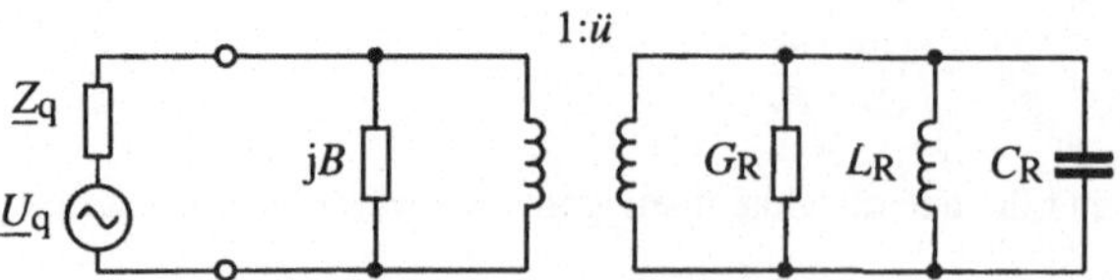

Figur 1.7   Ersatzschaltung eines Resonators mit Ankopplung.

jB: Suszeptanz der Kopplung
$\ddot{u}$:   Übersetzungsverhältnis, ist abhängig von der Geometrie der Kopplung

1.5 Dimensionierung von Mikrostreifenresonatoren

Figur 1.8 zeigt als Beispiel einen kurzgeschlossenen kapazitiv angekoppelten Streifenleitungs-resonator. Da die exakte Feldverteilung am kurzgeschlossenen und am kapazitiven Leitungsende nur mit numerischen Methoden zu ermitteln ist, ist auch die effektive Länge des Resonators nur näherungsweise bestimmbar.

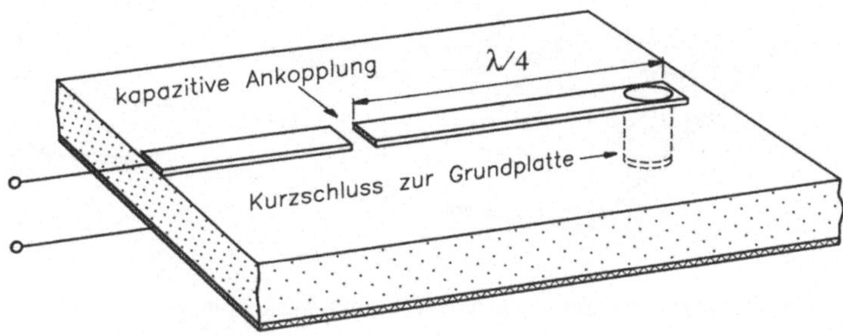

Figur 1.8   Kurzgeschlossener λ/4-Resonator mit kapazitiver Ankopplung.

Figur 1.9 zeigt eine leerlaufende Mikrostreifenleitung. Die Streukapazität am Leitungsende führt zu einer scheinbaren Verlängerung der Leitung um die Länge Δl.

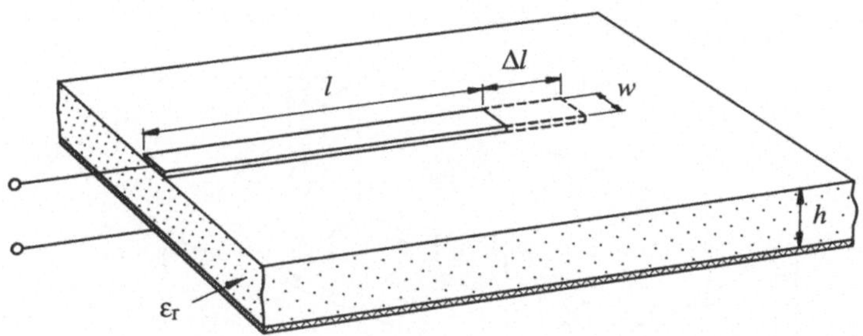

Figur 1.9   Definition der Parameter der Mikrostreifenleitung zur Bestimmung der Überlänge Δl mit (1.40).

Diese Verlängerung lässt sich mit einer Näherungsformel [2] wie folgt für die in Figur 1.9 definierten Leitungsparameter Streifenleiterbreite w, Substratdicke h und relative Dielektrizitätskonstante ε_r, bestimmen.

$$\frac{\Delta l}{h} \approx 0.412 \, \frac{(\varepsilon_r + 0.3)\,(w/h + 0.264)}{(\varepsilon_r - 0.258)\,(w/h + 0.8)} \tag{1.40}$$

Für die präzise Bestimmung der effektiven Dielektrizitätskonstanten ε_{re} von Streifenleitungen werden lose angekoppelte Ringresonatoren mit einem Umfang, der einem ganzzahligen Vielfachen der Wellenlänge entspricht, verwendet (Figur 1.10).

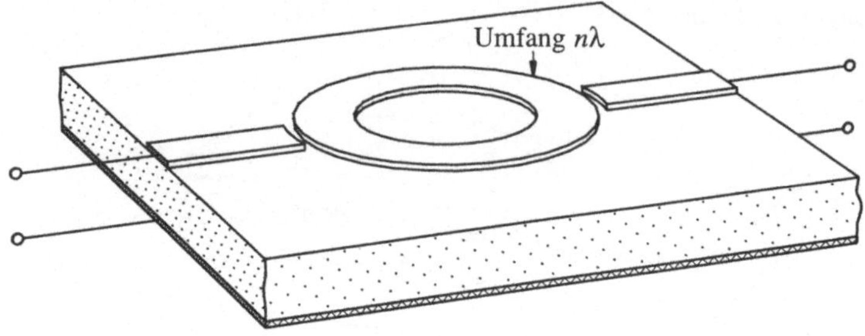

Figur 1.10   Ringresonator mit kapazitiver Ein- und Auskopplung.

1. 6 Hohlraumresonatoren

Für die Verarbeitung von sehr hohen Mikrowellenleistungen und zur Erzielung von sehr hohen Güten werden Hohlraumresonatoren eingesetzt. Wie Figur 1.11 zeigt, sind solche Resonatoren im Prinzip an beiden Enden kurzgeschlossene Hohlleiter.

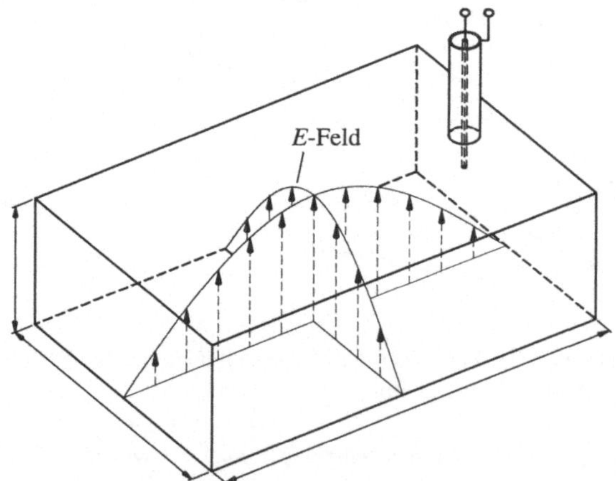

Figur 1.11 TE_{101}-Mode-Hohlraumresonator mit koaxialer Ankopplung.

Dank der in einem quaderförmigen Hohlraum einfach zu bestimmenden Feldverteilung wird dieser Resonator auch zur Messung von Materialeigenschaften in hochfrequenten elektromagnetischen Feldern verwendet. Die Herstellung von Hohlraumresonatoren ist allerdings wesentlich aufwendiger als von Mikrostreifenresonatoren.

Die Resonanzfrequenzen des an den Enden kurzgeschlossenen Rechteckhohlleiters, d.h. eines quaderförmigen Resonators, können wie folgt bestimmt werden: Nach [6] Kapitel 3 ist die Wellenlänge im Rechteckhohlleiter

$$\lambda_z = \frac{\lambda_o}{\sqrt{1 - \left(\dfrac{\lambda_o}{\lambda_c}\right)^2}} \tag{1.41}$$

mit der Grenzwellenlänge $\quad \lambda_c = \dfrac{2\,a\,b}{\sqrt{m^2 b^2 + n^2 a^2}}$

Mit einer Hohlraumlänge $\quad c = q\,\lambda_z/2 \quad$ besteht folgende Beziehung zwischen den Hohlraumdimensionen und den Resonanzwellenlängen mit m Feldmaxima in x-, n Feldmaxima in y- und q Feldmaxima in z-Richtung

$$\left(\frac{1}{\lambda_o}\right)^2 = f_o^2\,\varepsilon\,\mu = \left(\frac{m}{2a}\right)^2 + \left(\frac{n}{2b}\right)^2 + \left(\frac{q}{2c}\right)^2 \tag{1.42}$$

Die tiefste Resonanzfrequenz zeigt der TE-Grundmode. Dabei ist eine der Modenzahlen m, n, q gleich 0 und die beiden anderen gleich 1.

1.7 Der dielektrische Resonator

Der dielektrische Resonator besteht aus einem verlustarmen, temperaturstabilen Dielektrikum mit hoher relativer Dielektrizitätskonstanten ε_r, meist in zylindrischer Form.
Dank seiner Eigenschaften, wie hohe Güte, kleine Dimension, niedriger Preis und leichte Einbaubarkeit in Mikrostreifenschaltungen, hat er in den letzten Jahren zahlreiche Anwendungen gefunden.

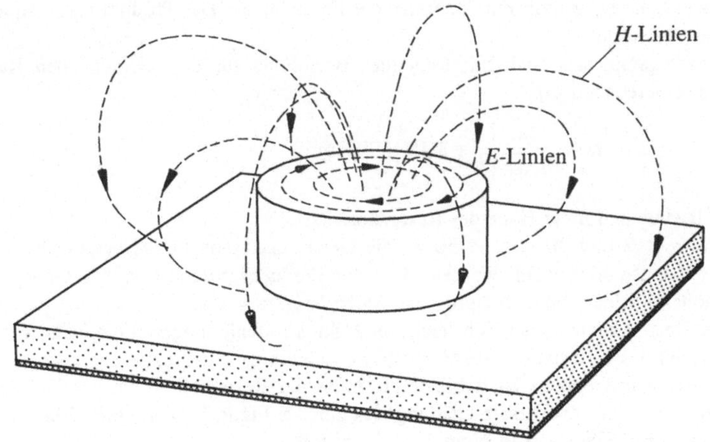

Figur 1.12   Feldverteilung des TE_{01}-Modes im dielektrischen Resonator.

In [6] Kapitel 4 wurde gezeigt, dass eine dielektrische zylindrische Struktur eine Welle führen kann, wenn die Dielektrizitätskonstante des Kerns höher ist als die des Mantels. Wenn die umgebende Luft die Rolle des Mantels übernimmt, d.h. wenn der dielektrische Wellenleiter nur aus einem zylindrischen Dielektrikum besteht, dann ist diese Bedingung immer erfüllt. Es wurde in [6] Kapitel 4 darauf hingewiesen, dass bei Strukturen mit grossen Indexvariationen reine E- oder H-Wellen nur bei rotationssymmetrischen Moden auftreten können, also in Moden ohne azimutale Feldabhängigkeit. Ein dielektrischer Wellenleiter der Länge $\lambda/2$ im TE_{01}-Mode zeigt eine Feldverteilung wie in Figur 1.12 dargestellt. Dies ist die Feldverteilung des dielektrischen Resonators im Grundmode.

Die Dimensionen des dielektrischen Resonators sind ungefähr um den Faktor $\sqrt{\varepsilon_r}$ kleiner als die eines Hohlraumresonators gleicher Resonatorfrequenz. Das Feld ist dabei im Resonator und in seiner unmittelbaren Umgebung konzentriert, sodass die Abstrahlverluste sehr klein sind. Die Güte Q_0 ist damit hauptsächlich durch den Verlustwinkel δ des Dielektrikums bestimmt. Es gilt die Beziehung

$$Q_0 = \frac{1}{\delta} \tag{1.43}$$

Die wichtigsten Eigenschaften der keramischen Materialien für dielektrische Resonatoren sind

- Verlustwinkel δ
- Temperaturkoeffizient der Resonanzfrequenz T_f
- relative Dielektrizitätskonstante ε_r

Keramische Materialien auf der Basis von Bariumtitanat ($BaTi_4O_9$) mit verschiedenen Zuschlägen (Zr, Sn, Zn etc.) sind die bevorzugten Dielektrika für Resonatoren. Sie zeigen folgende typische Parameter [1]

- Güte bei 10 GHz Q_0 : 3000 ... 10000
- Temperaturkoeffizient T_f : −10 ... +10 ppm/°C
- relative Dielektrizitätskonstante ε_r: 37 ... 100

Die unbelastete Güte Q_0 nimmt mit zunehmender Frequenz ab. Das Produkt aus Frequenz und Güte ist nahezu konstant.

Die Resonanzfrequenz lässt sich mit folgender Beziehung für den zylindrischen Resonator näherungsweise berechnen [5]

$$f_r = \frac{34}{a\sqrt{\varepsilon_r}}\left(\frac{a}{h} + 3.45\right) \text{[GHz mm]} \tag{1.44}$$

wobei a der Radius und h die Höhe des Resonators ist.

Mit $0.5 < h/a < 2$ und $30 < \varepsilon_r < 50$ ist die Genauigkeit von (1.44) besser als 2 %. Das Verhältnis h/a muss so gewählt werden, dass der Frequenzabstand vom Grundmode TE_{011} zum nächsthöheren Mode möglichst gross ist. Meist ist $h/a \approx 0.8$.

Dielektrische Resonatoren lassen sich leicht an Mikrostreifenleitungen ankoppeln. Figur 1.13 zeigt ein Beispiel des Einbaus in eine Mikrostreifenschaltung. Um Abstrahlverluste zu vermeiden und die Resonanzfrequenz zu stabilisieren, muss der Resonator in ein geschlossenes Gehäuse eingebaut werden. Die Ersatzschaltung des gemäss Figur 1.13 an eine Mikrostreifenleitung gekoppelten Resonators ist in Figur 1.14 dargestellt.

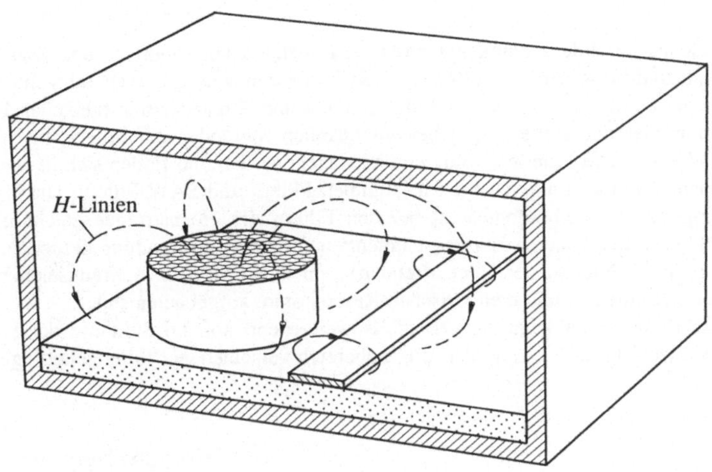

Figur 1.13   Einbau eines dielektrischen Resonators in eine Mikrostreifenschaltung
mit Abschirmung.

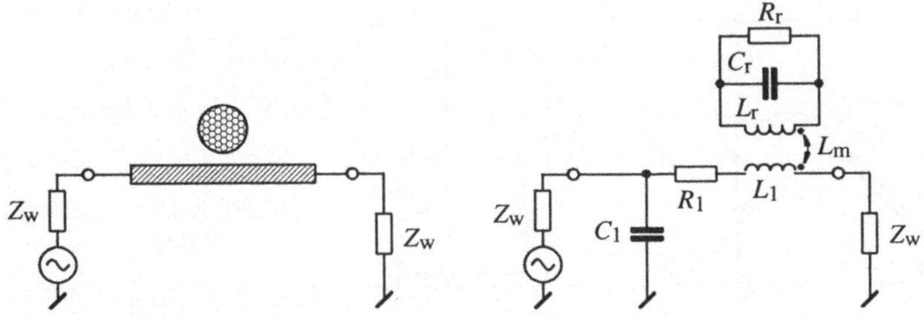

Figur 1.14   Ersatzschaltung für den dielektrischen Resonator in einer Mikrostreifenschaltung.

Literatur

[1] I. Bahl, P. Bhartia: *Microwave solid state circuit design*. New York: Wiley, 1988.

[2] E.O. Hammerstad: "Equations for microstrip circuit design", *Proc. 5th Europ. Microwave Conference*, Hamburg, pp. 268 - 272, 1975.

[3] H. Meinke, F. Gundlach: *Taschenbuch der Hochfrequenztechnik*.
Berlin: Springer, 1992, Kapitel L.

[4] S. Ramo, J. Whinnery, T. Van Duzer: *Fields and waves in communication electronics*.
New York: Wiley, 1994.

[5] D. Kajfez, P. Guillon: *Dielectric Resonators*. Dedham: Artech House, 1986.

[6] W. Bächtold: *Lineare Elemente der Höchstfrequenztechnik*.
Zürich: vdf Verlag der Fachvereine, 1998

2 Filter

Das ganze Gebiet der Filtertechnik mit passiven Bauelementen gehört zu den Klassikern der Elektrotechnik und blickt zurück auf eine Entwicklungszeit von mehreren Jahrzehnten. In der Niederfrequenztechnik spielten die aus Induktivitäten und Kapazitäten aufgebauten Filter sehr lange eine dominierende Rolle. Die dabei entwickelten Methoden der Filtersynthese konnten aber auch auf modernere Filtertechnologien übertragen werden und finden sich in abgewandelter Form beispielsweise in aktiven Filtern, digitalen Filtern und SAW-Filtern. Die Vielfalt der praktisch eingesetzten Technologien ist bei den Filtern der Höchstfrequenztechnik nicht so ausgeprägt. Namentlich haben aktive Bauelemente noch wenig Anwendung gefunden.

Die dominierenden Filter in der Höchstfrequenztechnik sind die aus Leitungselementen, wie Mikrostreifen-, Hohlleiter- und dielektrischen Resonatoren, aufgebauten Filter.

Die Synthese dieser Filter kann sich ebenfalls weitgehend auf die Synthese der klassischen LC-Filter abstützen. Figur 2.1 zeigt den Einsatzbereich verschiedener Filtertechnologien.

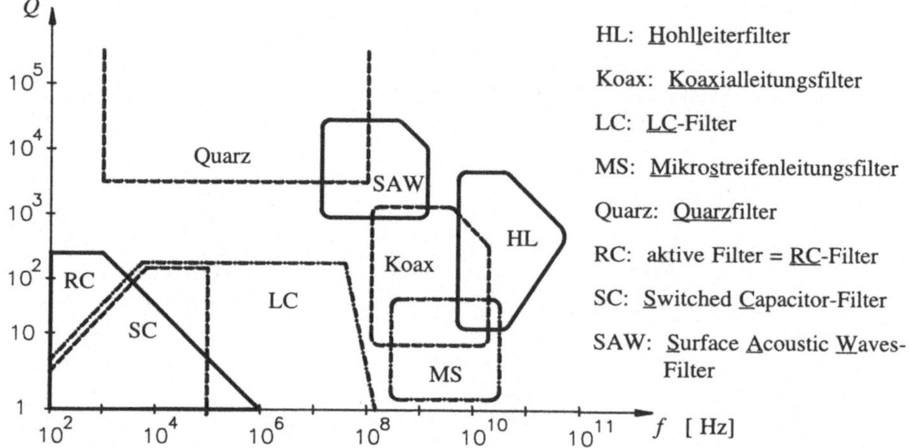

Figur 2.1   Einsatzbereich mit realiserbarer Güte der Filter verschiedener Technologien.

Das Gebiet der Filtersynthese, wie auch der Mikrowellenfilter ist, entsprechend der sehr vielfältigen Anwendungen, äusserst unübersichtlich geworden und ist teilweise aufgespaltet in unterschiedliche, den Spezialisten vorbehaltene Teilgebiete. In diesem Kapitel wird eine Einführung zum Entwurf der einfachsten Leitungsfilter vermittelt. Dabei wird die klassische Filtertheorie nur kurz behandelt. Die "Übersetzung" von klassischen LC-Filtern in Leitungsfilter kann meist problemlos und rein routinemässig vorgenommen werden. Leider resultieren dabei häufig Filterstrukturen, die beispielsweise mit Mikrostreifenleitungen nicht ausführbar sind, da diese einen nur sehr eingeschränkten Bereich der Wellenimpedanz zulassen. So lässt z. B. ein Alumina-Substrat ($\varepsilon_r = 10$) nur einen Bereich der Wellenimpedanz von $Z_W = 20 \ldots 100\,\Omega$ mit vernünftigen Leiterbreiten zu. Die Kunst des Filterentwurfs liegt also darin, den richtigen, mit der gewählten Technik realisierbaren Filtertyp zu finden.

Diese Einführung zum Entwurf von Leitungsfiltern der Höchstfrequenztechnik umfasst folgende Teile:

1. Einführung zu Butterworth- und Tschebyscheff-Filtern. Filterentwurf mit Standardtiefpässen.

2. Die Richards-Transformation, welche erlaubt, ein LC-Filter in einen Typ von Leitungsfilter überzuführen (Filter mit kommensurablen Leitungen).

3. Die Kuroda-Transformation, welche einen Teil der Richards-transformierten Filter in realisierbare Mikrostreifenfilter umzuwandeln vermag.

4. Schmalbandige Bandpässe mit Leitungselementen als Impedanzinverter.

2.1 Filterentwurf mit Butterworth- und Tschebyscheff-Standardtiefpässen

2.1.1 Allgemeine Eigenschaften von LC-Zweitoren

Wir betrachten ein Zweitor gemäss Figur 2.2, das mit einem Quellenwiderstand R_q und einem Lastwiderstand R_L beschaltet ist.

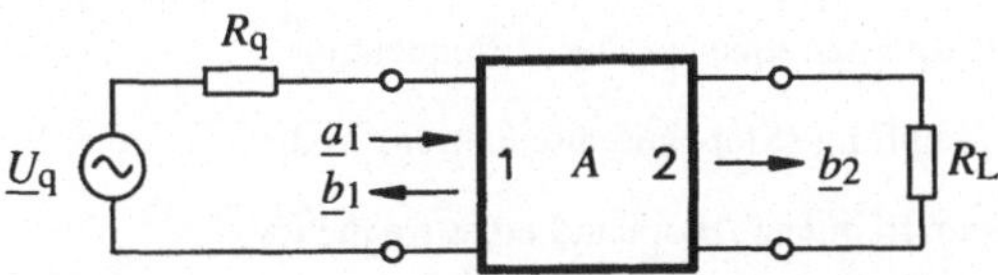

Figur 2.2   Beschaltung von Zweitoren zur Definition der Betriebsdämpfung A.

Als Betriebsdämpfung A definieren wir

$$A = \frac{\text{verfügbare Quellenleistung}}{\text{an die Last abgegebene Leistung}} \qquad (2.1)$$

Werden die Streuparameter des Zweitors auf die Widerstände R_q und R_L normiert, dann ist

$$A = \frac{1}{\left|\underline{S}_{21}\right|^2} \qquad (2.2)$$

Für ein verlustloses Zweitor gilt

$$|\underline{a}_1|^2 = |\underline{b}_1|^2 + |\underline{b}_2|^2 \qquad (2.3)$$

$$\left|\underline{S}_{21}\right|^2 = \frac{|\underline{b}_2|^2}{|\underline{a}_1|^2} = \frac{|\underline{a}_1|^2}{|\underline{a}_1|^2} - \frac{|\underline{b}_1|^2}{|\underline{a}_1|^2} = 1 - \left|\underline{S}_{11}\right|^2 \qquad (2.4)$$

Damit ist

$$A = \frac{1}{1 - \left|\underline{S}_{11}\right|^2} \qquad (2.5)$$

In der Netzwerktheorie wird gezeigt, dass die Betriebsdämpfung von passiven, reziproken und verlustlosen Zweitoren von folgender Form ist

$$A = 1 + \frac{(R-1)^2 + X^2}{4R} \tag{2.6}$$

mit $R(\omega)$: Polynom von ω, gerade Funktion von ω

$X(\omega)$: Polynom von ω, ungerade Funktion von ω

Zur Realisierung eines vorgeschriebenen Dämpfungsverlaufs $A(\omega)$ müssen also geeignete gebrochene Polynome für $A(\omega)$ sowie die zugehörigen Netzwerke des verlustlosen Zweitors gefunden werden. Für einfache Dämpfungsverläufe $A(\omega)$ sind entsprechende Funktionen und Netzwerke bekannt und tabelliert.

2.1.2 Normierte Butterworth- und Tschebyscheff-Tiefpassfilter

Eine Tiefpasscharakteristik gemäss Figur 2.3 kann mit den folgenden Parametern spezifiert werden:

A_c : maximale Durchlassdämpfung (Ripple) in dB

f_c : Durchlassgrenzfrequenz (Cutoff frequency)

A_s : Sperrdämpfung (Stopband attenuation) in dB

f_s : Sperrgrenzfrequenz (Stopband edge frequency)

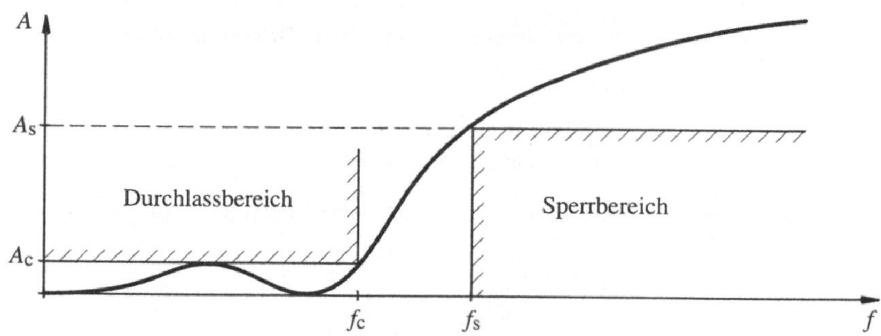

Figur 2.3   Spezifikation für ein Tiefpassfilter.

Die bekanntesten Tiefpassfilterfunktionen, welche die Bedingungen für $A(\omega)$ erfüllen sind:

1. Butterworth-Filter

Das Butterworth-Filter oder Potenzfilter weist im Durchlassbereich einen optimal flachen Dämpfungsverlauf auf

$$A(\Omega) = 1 + k^2 \, \Omega^{2n} \tag{2.7}$$

mit Ω :   normierte Frequenz $\Omega = f/f_c$, $\tag{2.8}$

k :   Dämpfungskonstante

n :   Filterordnung

Die maximale Betriebsdämpfung im Durchlassbereich ist bei der Durchlassgrenzfrequenz f_c ($\Omega = \Omega_c = 1$; Ω_c : normierte Durchlassgrenzfrequenz)

$$A_c = A(\Omega_c) = 1 + k^2 \tag{2.9}$$

2. Tschebyscheff-Filter

Bei den meisten Filteranwendungen kann im Durchlassbereich eine bestimmte Welligkeit der Dämpfung zugelassen werden. Ein häufig verwendetes Filter, das sogenannte Tschebyscheff-Filter zeigt im Durchlassbereich eine konstante Welligkeit, d.h. alle Dämpfungsmaxima sind gleich hoch. Verglichen mit dem Butterworth-Filter zeigt das Tschebyscheff-Filter eine steilere Zunahme der Dämpfung für $\Omega > 1$.

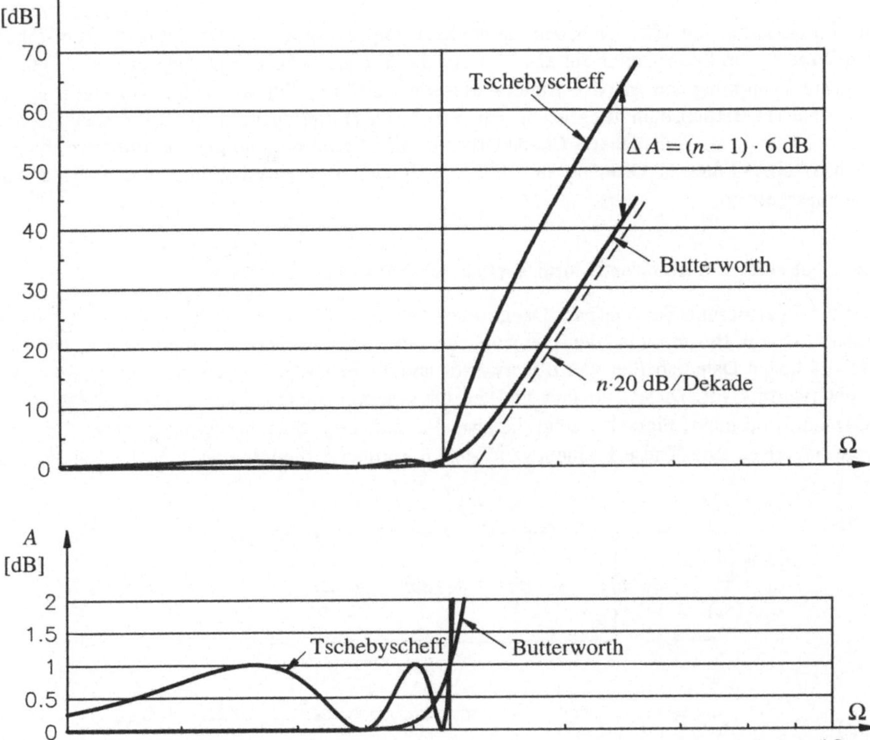

Figur 2.4   Butterworth- und Tschebyscheff-Tiefpasscharakteristiken für Filterordnung $n = 5$ und maximale Betriebsdämpfung im Durchlassbereich $A_c = 1$ dB.

Die Dämpfungscharakteristik des Tschebyscheff-Filters ist von folgender Form

$$A(\Omega) \;=\; 1 + k^2\,T_n^2(\Omega) \tag{2.10}$$

$T_n(\Omega)$ sind die Tschebyscheff-Polynome n-ten Grades

$$T_1(\Omega) \;=\; \Omega \tag{2.11}$$

$$T_2(\Omega) \;=\; 2\,\Omega^2 - 1 \tag{2.12}$$

$$T_3(\Omega) = 4\,\Omega^3 - 3\,\Omega \tag{2.13}$$

es gilt allgemein $\qquad T_n(\Omega) \;=\; 2\,\Omega\,T_{n-1} - T_{n-2}$ $\tag{2.14}$

Für die Betriebsdämpfung bei der Grenzfrequenz f_c gilt, wie für das Butterworth-Filter

$$A_\mathrm{c} \;=\; A(\Omega_\mathrm{c}) \;=\; 1 + k^2 \tag{2.15}$$

Im Durchlassbereich ($\Omega \leq 1$) haben sämtliche Dämpfungsmaxima des Tschebyscheff-Filters den Wert A_c. Im Sperrbereich für $\Omega \gg 1$ weist das Tschebyscheff-Filter eine um $(n-1)\cdot 6\,\mathrm{dB}$ grössere Dämpfung auf als das Butterworth-Filter gleicher Filterordnung. Allgemein ist die Zunahme der Betriebsdämpfung im Sperrbereich beider Filtertypen: $n \cdot 20\,\mathrm{dB}$ /Frequenzdekade. Figur 2.4 zeigt als Beispiel die Charakteristiken der Betriebsdämpfung für Butterworth- und Tschebyscheff-Filter 5. Ordnung mit einer maximalen Betriebsdämpfung von $A_\mathrm{c} = 1\,\mathrm{dB}$ im Durchlassbereich.

2.1.3 Tabellierte Butterworth- und Tschebyscheff-Standardtiefpässe

Für die Realisierung der Tiefpass-Dämpfungsfunktionen (2.7) und (2.10) können analytische Ausdrücke zur Bestimmung der Elementwerte einer kanonischen Schaltung angegeben werden. Es liegen Datentabellen von Butterworth- und Tschebyscheff-Filtern für verschiedene Parameterwerte k vor. Diese Tabellen sind auf die Grenzfrequenz ω_c und auf den Abschlusswiderstand R_l normiert. Figur 2.5 zeigt die zwei Varianten der Standardtiefpässe, deren Elementwerte identisch sind. Diese Elementwerte stellen normierte Induktivitäts- und Kapazitätswerte dar.

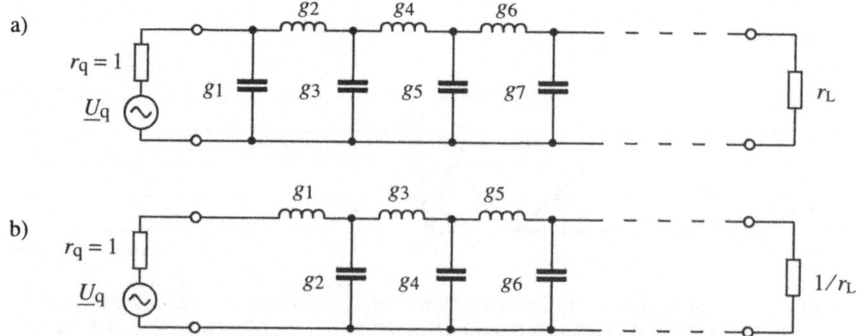

Figur 2.5   Standardisierte LC-Tiefpässe zum normierten Quellenwiderstand $r_\mathrm{q} = 1$:
a) Filter mit C beginnend und b) Filter mit L beginnend.

Die Elementwerte eines realen Tiefpasses können aus den normierten Tiefpasselementen wie folgt bestimmt werden

$$L_i = \frac{g_i \, Z_0}{\omega_c} \tag{2.16}$$

$$C_i = \frac{g_i}{Z_0 \, \omega_c} \tag{2.17}$$

mit g_i :   Elementwerte des normierten Filters

        Z_0 :   Referenzimpedanz (Abschlussimpedanz des Filters)

        ω_c :   Durchlasskreisgrenzfrequenz $\omega_c = 2\pi f_c$

Die folgende Tabelle fasst die wichtigsten Eigenschaften der beiden Tiefpasstypen zusammen:

Filterparameter		Butterworth	Tschebyscheff
Filterordnung n : gerade	Elementwerte g_i	symmetrisch $(g_i = g_{(n+1-i)})$	nicht symmetrisch $(g_i \neq g_{(n+1-i)})$
	Lastwiderstand r_L	1	$r_L = 2\,k^2 + 1 - 2k\sqrt{(1+k^2)}$
Filterordnung n : ungerade	Elementwerte g_i	symmetrisch	symmetrisch
	Lastwiderstand r_L	1	1

Tabelle 2.1   Eigenschaften der normierten Butterworth- und Tschebyscheff-Standardtiefpässe.

Für maximale Betriebsdämpfung im Durchlassbereich $A_c = 3$ dB   (Dämpfungskonstante $k = 1$) lassen sich die Elementwerte des normierten Butterworth-Tiefpasses einfach bestimmen

$$g_i = 2 \sin \frac{\pi\,(2i - 1)}{2n} \qquad i = 1 \dots n \tag{2.18}$$

Mit (2.18) erhalten wir die Elementwerte in der Tabelle 2.2:

n	g_1	g_2	g_3	g_4	g_5	r_L
1	2					1
2	1.414	1.414				1
3	1	2	1			1
4	0.7654	1.848	1.848	0.7654		1
5	0.6180	1.618	2	1.618	0.6180	1

Tabelle 2.2   Elementwerte g_i des normierten Butterworth-Standardtiefpasses für $A_c = 3$ dB $(k = 1)$.

Aus der Literatur [3], Tabelle 4-05-2(a) entnehmen wir die Tabellen 2.3, 2.4, 2.5 und 2.6 für normierte Tschebyscheff-Tiefpässe mit verschiedenen maximalen Betriebsdämpfungen im Durchlassbereich A_c.

n	g_1	g_2	g_3	g_4	g_5	r_L
1	0.3052					1
2	0.8430	0.6220				0.7378
3	1.0315	1.1474	1.0315			1
4	1.1088	1.3061	1.7703	0.8180		0.7378
5	1.1468	1.3712	1.9750	1.3712	1.1468	1

Tabelle 2.3   Elementwerte g_i des normierten Tschebyscheff-Standardtiefpasses für $A_c = 0.1$ dB   ($k = 0.1526$).

n	g_1	g_2	g_3	g_4	g_5	r_L
1	0.4342					1
2	1.0378	0.6745				0.6499
3	1.2275	1.1525	1.2275			1
4	1.3028	1.2844	1.9761	0.8468		0.6499
5	1.3394	1.3370	2.1660	1.3370	1.3394	1

Tabelle 2.4   Elementwerte g_i des normierten Tschebyscheff-Standardtiefpasses für $A_c = 0.2$ dB   ($k = 0.2171$).

n	g_1	g_2	g_3	g_4	g_5	r_L
1	0.6986					1
2	1.4029	0.7071				0.5040
3	1.5963	1.0967	1.5963			1
4	1.7603	1.1926	2.3661	0.8419		0.5040
5	1.7058	1.2296	2.5408	1.2296	1.7058	1

Tabelle 2.5   Elementwerte g_i des normierten Tschebyscheff-Standardtiefpasses für $A_c = 0.5$ dB   ($k = 0.3493$).

n	g_1	g_2	g_3	g_4	g_5	r_L
1	1.0177					1
2	1.8219	0.6850				0.3760
3	2.0236	0.9941	2.0236			1
4	2.0991	1.0644	2.8311	0.7892		0.3760
5	2.1349	1.0911	3.0009	1.0911	2.1349	1

Tabelle 2.6 Elementwerte g_i des normierten Tschebyscheff-Standardtiefpasses für $A_c = 1$ dB ($k = 0.5089$).

Figur 2.6 zeigt als Beispiel ein Tschebyscheff-Tiefpassfilter 3. Ordnung.

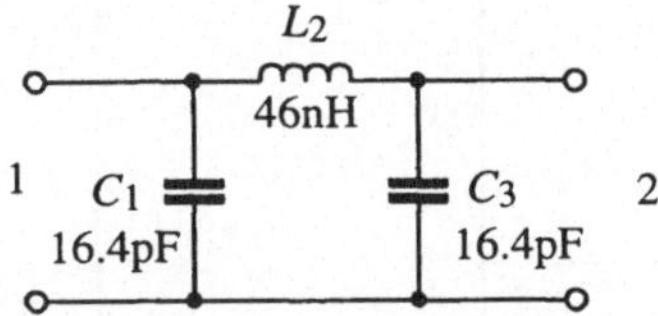

Figur 2.6   Tschebyscheff-Tiefpassfilter 3. Ordnung für $f_c = 200$ MHz, $A_c = 0.1$ dB und $Z_0 = 50\ \Omega$.

Die Filterordnung n lässt sich für das Butterworth- und Tschebyscheff-Filter mit den folgenden Beziehungen bestimmen:

Butterworth-Filter

$$n \geq \frac{\log\left(\dfrac{10^{A_s/10} - 1}{10^{A_c/10} - 1}\right)}{2 \log \Omega_s} \tag{2.19}$$

Tschebyscheff-Filter

$$n \geq \frac{\operatorname{arcosh}\left(\dfrac{\sqrt{10^{A_s/10} - 1}}{\sqrt{10^{A_c/10} - 1}}\right)}{\operatorname{arcosh} \Omega_s} \tag{2.20}$$

mit Ω_s : normierte Sperrgrenzfrequenz $\Omega_s = \dfrac{f_s}{f_c}$ $\tag{2.21}$

$$[A_c] = [A_s] = \text{dB}$$

2.1.4 Frequenztransformierte Filter

Wird in einem Standardtiefpass die normierte Frequenz ersetzt durch

$$j\,\Omega = \frac{1}{j\,\Omega_H} \tag{2.22}$$

dann wird die Tiefpasscharakteristik zur Hochpasscharakteristik transformiert, wie Figur 2.7 an einem Beispiel zeigt. Die Kapazitäten der Tiefpassschaltung gehen in Induktivitäten und die Induktivitäten in Kapazitäten mit reziproken Werten über. Mit weiteren Transformationen von Tiefpassprototypen können Bandpass und Bandsperre realisiert werden.

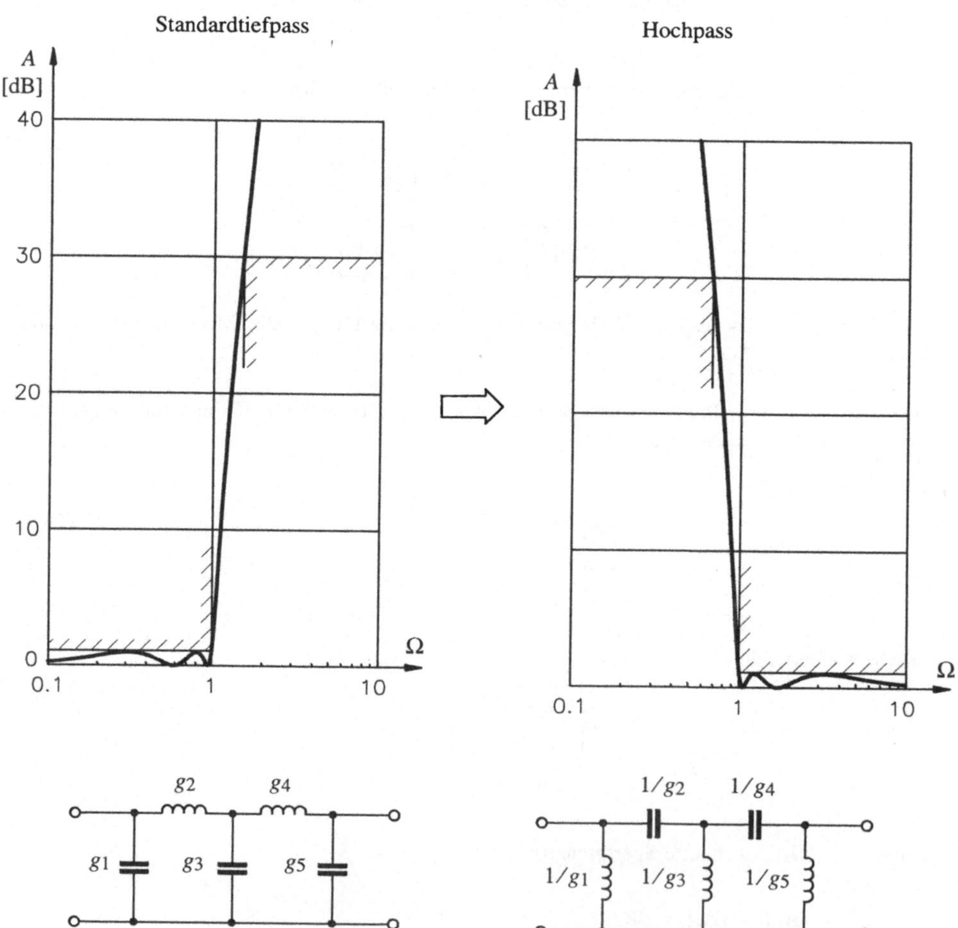

Figur 2.7   Transformation eines Standardtiefpasses zum Hochpass.

2.2 Exakte Synthese von Leitungsfiltern

Der Frequenzbereich von konzentrierten LC-Filtern ist beschränkt durch die Nichtidealität der Komponenten. Während die Reaktanz und die Güte von konzentrierten Induktivitäten und Kapazitäten im Bereich über einige 100 MHz keinen hohen Filteransprüchen mehr genügen können, wären die entsprechenden Reaktanzen noch sehr gut mit verteilten Elementen, wie leerlaufenden und kurzgeschlossenen Leitungen sowie verschiedenen gekoppelten Leitungen realisierbar. Es ist beispielsweise aus der Leitungstheorie bekannt, dass leerlaufende Leitungen mit einer Länge $l \leq \lambda/4$ kapazitiv und kurzgeschlossene Leitungen mit $l \leq \lambda/4$ induktiv sind. Wir könnten damit die induktiven Reaktanzen und die kapazitiven Suszeptanzen mit solchen Leitungselementen ersetzen. Figur 2.8 zeigt ein Beispiel eines Tiefpasses, der von konzentrierten Elementen in eine Schaltung mit Leitungselementen transformiert wurde.

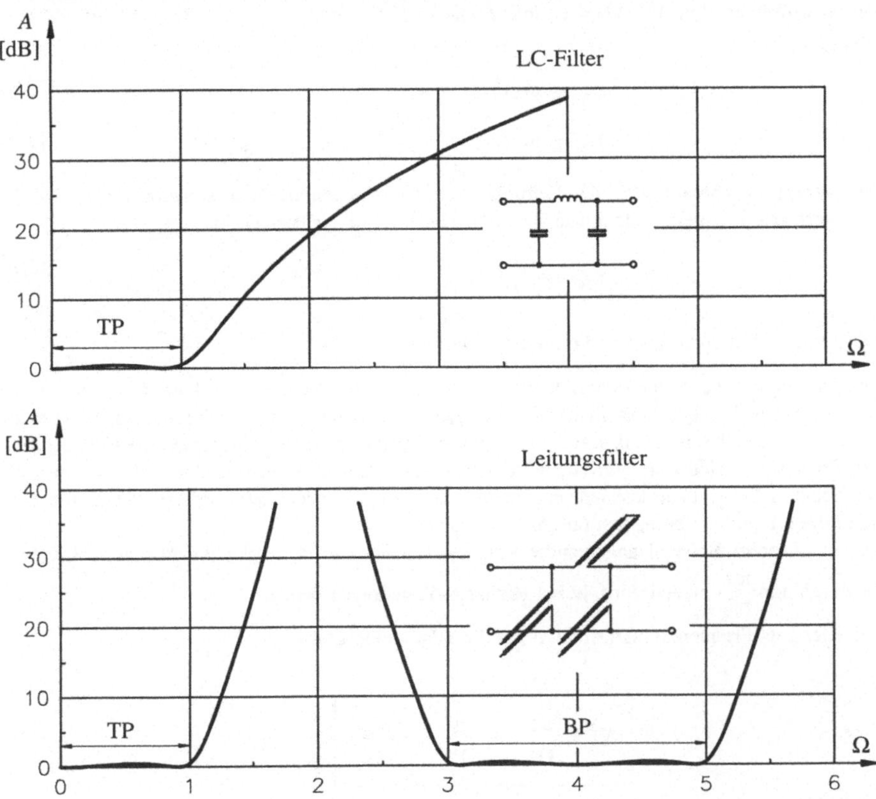

Figur 2.8   Dämpfungscharakteristiken eines Tschebyscheff-Tiefpassfilters 3. Ordnung mit $f_c = 200$ MHz und $A_c = 0.5$ dB, ausgeführt als LC-Filter und als Leitungsfilter.

Bei den hier besprochenen Leitungsfiltern haben alle Leitungselemente die gleiche Länge l. Im vorliegenden Beispiel wurden alle Leitungen so bemessen, dass sie bei der Grenzfrequenz f_c eine Länge von $\lambda/8$ haben.

So gelten für die Leitungselemente des Filters

$$j \, \Omega \, \omega_{c} \, L_i = j \, Z_{w_i} \tan\frac{\pi f}{4 f_c} \tag{2.23}$$

$$j \, \Omega \, \omega_{c} \, C_i = j \, Y_{w_i} \tan\frac{\pi f}{4 f_c} \tag{2.24}$$

Dabei sind

L_i und C_i die Induktivitäten und Kapazitäten des konzentrierten Filters,

Z_{w_i} und Y_{w_i} die Wellenimpedanzen und Wellenadmittanzen der kurzgeschlossenen
und leerlaufenden Leitungen des Leitungsfilters.

Durch Einsetzen von $\Omega = \Omega_c = 1$ und $f = f_c$ in (2.23) und (2.24) erhalten wir für Z_{w_i} und Y_{w_i}

$$Z_{w_i} = \omega_c \, L_i \tag{2.25}$$

$$Y_{w_i} = \omega_c \, C_i \tag{2.26}$$

Die Dämpfungscharakteristik des Leitungsfilters weist gegenüber dem konzentrierten LC-Filter eine verzerrte Frequenzskala auf und ist periodisch mit einer Periodizität

$$4 f_c = \frac{v_p}{2 \, l} \tag{2.27}$$

mit v_p :   Phasengeschwindigkeit auf der Leitung.

Die Periodizität war zu erwarten, da alle Leitungselemente die gleiche Länge l haben.
Dieses Beispiel zeigt, dass man mit geeigneter Vorverzerrung der Frequenzskala jede gewünschte Filtercharakteristik mit Leitungsfiltern herstellen kann. Allerdings muss dabei das in der Frequenz periodische Verhalten berücksichtigt werden. Unerwünschte Durchlassbereiche bei höheren Frequenzen können anhand von in Kaskade geschalteten Filtern mit unterschiedlich hohen Durchlassbereichen unterdrückt werden.
Die in unserem Beispiel angewandte Frequenztransformation, in der die normierte Frequenz Ω durch $\tan\dfrac{\pi f}{4 f_c}$ ersetzt wird, heisst Richards-Transformation.
Die Richards-Frequenztransformation hat die allgemeine Form

$$\boxed{\; \Omega = \frac{\Omega'}{\Omega'_c} = \frac{1}{\Omega'_c} \tan\frac{\pi f}{2 f_0} \;} \tag{2.28}$$

Dabei sind

Ω :   normierte Frequenz des konzentrierten Netzwerkes

Ω' :   reelle normierte Frequenz $\Omega' = \tan\dfrac{\pi f}{2 f_0}$ $\tag{2.29}$

Ω'_c : reelle normierte Durchlassgrenzfrequenz $\Omega'_c = \tan\dfrac{\pi f_c}{2 f_0}$ $\tag{2.30}$

f: Frequenz des verteilten Netzwerkes

f_0:   Bezugfrequenz des verteilten Netzwerkes

2.2.1 Anwendung der Richards-Transformation für die Realisierung von Tiefpässen mit Leitungselementen.

Mit Hilfe der Richards-Transformation kann eine einfache Filterspezifikation (Tiefpass TP, Hochpass HP, Bandpass BP, Bandsperre BS) in eine Filterspezifikation eines Standardtiefpasses überführt und eine Filterschaltung aus Leitungselementen gleicher Länge gefunden werden.

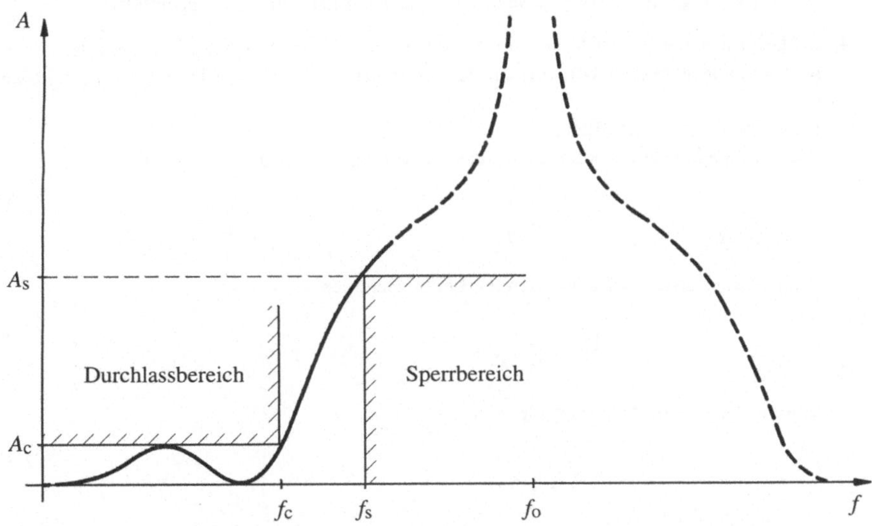

Figur 2.9   Filterspezifikation für einen mit kommensurablen Leitungselementen realisierten Tiefpass.

Dieser Filterentwurf kann für einen Tiefpass nach folgendem Schema ablaufen:

Gegeben: Dämpfungsverlauf spezifiziert mit A_c , f_c , A_s und f_s , definiert gemäss Figur 2.9.

1. Wahl der Bezugfrequenz f_0 . Bei dieser Frequenz entsprechen die Längen l aller im Filter eingesetzten Leitungselemente

$$l = \frac{\lambda\,(f=f_0)}{4} \tag{2.31}$$

Es wird später gezeigt, dass, wenn die Filterspezifikationen es erlauben, $f_0 \approx 2f_c$ eine vorteilhafte Wahl ist.

2. Normierung der Frequenzen

$$\Omega'_c = \tan\frac{\pi f_c}{2 f_0} \tag{2.32}$$

$$\Omega'_s = \tan\frac{\pi f_s}{2 f_0} \qquad (2.33)$$

3. Wahl des Standardtiefpasses:
   Die Standardtiefpässe sind auf eine Grenzfrequenz $\Omega_c = 1$ normiert. Die normierte Sperrgrenzfrequenz ist daher

$$\Omega_s = \frac{\Omega'_s}{\Omega'_c} \qquad (2.34)$$

Der Grad eines Tschebyscheff-Filters wird mit (2.20) oder mit einem graphischen Hilfsmittel (Nomogramm nach [4], Seite 251 oder nach [9], Seite 141) ermittelt.

4. Da beim Standardtiefpass die Grenzfrequenz auf $\Omega_c = 1$ normiert ist, müssen die Ersatzelemente g_i beim Übergang auf das Leitungsfilter durch den Faktor Ω'_c geteilt werden.
   Elemente des Leitungsfilters:
   Wellenimpedanzen der kurzgeschlossenen Leitungselemente

$$Z_i = g_i \frac{Z_0}{\Omega'_c} \qquad (2.35)$$

Wellenadmittanzen der leerlaufenden Leitungselemente

$$Y_i = \frac{g_i}{Z_0 \, \Omega'_c} \qquad (2.36)$$

Leitungslängen aller Leitungselemente

$$l = \frac{v_p}{4 f_0} \qquad (2.37)$$

Dabei sind:

$\qquad v_p$:   Phasengeschwindigkeit auf den Leitungen

$\qquad g_i$: i-tes Element des Standardtiefpasses

$\qquad Z_0$:   Referenzimpedanz (Abschlussimpedanz) des Filters

Figur 2.10 illustriert die Umsetzung eines Standardtiefpasses in einen Leitungstiefpass.

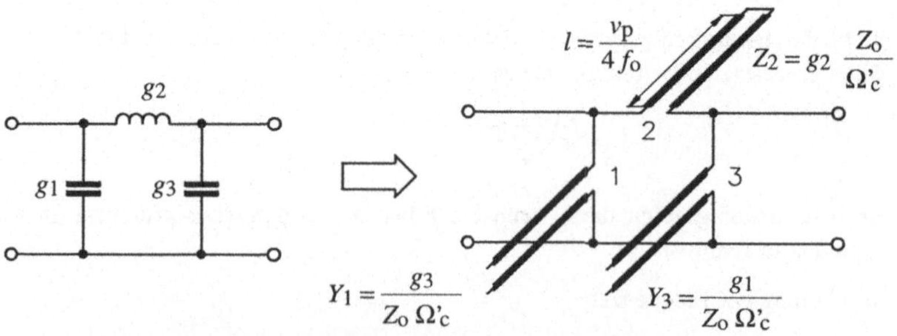

Figur 2.10   Umsetzung eines Standardtiefpasses in einen Leitungstiefpass mit kommensurablen Leitungen.

2.2.2 Realisierung von Mikrostreifenfiltern mit Kuroda-Transformation

Während der Schritt vom Standard LC-Tiefpass zu einer Topologie mit Leitungselementen dank der Richards-Transformation völlig problemlos ist, stösst man bei der Realisierung der Leitungsfilter, beispielsweise als Mikrostreifenfilter, auf erhebliche Schwierigkeiten.

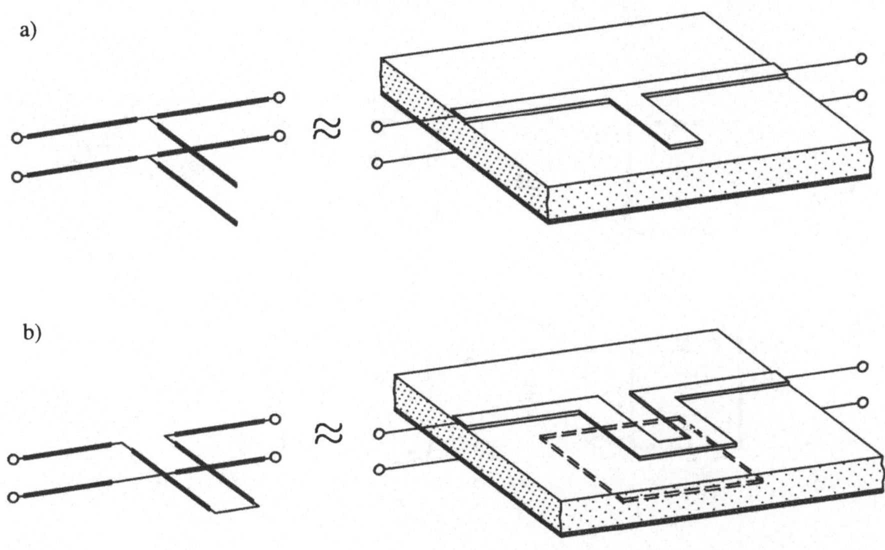

Figur 2.11   Realisierungen von Stichleitungen in Mikrostreifentechnik:
a) leerlaufende, geerdete Leitung und b) kurzgeschlossene, erdfreie Leitung.

Gemäss Figur 2.11a kann die leerlaufende, geerdete Stichleitung als Einzelleitung recht gut in Mikrostreifentechnik gebaut werden. Nach Figur 2.10 sollten die Leitungen 1 und 3 am Fusspunkt der kurzgeschlossenen Stichleitung 2, also mit kleinem gegenseitigem Abstand, angeschlossen werden. Da eine gegenseitige Kopplung zwischen 1 und 3 unerwünscht ist, führt diese enge Nachbarschaft zu Problemen. Die kurzgeschlossene Stichleitung 2 lässt sich, wie Figur 2.11b zeigt, nur schlecht realisieren. Die Induktivität sollte in Form einer erdfreien, kurzgeschlossenen Stichleitung erscheinen. Eine elektrisch und geometrisch wenig befriedigende Anordnung ist in Figur 2.11b gezeigt, wo mit einer Öffnung in der Grundplatte eine gewisse Erdfreiheit erzielt wird. Dieses Beispiel zeigt, dass die vorliegende Tiefpassstruktur nicht für eine Realisierung in Mikrostreifentechnik geeignet ist. Es wäre von Vorteil, wenn nur kurzgeschlossene oder leerlaufende Stichleitungen gegen die Grundplatte (mit einer Leiterseite an Erde) auftreten würden. Weiter wäre eine gewisse Distanz zwischen den Leitungselementen vorteilhaft, um unerwünschte Kopplungen zu vermeiden. Genau diese Ansprüche werden weitgehend mit der *Kuroda-Transformation* befriedigt, wie nachfolgend gezeigt wird.
Neben den kurzgeschlossenen und leerlaufenden Stichleitungen führen wir als zusätzliches Leitungselement das Einheitselement (unit element) U.E. ein, welches ein Stück Übertragungsleitung mit einer Wellenimpedanz Z_{ue} und der gleichen Länge l wie die Stichleitungen darstellt.

Kuroda [7] hat die in Figur 2.12 wiedergegebenen Identitäten formuliert

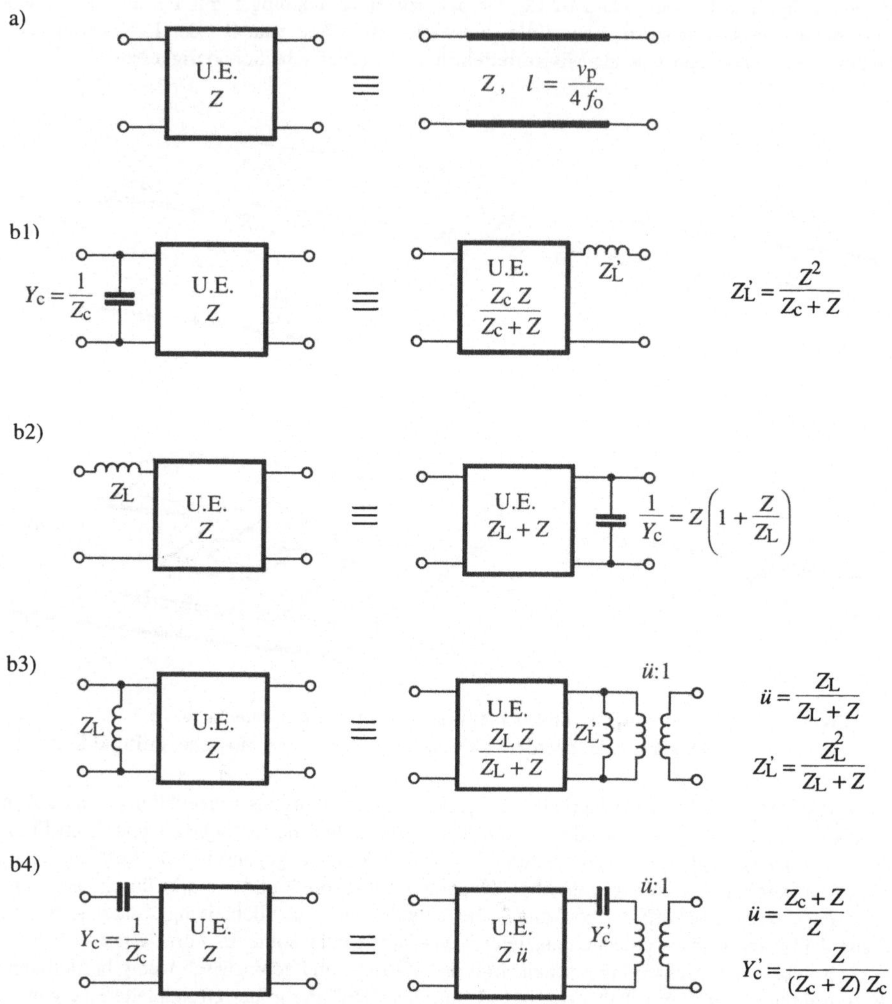

a)

$$Z, \quad l = \frac{v_p}{4 f_0}$$

b1)

$$Y_c = \frac{1}{Z_c}$$

U.E. $\dfrac{Z_c Z}{Z_c + Z}$ Z_L'

$$Z_L' = \frac{Z^2}{Z_c + Z}$$

b2)

$$Z_L$$

U.E. $Z_L + Z$

$$\frac{1}{Y_c} = Z\left(1 + \frac{Z}{Z_L}\right)$$

b3)

$$Z_L$$

U.E. $\dfrac{Z_L Z}{Z_L + Z}$ Z_L' $\ddot{u}:1$

$$\ddot{u} = \frac{Z_L}{Z_L + Z}$$

$$Z_L' = \frac{Z_L^2}{Z_L + Z}$$

b4)

$$Y_c = \frac{1}{Z_c}$$

U.E. $Z\,\ddot{u}$ Y_c' $\ddot{u}:1$

$$\ddot{u} = \frac{Z_c + Z}{Z}$$

$$Y_c' = \frac{Z}{(Z_c + Z)\, Z_c}$$

Figur 2.12   Kuroda-Transformation:
a) Einheitselement U.E. und b1) ... b4) Kuroda-Identitäten.
Die als L und C dargestellten Elemente sind kurzgeschlossene bzw. leerlaufende Leitungen von gleicher Länge wie die Einheitselemente U.E. Alle angegebenen Impedanzwerte bzw. Admittanzwerte sind Wellenimpedanzen bzw. Wellenadmittanzen der entsprechenden Leitungselemente.

Als Beispiel soll nur die Kuroda-Identität nach Figur 2.12b1 bewiesen werden. Wir benützen dazu die Zweitordarstellung in Form der Kettenmatrix.

Der linke Teil der Kuroda-Identität nach Figur 2.12b1 lautet:

A-Matrix (Kettenmatrix) der leerlaufenden Stichleitung (Paralleladmittanz)

$$\underline{A}_c = \begin{pmatrix} 1 & 0 \\ \dfrac{j\,\Omega'}{Z_c} & 1 \end{pmatrix} \tag{2.38}$$

entsprechend (2.29) $\quad \Omega' = \tan\dfrac{\pi f}{2 f_0}$

Mit (2.29) lässt sich die A-Matrix des Einheitselements schreiben

$$\underline{A}_{ue} = \begin{pmatrix} \cos\dfrac{\pi f}{2 f_0} & j\,Z\sin\dfrac{\pi f}{2 f_0} \\ \dfrac{j\sin\dfrac{\pi f}{2 f_0}}{Z} & \cos\dfrac{\pi f}{2 f_0} \end{pmatrix} = \dfrac{1}{\sqrt{1+\Omega'^2}} \begin{pmatrix} 1 & j\,\Omega'\,Z \\ \dfrac{j\,\Omega'}{Z} & 1 \end{pmatrix} \tag{2.39}$$

$\underline{A}_c$ kaskadiert mit $\underline{A}_{ue}$

$$\underline{A}_c\,\underline{A}_{ue} = \dfrac{1}{\sqrt{1+\Omega'^2}} \begin{pmatrix} 1 & 0 \\ \dfrac{j\,\Omega'}{Z_c} & 1 \end{pmatrix}\begin{pmatrix} 1 & j\,\Omega'\,Z \\ \dfrac{j\,\Omega'}{Z} & 1 \end{pmatrix} \tag{2.40}$$

$$= \dfrac{1}{\sqrt{1+\Omega'^2}} \begin{pmatrix} 1 & j\,\Omega'\,Z \\ j\,\Omega'\left(\dfrac{1}{Z}+\dfrac{1}{Z_c}\right) & 1-\dfrac{\Omega^2\,Z}{Z_c} \end{pmatrix}$$

Für den rechten Teil der Kuroda-Identität nach Figur 2.10b1 lässt sich (analog zu (2.39)) die A-Matrix des Einheitselements wie folgt bestimmen

$$\underline{A}'_{ue} = \dfrac{1}{\sqrt{1+\Omega'^2}} \begin{pmatrix} 1 & j\,\Omega'\,\dfrac{Z_c\,Z}{Z_c+Z} \\ j\,\Omega'\,\dfrac{Z_c+Z}{Z_c\,Z} & 1 \end{pmatrix} \tag{2.41}$$

A-Matrix der kurzgeschlossenen Stichleitung (Serieimpedanz)

$$\underline{A}_l = \begin{pmatrix} 1 & j\,\Omega'\,\dfrac{Z^2}{Z_c+Z} \\ 0 & 1 \end{pmatrix} \tag{2.42}$$

$\underline{A}'_{ue}$ kaskadiert mit $\underline{A}_1$ ergibt den gleichen Ausdruck wie (2.40)

$$\underline{A}'_{ue}\,\underline{A}_1 = \frac{1}{\sqrt{1+\Omega'^2}} \begin{pmatrix} 1 & j\,\Omega'\,\dfrac{Z_c\,Z}{Z_c+Z} \\[2ex] j\,\Omega'\,\dfrac{Z_c+Z}{Z_c\,Z} & 1 \end{pmatrix} \begin{pmatrix} 1 & j\,\Omega'\,\dfrac{Z^2}{Z_c+Z} \\[2ex] 0 & 1 \end{pmatrix} \tag{2.43}$$

$$= \frac{1}{\sqrt{1+\Omega'^2}} \begin{pmatrix} 1 & j\,\Omega'\,Z \\[2ex] j\,\Omega'\left(\dfrac{1}{Z}+\dfrac{1}{Z_c}\right) & 1 - \dfrac{\Omega'^2\,Z}{Z_c} \end{pmatrix}$$

In gleicher Weise können die weiteren Kuroda-Identitäten nach Figur 2.12b2 ... b4 verifiziert werden. Mit den Kuroda-Identitäten kann in einem gewissen Rahmen die Topologie von kommensurablen Leitungsfiltern verändert werden. So wird z. B. mit der Identität b1 eine schlecht realisierbare erdfreie, kurzgeschlossene Stichleitung in eine einfach realisierbare geerdete, leerlaufende Stichleitung umgeformt. Wir benützen diese Kuroda-Transformation, um einen einfachen Tiefpass in eine realisierbare Topologie umzuformen. Figur 2.13 zeigt den Tiefpass 3. Ordnung in der normierten Form ($z_i = Z_i/Z_0$). In einem ersten Schritt werden beidseitig je ein Einheitselement U.E. mit der normierten Wellenimpedanz $z = 1$ angehängt. Diese Elemente verändern die Dämpfungsfunktion nicht. In einem zweiten Schritt werden diese U.E. "über die Induktivität geschoben". Dabei wird die Induktivität zur Kapazität, und die normierte Wellenimpedanz des U.E. wird verändert. Im letzten Schritt werden die normierten Impedanzen mit der gewünschten Referenzimpedanz (z. B. 50 Ω) multipliziert. In Figur 2.13d ist die Mikrostreifenschaltung dieses einfachen Filters 3. Ordnung gezeigt. Bei einem Tiefpass n-ter Ordnung wären $n-1$ Einheitselemente nötig, um sämtliche Induktivitäten in Kapazitäten zu transformieren. Dabei könnten alle U.E. von einer Seite in das Filter geschoben werden oder, wie im Beispiel Figur 2.13, beidseitig symmetrisch.
Typisch für diese transformierten Tiefpässe sind:

1. Die U.E. zeigen hohe Wellenimpedanzen.

2. Die (kapazitiven) Stichleitungen nahe bei den Ein- und Ausgangstoren zeigen hohe Wellenimpedanzen.

3. Die Stichleitungen in der Mitte zeigen niedrige Wellenimpedanzen.

4. Die Impedanzunterschiede hängen stark von der Wahl von $\Omega'_c = \tan\dfrac{\pi f_c}{2 f_0}$ ab.

Für das Verhältnis $\dfrac{f_c}{f_0} \approx \dfrac{1}{2}$ resultieren die kleinsten Impedanzunterschiede. Daher ist dies die "vernünftigste" Wahl von f_0.

Mit der Kuroda-Transformation werden neue Filterelemente zum ursprünglichen Filter zugefügt, ohne dass die Filterordnung verändert wird. Die U.E. stellen daher redundante Elemente dar. Häufig stellt man bei Filterentwürfen fest, dass mit dem beschränkten realisierbaren Bereich der Leitungsimpedanzen von Mikrostreifenleitungen die mit der beschriebenen Methode ermittelten Filter nur schwierig oder gar nicht herstellbar sind. Dann müssen andere in der Literatur beschriebene Transformationen verwendet werden [3].

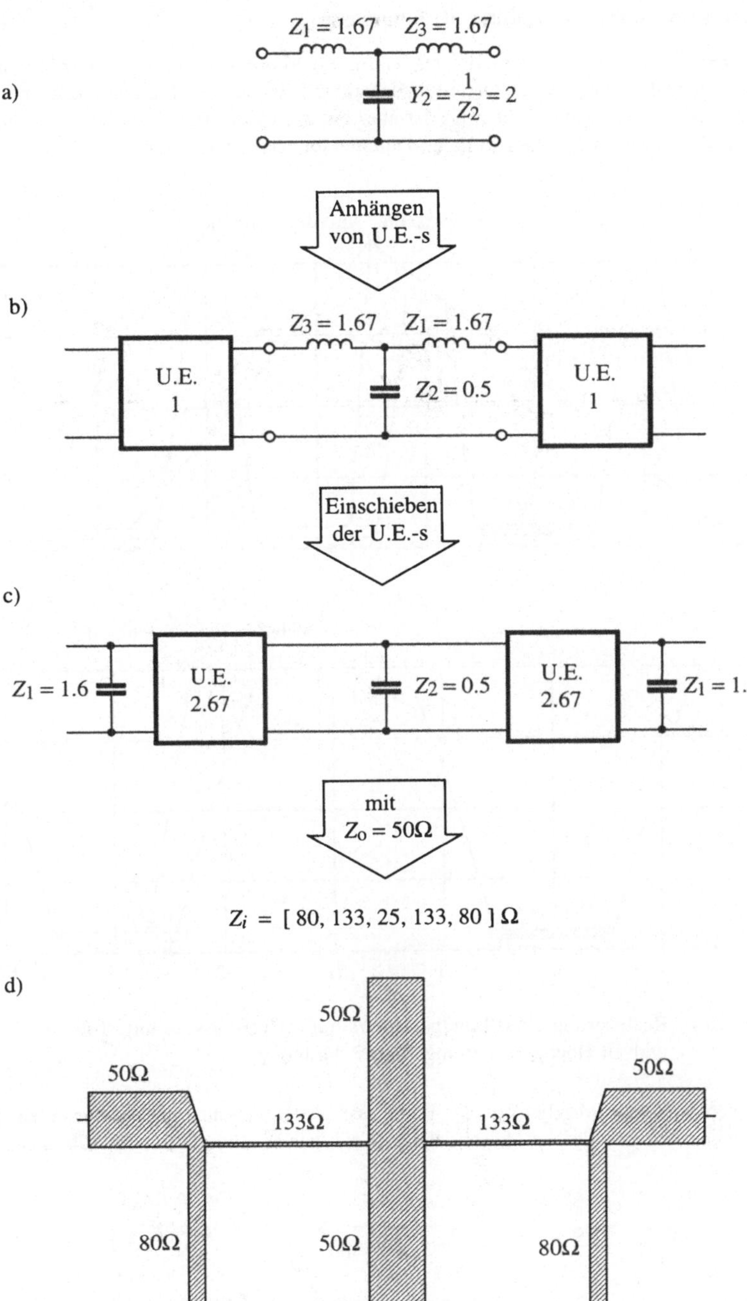

Figur 2.13   Realisierung eines Tiefpasses mit Kuroda-Transformation.

2.2.3 Kommensurable Leitungsfilter als Bandpässe

Mit der oben beschriebenen Methode der Tiefpasssynthese wäre es grundsätzlich möglich, Hochpässe zu realisieren, da die Dämpfungscharakteristik auf der Frequenzachse periodisch ist. Wie das Beispiel in Figur 2.14 zeigt, ist aber ein aus einem Hochpass hergeleiteter Bandpass bezüglich der unerwünschten weiteren Durchlassbereiche vorteilhafter.

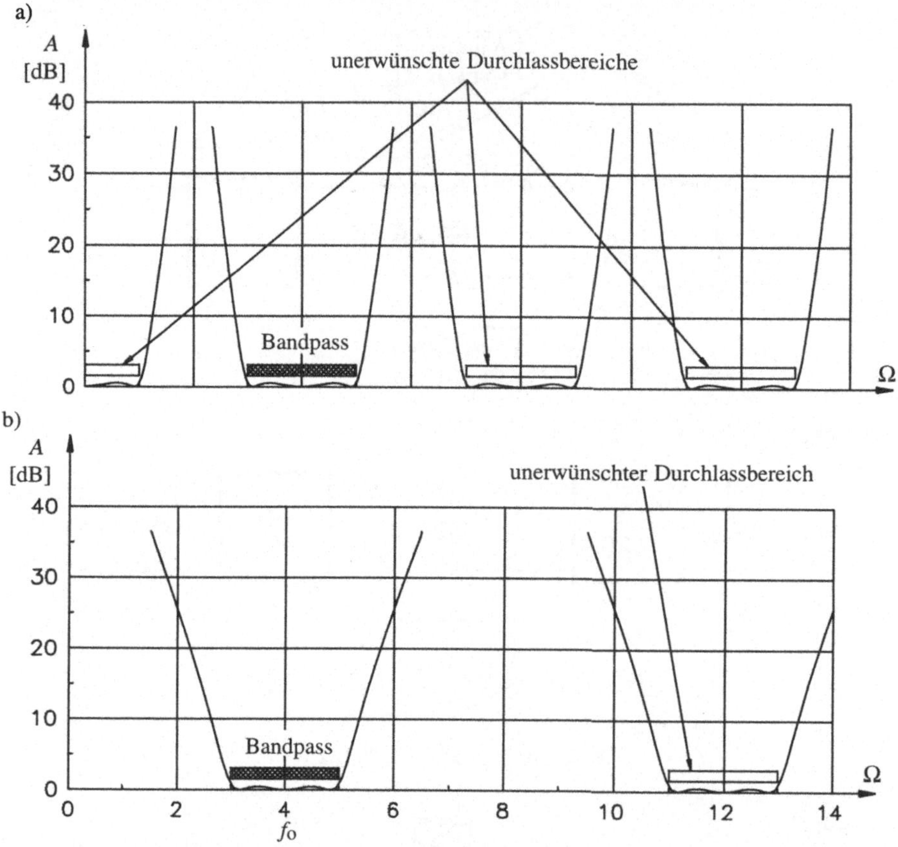

a)

b)

Figur 2.14   Realisierung eines Bandpassfilters mit a) Tiefpass-Leitungsfilter 3. Ordnung und b) Hochpass-Leitungsfilter 3. Ordnung.

Im folgenden wird eine Möglichkeit der Bandpassrealisierung mit Leitungselementen, ausgehend von einem Standardtiefpass, beschrieben. Wird, gemäss Figur 2.15, der Übergang von

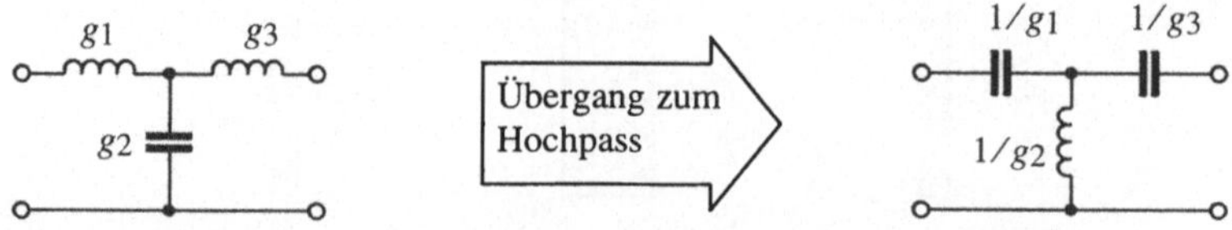

Figur 2.15   Transformation eines Standardtiefpasses zu einem Hochpass.

einem Standardtiefpass zum Hochpass vollzogen, dann resultiert eine Struktur mit erdfreien, leerlaufenden Stichleitungen. Diese sind in Mikrostreifentechnik wiederum schwierig zu realisieren. Die in Figur 2.12 gezeigten Kuroda-Identitäten geben auch keine Möglichkeit, die Seriekapazitäten loszuwerden. Hier eröffnen aber weitere Elemente, die gekoppelten Leitungselemente, neue Wege. Figur 2.16 zeigt zwei Arten von Zweitoren mit gekoppelten Leitungen und

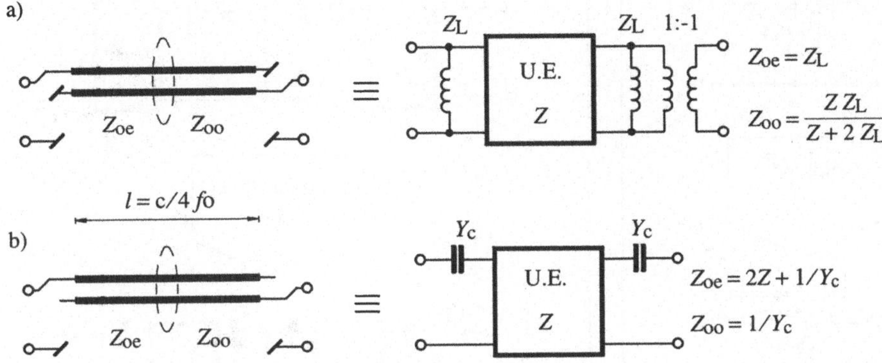

Figur 2.16   Ersatzschaltungen für gekoppelte Leitungen: a) geerdete Leitung, b) leerlaufende Leitung. Die als L und C dargestellten Elemente sind kurzgeschlossene bzw. leerlaufende Leitungen. Alle angegebenen Impedanzwerte bzw. Admittanzwerte sind Wellenimpedanzen bzw. Wellenadmittanzen der entsprechenden Leitungen. Alle Leitungselemente einer Ersatzschaltung sind gleich lang wie die gekoppelte Leitung ihrer Originalschaltung.

den zugehörigen Ersatzschaltungen. Beide Typen sind Bandpasselemente. Die Realisierung eines Bandpasses mit Spezifikationen nach Figur 2.17 kann nach dem folgenden Schema erfolgen (Figur 2.18):

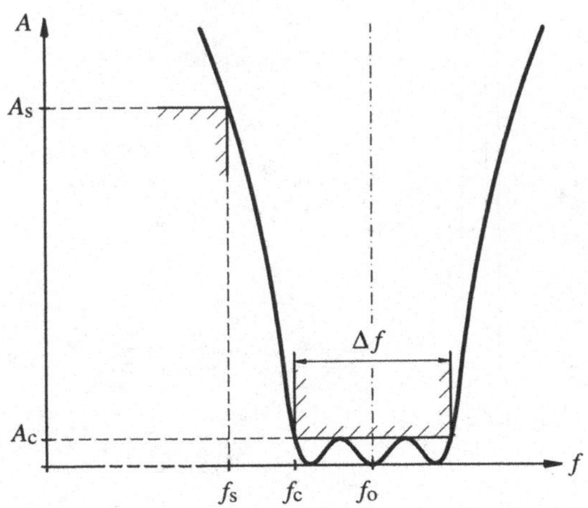

Figur 2.17   Spezifikation für ein Bandpassfilter.

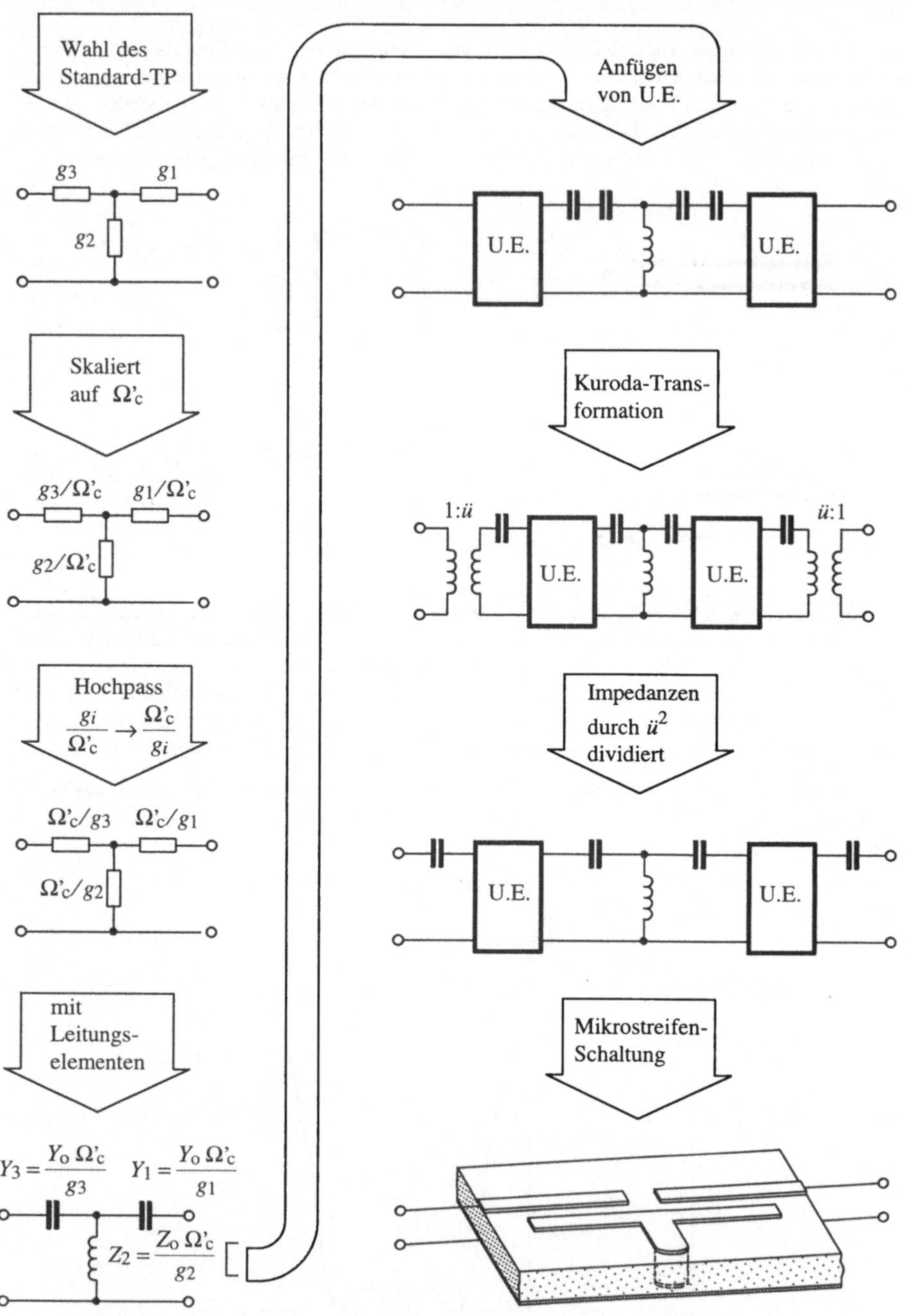

Figur 2.18   Konstruktion eines Bandpassfilters in Mikrostreifentechnik mit
Umwandlung von Leitungselementen.

1. Aufgrund der Spezifikationen, nach Figur 2.17, wird f_0, und damit die $\lambda/4$ -Länge aller Leitungselemente, festgelegt.
   Die normierten Tiefpassfrequenzen sind dann

$$\Omega'_c = \cot\frac{\pi f_c}{2 f_0} \qquad (2.44)$$

$$\Omega'_s = \cot\frac{\pi f_s}{2 f_0} \qquad (2.45)$$

$$\Omega_s = \frac{\Omega'_s}{\Omega'_c} \qquad (2.46)$$

Man beachte, dass hier die Frequenztransformation nicht nach (2.29) erfolgt, da in diesem Fall die Bandpassfrequenzen f_c und f_s in normierte Tiefpassfrequenzen überführt werden.

2. Ω_s , A_c und A_s bestimmen den Referenztiefpass, der mit zwei Schaltungen realisiert werden kann, nämlich mit Serieelement oder Parallelelement beginnend. Wir wählen die Schaltung nach Figur 2.18, die mit einem Serieelement beginnt.

3. Der Standardtiefpass wird auf die normierte Bandgrenze Ω'_c skaliert.

4. Die Hochpasselemente entsprechen den reziproken Tiefpasselementen.

5. Alle Elemente des normierten Hochpasses werden mit Leitungselementen dargestellt.

6. Wir beschränken uns im Folgenden auf eine qualitative Beschreibung. Beidseitig wird die Schaltung mit einem Einheitselement ergänzt. Die Kapazität wird aufgespalten in zwei seriegeschaltete Kapazitäten. Damit ist die Schaltung für eine Kuroda-Transformation gemäss Figur 2.12b4 vorbereitet.

7. Die Kuroda-Transformation fügt zwei Transformatoren mit gleichen Übersetzungsverhältnissen zu. Werden alle Impedanzen in der Schaltung durch $\ddot{u}^2$ dividiert, dann fallen die Transformatoren wieder heraus. Die Einheitselemente mit den Kapazitäten an den Ein- und Ausgängen werden ersetzt durch gekoppelte Leitungen nach Figur 2.16b.

8. Somit kann das Filter in Streifenleitungstechnik ausgelegt werden. Das Beispiel in Figur 2.19 zeigt ein einfaches Filter mit zwei Sektionen von gekoppelten Leitungen und eine gegen Erde kurzgeschlossene Stichleitung.

Diese genaue Synthetisierung ist recht aufwendig, und häufig sind die Filterelemente mit Mikrostreifentechnik nicht realisierbar. Eine genaue Betrachtung der Mikrostreifenschaltung zeigt auch, dass sich zusätzliche, nicht erwünschte Elemente eingeschlichen haben. So zieht beispielsweise jede Diskontinuität der Leiterbreite eine parasitäre Kapazität nach sich. Auch eine T-Verzweigung beinhaltet in einfachster Näherung eine Kapazität. Zudem sind die elektrischen Längen der angrenzenden Leitungen nicht genau definiert (Figur 2.19). Im weiteren verändern die Streufelder an den Enden von leerlaufenden und kurzgeschlossenen Leitungen die elektrischen Längen, daher ist eine Korrektur der geometrischen Leitungslängen erforderlich [8].
Die heutigen Mikrowellen-Netzwerkanalyseprogramme haben einfache Modelle für solche Arten von Diskontinuitäten. Die Schaltungen können mittels einer Optimierungsroutine noch leicht modifiziert werden, um diesen Nichtidealitäten Rechnung zu tragen.

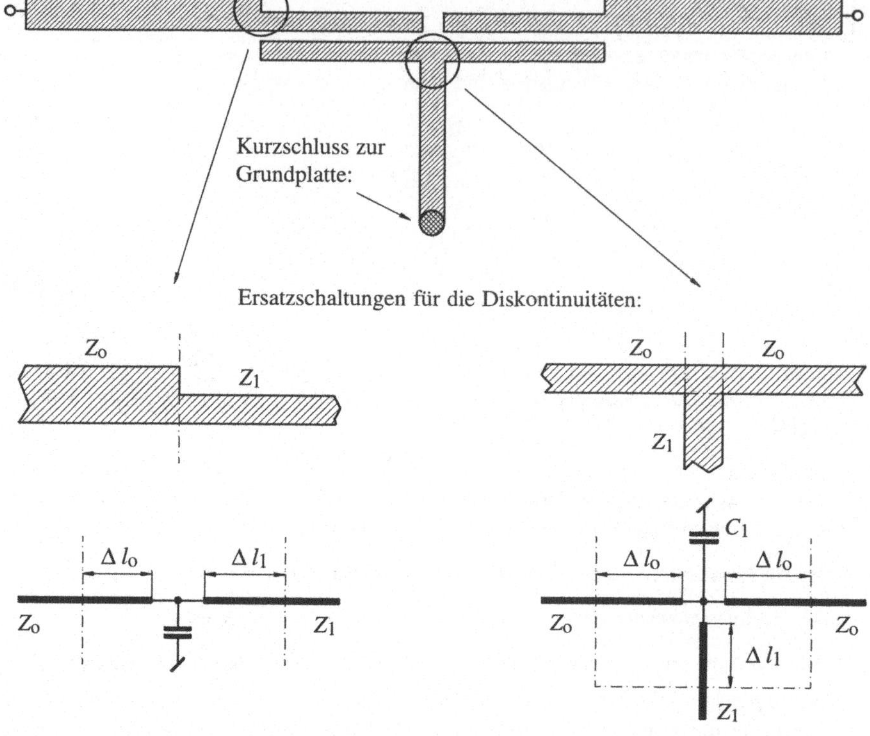

Figur 2.19   Realisierung des Bandpassfilters nach Figur 2.17 in Streifenleitungstechnik.

2. 3 Entwurf von schmalbandigen Bandpässen mit Resonatoren und Impedanzinvertern

Bei der Realisierung von Bandpässen gemäss Abschnitt 2.2 stellt man in der Praxis fest, dass einfache gekoppelte Leitungen nur mit relativ kleinen Kopplungsfaktoren realisiert werden können. Damit wird die erreichbare Bandbreite beschränkt. Für den Entwurf von schmalbandigen Bandpässen steht eine weitere, einfachere Filtersysthesemethode zur Verfügung, die Filtersynthese mit Resonatoren und Impedanzinvertern. Dabei wird davon Gebrauch gemacht, dass Impedanzinverter in einem beschränkten Frequenzbereich hinreichend genau mit Leitungselementen oder diskreten reaktiven Elementen realisierbar sind und dass Resonatoren unterschiedlichster Bauart sich im Bereich der Resonanzfrequenz gleich verhalten.

2.3.1 Transformation eines Tiefpass-Prototyps zum Bandfilter

In den Entwurfverfahren für analoge Filter mit diskreten Kapazitäten und Induktivitäten wird gezeigt, dass Bandpässe ausgehend von Standardtiefpässen mittels der folgenden Frequenztransformation synthetisiert werden können

$$\Omega_{TP} = \frac{\Omega_{BP}^2 - 1}{B\,\Omega_{BP}} \tag{2.47}$$

mit Ω_{TP}: auf die Durchlasskreisgrenzfrequenz ω_c normierte Frequenz des Standardtiefpasses

Ω_{BP}: auf die Bandmittenkreisfrequenz ω_0 normierte Bandpassfrequenz

B: normierte Bandbreite $B = \dfrac{\omega_{c2} - \omega_{c1}}{\omega_0}$

Bei dieser Tiefpass-Bandpass-Transformation werden, gemäss Figur 2.20, die Induktivitäten zu Serieschwingkreisen und die Kapazitäten zu Parallelschwingkreisen.

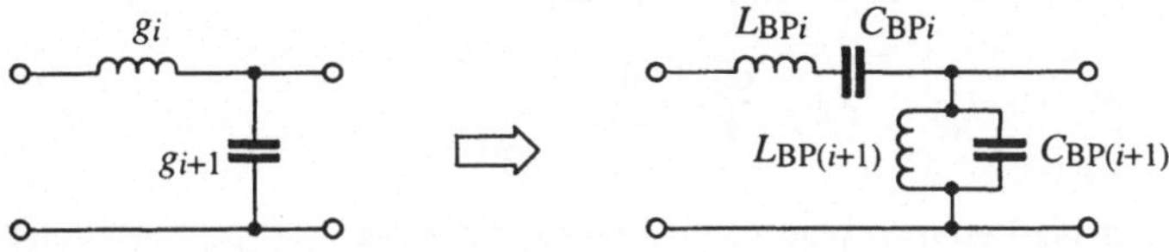

Figur 2.20   Transformation des Tiefpassprototyps zum Bandpass.

Mit der Normierungsimpedanz Z_0 gelten

$$L_{BPi} = \frac{g_i Z_0}{B\omega_0} \tag{2.48}$$

$$C_{BPi} = \frac{B}{g_i Z_0 \omega_0} \tag{2.49}$$

$$L_{BP(i+1)} = \frac{B Z_0}{g_{i+1}\, \omega_0} \tag{2.50}$$

$$C_{BP(i+1)} = \frac{g_{i+1}}{B Z_0 \omega_0} \tag{2.51}$$

Die Impedanzen bzw. Admittanzen der einzelnen Elemente können wie folgt dargestellt werden:

	Tiefpass		Bandpass
Induktivität	$\underline{Z}_L = j\omega L_{TP}$	Serieresonanzkreis	$\underline{Z}_S = j\omega_0 L_{BP}\eta$
Kapazität	$\underline{Y}_C = j\omega C_{TP}$	Parallelresonanzkreis	$\underline{Y}_P = j\omega_0 L_{BP}\eta$

$$\text{mit} \qquad \eta: \text{Verstimmung, } \eta = \frac{\omega}{\omega_0} - \frac{\omega_0}{\omega} \tag{2.52}$$

Bei kleiner Verstimmung gilt

$$\eta \approx \frac{2\Delta\omega}{\omega_0} \qquad \text{mit } \Delta\omega = \omega - \omega_0 \tag{2.53}$$

Im Bereich der Resonanzfrequnz $\omega \approx \omega_0$ lässt sich die Impedanz des Serieschwingkreises mit (2.53) wie folgt schreiben

$$\underline{Z}_S = j\omega_0 L_{BP}\eta \approx j\omega_0 L_{BP}\frac{2\Delta\omega}{\omega_0} \tag{2.54}$$

Anstelle eines LC-Schwingkreises kann ein beliebiger Resonator, z. B. ein Leitungsresonator, eingesetzt werden. Zur Charakterisierung des Verhaltens von Resonatoren in naher Umgebung der Resonanzfrequenz $\omega \approx \omega_0$ definieren wir die Parameter Reaktanzsteilheit X_S und Suszeptanzsteilheit B_S. Für jede beliebige Funktion $\mathrm{Im}\,[\underline{Z}_S\,(\omega)]$ gilt allgemein

$$\mathrm{Im}[\underline{Z}_S] \approx \left. \frac{d\,\mathrm{Im}[\underline{Z}_S]}{d\,\omega} \Delta\,\omega \right|_{\omega=\omega_0} \tag{2.55}$$

Wir definieren nun die Reaktanzsteilheit X_S mit

$$X_S = \left. \frac{\omega_0}{2} \frac{d\,\mathrm{Im}[\underline{Z}_S]}{d\,\omega} \right|_{\omega=\omega_0} \tag{2.56}$$

die im Bereich der Resonanzfrequenz die Resonatorimpedanz mit (2.53) wie folgt bestimmt

$$\underline{Z}_S \approx j\,X_S\,\eta \tag{2.57}$$

Mit $X_S = \omega_0 L_{BP}$ und (2.54) gilt die obige Näherung für den Serieschwingkreis exakt. In analoger Weise wird für den Parallelschwingkreis eine Suszeptanzsteilheit B_S definiert

$$B_S = \left. \frac{\omega_0}{2} \frac{d\,\mathrm{Im}[\underline{Y}_P]}{d\,\omega} \right|_{\omega=\omega_0} \tag{2.58}$$

mit der zu (2.57) analogen Beziehung

$$\underline{Y}_P \approx j\,B_S\,\eta \tag{2.59}$$

Bei der Transformation der Filterelemente zum Bandpassfilter zeigen alle Resonatoren die gleiche Resonanzfrequenz ω_0. Damit genügt es, die Resonatoren nur mit deren Reaktanz- bzw. Suszeptanzsteilheit zu charakterisieren, wie dies in Figur 2.21 illustriert ist.

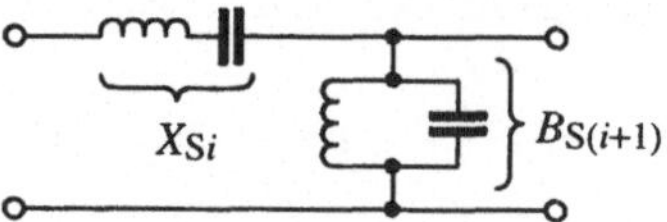

Figur 2.21   Charakterisierung der Resonatoren eines Bandpassfilters mit der Reaktanzsteilheit X_{Si} und Suszeptanzsteilheit $B_{S(i+1)}$.

Die Impedanz- und Admittanzsteilheiten sind

$$X_{Si} = \omega_0 L_{BPi} = \frac{g_i Z_0}{B} \tag{2.60}$$

$$B_{S(i+1)} = \omega_0 C_{BP(i+1)} = \frac{g_{i+1}}{B Z_0} \tag{2.61}$$

Dabei wurde angenommen, dass die Prototypelemente auf die Durchlasskreisgrenzfrequenz ω_c normiert sind. Diese Bandpassfilter machen offensichtlich Gebrauch von zwei Resonatortypen: Serie- und Parallelresonatoren. Sie können auch aus nur einem Resonatortyp zusammen mit dem Impedanzinverter II bzw. Admittanzinverter AI aufgebaut werden.

Dieses Konzept wird nachfolgend eingeführt.

2.3.2 Impedanz- und Admittanzinverter als Filterelemente

Ein Impedanzinverter ist ein Zweitor, das eine Transformation einer Ausgangsimpedanz $\underline{z}$ zu einer Eingangsimpedanz $\underline{z}_1$ gemäss folgender Beziehung realisiert (Figur 2.22)

$$\underline{z}_1 = \frac{K^2}{\underline{z}} \tag{2.62}$$

Dabei ist K die Impedanzinverterkonstante und $\underline{z}$, $\underline{z}_1$ sind die Last- und Eingangsimpedanz, die alle auf die Referenzimpedanz Z_0 normiert sind. Analog zum Impedanzinverter kann auch ein Admittanzinverter mit der Inverterkonstante J definiert werden

$$\underline{y}_1 = \frac{J^2}{\underline{y}} \tag{2.63}$$

Zwischen den Inverterkonstanten K und J gilt die Beziehung

$$J = \sqrt{\underline{y}\,\underline{y}_1} = \frac{1}{\sqrt{\underline{z}\,\underline{z}_1}} = \frac{1}{K} \tag{2.64}$$

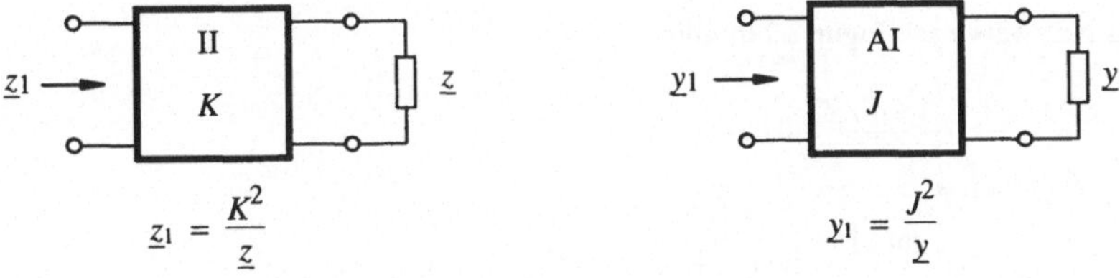

Figur 2.22   Impedanzinverter II und Admittanzinverter AI.

Ein Tiefpassfilter kann unter Benützung von Impedanz- oder Admittanzinverter in ein äquivalentes Filter umgewandelt werden, wie dies anhand des Beispiels in Figur 2.23 dargestellt ist. Wir führen diese Umwandlung mit Impedanzinvertern von Figur 2.23a zu 2.23b durch. Die Impedanz- und Admittanzinverter sind verlustfreie Elemente, daher sind die Übertragungsfunktionen der beiden Netzwerke identisch wenn die Eingangsimpedanzen $\underline{Z}_1$ und $\underline{Z}_1'$ bezogen auf die zugehörigen Referenzimpedanzen gleich sind:

$$\underline{z}_1 = \frac{\underline{Z}_1}{Z_0} = \underline{z}_1' = \frac{\underline{Z}_1'}{Z_0'} \tag{2.65}$$

Die normierte Eingangsimpedanz $\underline{z}_1 = \underline{Z}_1/Z_0$ des Netzwerkes nach Figur 2.23a ist:

$$\underline{z}_1 = \cfrac{1}{j\omega\, C_1 Z_0 + \cfrac{1}{j\omega\, L_2/Z_0 + \cfrac{1}{j\omega\, C_3 Z_0 + \dots}}} \tag{2.66}$$

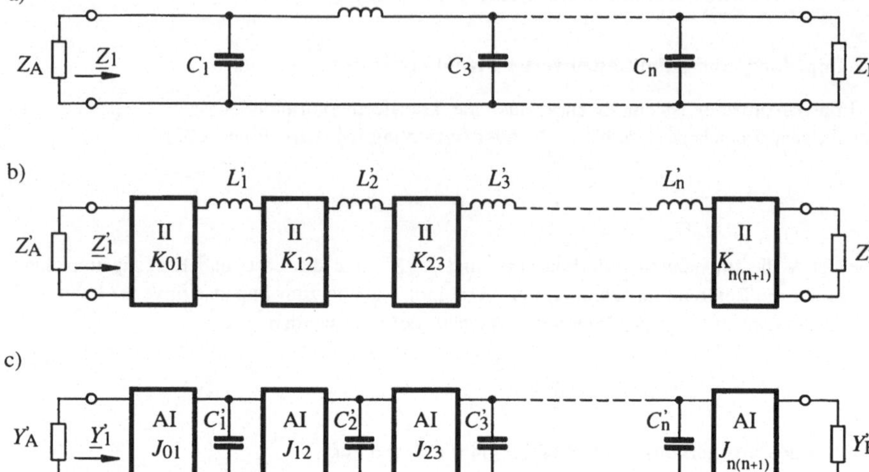

Figur 2.23   a) Tiefpassfilter, b) Umwandlung in äquivalente Schaltungen mit
Impedanzinvertern II, c) und Admittanzinvertern AI.

Für das Netzwerk nach Figur 2.23b gilt

$$\underline{z}_1' = \cfrac{K_{01}^2/Z_0'}{j\omega L_1' + \cfrac{K_{12}^2}{j\omega L_2' + \cfrac{K_{23}^2}{j\omega L_3' + \dots}}} \tag{2.67}$$

$$= \cfrac{1}{j\omega L_1' Z_0'/K_{01}^2 + \cfrac{1}{j\omega L_2' K_{01}^2/(Z_0' K_{12}^2) + \cfrac{1}{j\omega L_3' K_{12}^2 Z_0'/(K_{01}^2 K_{23}^2) + \dots}}}$$

Durch den Vergleich der Koeffizienten von (2.66) und (2.67) finden wir die Beziehungen für
die Äquivalenz der beiden Netzwerke:

$$C_1 Z_0 = L_1' \, Z_0' / K_{01}^2 \qquad\qquad L_2/Z_0 = L_2' \, K_{01}^2/(Z_0' \, K_{12}^2) \tag{2.68}$$

daraus
$$K_{01}^2 = L_1' \, Z_0' /(C_1 Z_0) \tag{2.69}$$

$$K_{12}^2 = L_1' \, L_2' /(C_1 L_2) \tag{2.70}$$

Allgemein:

erster Inverter:
$$K_{01}^2 = L_1' \, Z_0' /(C_1 Z_0) \tag{2.71}$$

letzter Inverter:
$$K_{n(n+1)}^2 = L_n' \, Z_B' /(C_n Z_B) \tag{2.72}$$

Zwischenstufen $\qquad K_{i(i+1)}^2 = L'_i \, L'_{i(i+1)} \, / (C_i L_{i+1})$ (2.73)

bzw. $\qquad K_{i(i+1)}^2 = L'_i \, L'_{i(i+1)} \, / (L_i C_{i+1})$ (2.74)

Im Falle des Bandpasses wie er nach Abschnitt 2.3.1 aus dem Tiefpassprototyp hergeleitet wurde, sind die Serieresonatoren mit der Reaktanzsteilheit X_{Si} und die Parallelresonatoren mit der Suszeptanzsteilheit $B_{S(i+1)}$ charakterisiert. In Figur 2.24 ist die Umwandlung eines Bandpassfilters in ein äquivalentes Filter mit Impedanzinvertern dargestellt.

a)

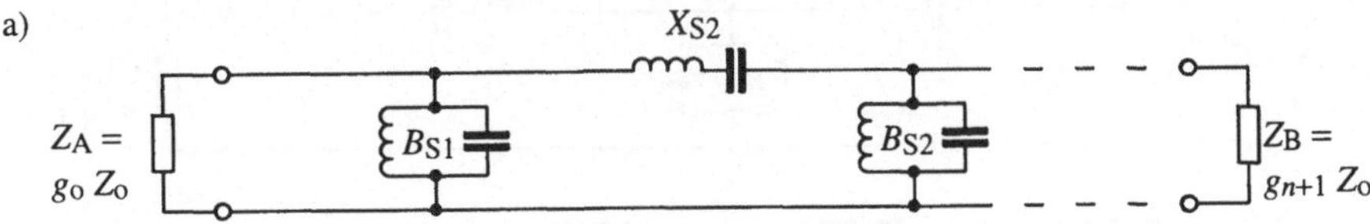

b)

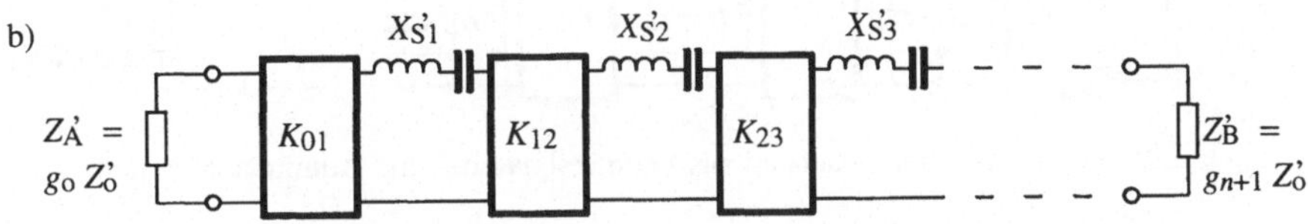

Figur 2.24   Umwandlung eines Bandpassfilters a) in ein äquivalentes Filter b) bestehend aus Serieresonatoren und Impedanzinvertern.

In der Umwandlung des Bandpassfilters mit Impedanzinvertern verhalten sich die Reaktanzsteilheiten wie die Induktivitäten und die Suszeptanzsteilheiten wie die Kapazitäten.
Mit (2.60) und (2.61) finden wir für die Eingangstransformation

$$\frac{X'_{S1}}{K_{01}^2} = \frac{g_0 g_1}{BR'_A}$$ (2.75)

Ebenso gilt für die Ausgangstransformation

$$\frac{X'_{Sn}}{K_{n(n+1)}^2} = \frac{g_n g_{n+1}}{BR'_B}$$ (2.76)

Bei den Zwischentransformationen gilt

$$\frac{X'_{Si} \, X'_{S(i+1)}}{K_{i(i+1)}^2} = \frac{g_i g_{i+1}}{B^2}$$ (2.77)

Diese Beziehungen gelten sowohl für Filter mit Shuntresonatoren als auch für Filter mit Längsresonatoren. Für Filter mit Shuntresonatoren ist die Admittanzinverterdarstellung vorteilhafter, da die Shuntresonatoren bei der Resonanzfrequenz mit einer linearisierten Admittanz $Y_P = jB_S \, \eta$ dargestellt werden können. Mit Shuntresonatoren (Parallelkreisresonatoren) nach Figur 2.25 gelten analog zu (2.75) ... (2.77)

Eingangstransformation: $\qquad \dfrac{B'_{P1}}{J_{01}^2} = \dfrac{g_0 g_1}{BY'_A}$ (2.78)

Ausgangstransformation:
$$\frac{B'_{Pn}}{J^2_{n(n+1)}} = \frac{g_n g_{n+1}}{B Y'_B} \tag{2.79}$$

Zwischentransformationen:
$$\frac{B'_{Pi}\, B'_{P(i+1)}}{J^2_{i(i+1)}} = \frac{g_i g_{i+1}}{B^2} \tag{2.80}$$

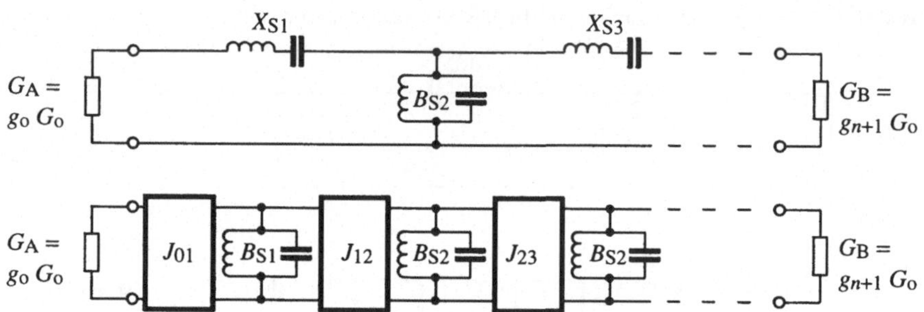

Figur 2.25   Bandpassfilter bestehend aus Shuntresonatoren und Admittanzinvertern.

2.3.3 Realisierung von Impedanz- und Admittanzinvertern

Impedanz- und Admittanzinverter können mit verschiedenen Schaltungen in einem beschränkten Frequenzbereich realisiert werden. Ein bestens bekannter Inverter ist die $\lambda/4$-Leitung. Eine verlustfreie $\lambda/4$-Leitung mit der reellen Wellenimpedanz Z_W transformiert eine Lastimpedanz $\underline{Z}_2$ in eine Impedanz $\underline{Z}_1$

$$\underline{Z}_1 = \frac{Z_W^2}{\underline{Z}_2} \tag{2.81}$$

Die Impedanzinverterkonstante ist also $K = Z_W$, die Admittanzinverterkonstante $J = 1/K = Y_W$. Es lassen sich auch Inverter mit konzentrierten Elementen herstellen. Figur 2.26 zeigt einige Inverterschaltungen, die alle negative Induktivitäten bzw. Kapazitäten aufweisen, die bekanntlich in der Realisierung problematisch sind.

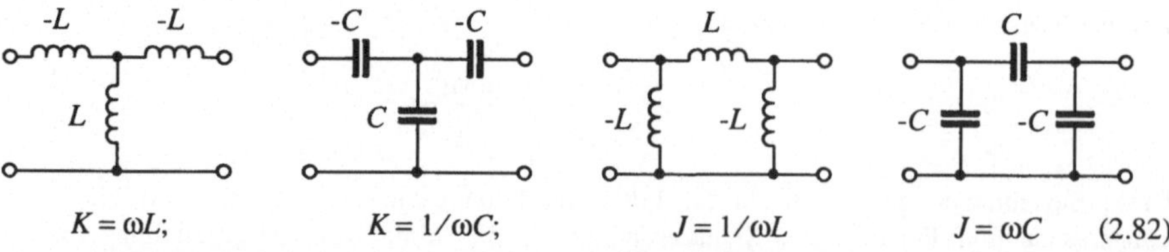

$$K = \omega L; \qquad\qquad K = 1/\omega C; \qquad\qquad J = 1/\omega L \qquad\qquad J = \omega C \tag{2.82}$$

Figur 2.26   Impedanz- und Admittanzinverterschaltungen.

Bei vielen Filtertypen können aber die negativen Elemente in den Resonatoren absorbiert werden, wie dies am Beispiel der kapazitiv gekoppelten $\lambda/2$-Leitungsresonatoren im nächsten Abschnitt gezeigt wird.

2.3.4 Symmetrisches Bandpassfilter mit zwei kapazitiv gekoppelten LC-Resonatoren

In der Praxis findet man häufig Bandpassfilter bestehend aus zwei identischen gekoppelten Resonatoren nach Figur 2.27. Die Kapazitäten C_{IO} bewirken dabei eine lose Kopplung, d.h. es ist $R_q \ll 1/\omega_0\, C_{IO}$, mit ω_0: Bandmittenfrequenz.

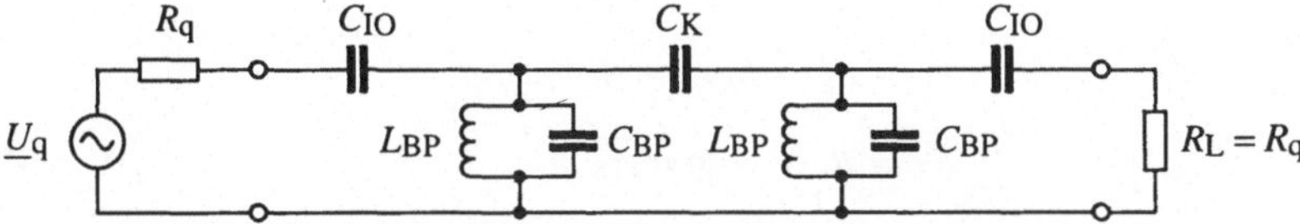

Figur 2.27   Bandpassfilter mit zwei kapazitiv gekoppelten identischen LC-Resonatoren.

Ausgehend vom Filterprototyp 2. Grades soll das obige Filter hergeleitet und dimensioniert werden. Wir wählen als Beispiel einen Tschebyscheff-Tiefpass mit 0.2 dB Welligkeit (maximale Durchlassdämpfung) A_c nach Figur 2.28, wobei die Frequenz auf die Kreisgrenzfrequenz ω_c normiert ist: $A_c = A(\omega_c) = 0.2$ dB.

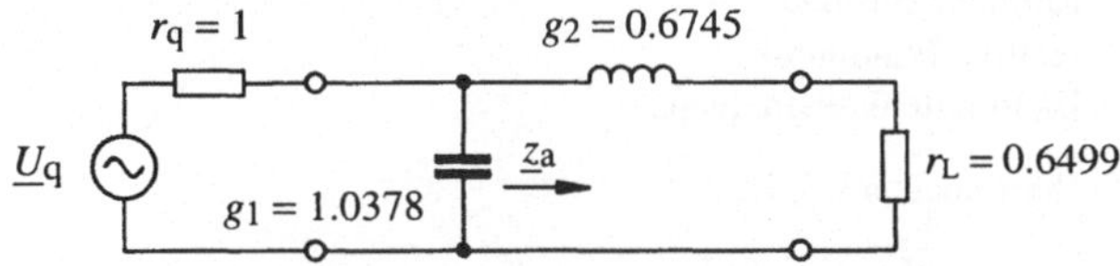

Figur 2.28   Normierter Tiefpassprototyp eines Tschebyscheff-Tiefpassfilters 2. Grades mit 0.2 dB-Welligkeit .

Dieses Filter soll in einem ersten Schritt in ein symmetrisches Filter von folgender Form gemäss Figur 2.29 übergeführt werden:

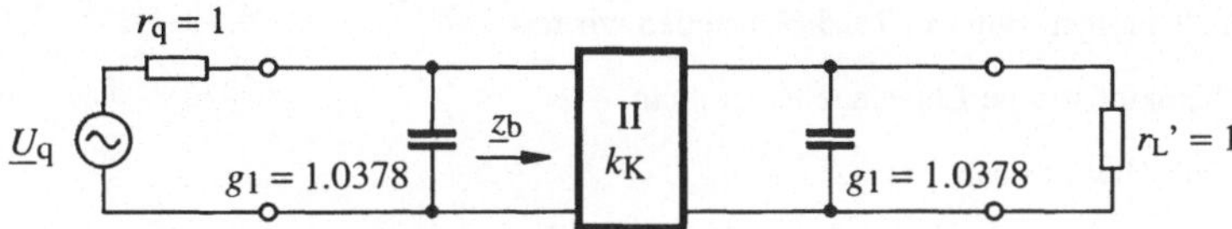

Figur 2.29   Transformation des Tschebyscheff-Tiefpassfilters zum symmetrischen Filter mittels Impedanzinverter II.

Diese Umwandlung ist möglich, da die Filterprototypen 2. Grades die Symmetrie $\tau = r_q g_1 = g_2/r_L$ aufweisen. Die Inverterkonstante bestimmen wir durch Gleichsetzen der Impedanzen $\underline{z}_a$ und $\underline{z}_b$:

$$\underline{z}_a = \underline{z}_b = r_L + j\Omega\, g_2 = k_K^2 \left(\frac{1}{r_L'} + j\Omega\, g_1 \right) \qquad (2.83)$$

$$k_K^2 = r_L\, r_L' \frac{1 + j\Omega\,\tau}{1 + j\Omega\,\tau} = r_L\, r_L' \tag{2.84}$$

daraus $\qquad\qquad k_K = \sqrt{r_L\, r_L'} \tag{2.85}$

In entnormierter Form:

$$R_q' = R_L' = R_r\, r_q = R_r \tag{2.86}$$

$$K_K = R_r\, k_K = R_r\sqrt{r_L\, r_L'} \tag{2.87}$$

Es zeigt sich dabei, dass die Inverterkonstante K_K nur vom Welligkeit und von der Referenzimpedanz R_r abhängig ist. Die beiden Kapazitäten g_1 werden bei der Tiefpass- zu Bandpasstransformation zu Parallelkreisresonatoren umgesetzt:

$$L_{BP} = \frac{R_r\, B}{\omega_0\, g_1} \tag{2.88}$$

$$C_{BP} = \frac{g_1}{\omega_0\, R_r\, B} \tag{2.89}$$

mit $\qquad R_r$:   Referenzimpedanz
$\qquad\qquad B$:   relative Bandbreite
$\qquad\qquad \omega_0$:   Bandmittenkreisfrequenz

Die charakteristische Impedanz Z_c ist

$$Z_c = \sqrt{\frac{L_{BP}}{C_{BP}}} = \frac{R_r\, B}{g_1} = \omega_0\, L_{BP} = \frac{1}{\omega_0\, C_{BP}} \tag{2.90}$$

Die unbelastete Güte der beiden Resonatoren ist

$$Q = \frac{R_r}{Z_c} = \frac{g_1}{B} \tag{2.91}$$

Bei schmalbandigen Filtern ($B \leq 5\ \%$) stellen wir fest:

- die charakteristische Impedanz Z_c ist klein

- die Güte Q wird hoch

Würden die Quellen- und Lastimpedanzen eines Filters auf die üblichen $R_q = R_L = 50\ \Omega$ festgelegt, dann wäre die erforderliche charakteristische Impedanz Z_c im Bereich $< 1\ \Omega$, was mit üblichen Resonatoren nicht realisierbar ist. Daher müssen die Quellen- und Lastimpedanzen über Impedanzinverter transformiert werden, wie in Figur 2.30 dargestellt.
Die drei Impedanzinverter werden mit kapazitiven π-Gliedern realisiert. Während beim mittleren Inverter die negativen Kapazitäten in den beiden Resonatoren absorbiert werden können, können diese bei den äusseren Invertern nur auf der Resonatorseite absorbiert werden.

Im Durchlassbereich gilt: $\qquad R_q \ll \dfrac{1}{\omega_0\, C_{10}} \tag{2.92}$

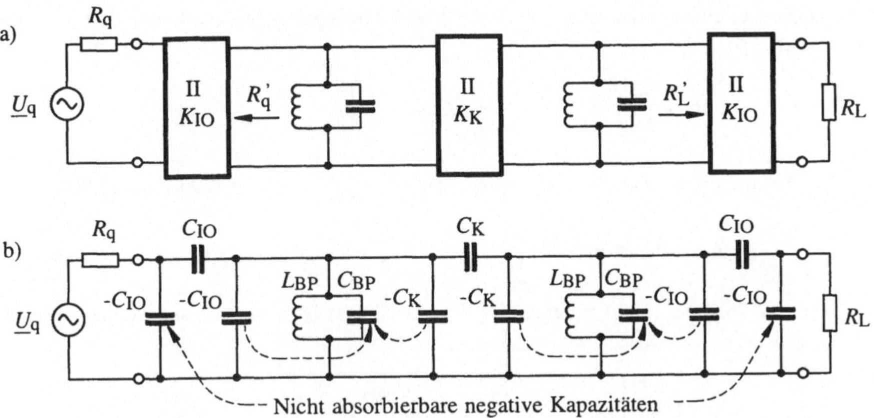

Figur 2.30   a) Transformation des symmetrischen Tschebyscheff-Tiefpassfilters zum Bandpass und Transformation der Quellen- und Lastimpedanz R_q und R_L mittels Impedanzinvertern II mit der Inverterkonstante K_{IO}. b) Realisation der Impedanzinverter II mit kapazitiven π-Glieder und Absorption der negativen Kapazitäten $-C_{IO}$ und $-C_K$ in den Resonatorkapazitäten C_{BP}.

Damit können die Kapazitäten $-C_{IO}$ auf der Quellen- und auf der Lastseite vernachlässigt werden. Der Tiefpassprototyp 2. Grades ist somit in ein symmetrisches Bandpassfilter mit kapazitiven Kopplungen nach Figur 2.31 überführt worden.

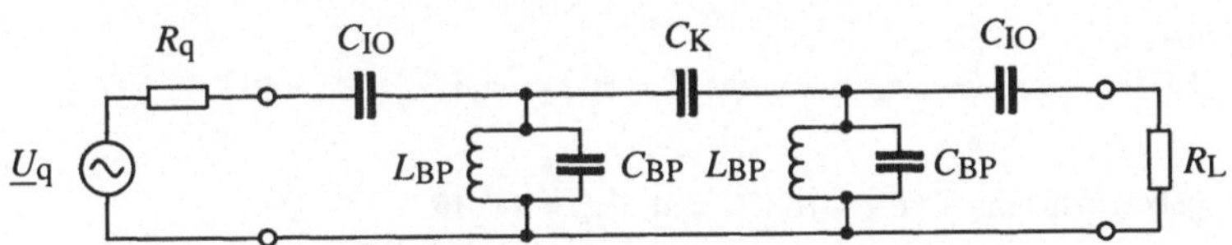

Figur 2.31   Bandpassfilter mit gekoppelten Resonatoren ohne negative Kapazitäten $-C_{IO}$ und $-C_K$ auf der Quellen- und Lastseite.

Das Filter wird nun wie folgt dimensioniert. Gegeben sind die Bandmittenkreisfrequenz ω_0, die Bandbreite B, die maximale Durchlassdämpfung A_c, die Abschlussimpedanzen $R_q = R_L$ und die charakteristische Impedanz Z_c der Resonatoren. Gesucht sind die Parameter des Filters: die Kapazitäten C_{IO}, C_K, C_{BP} und die Induktivität L_{BP}.

1. Die maximale Durchlassdämpfung A_c bestimmt den normierten Lastwiderstand $r_L = R_L/R_q$ und das Prototypelement g_1:

A_c [dB]	r_q	r_L	g_1
0.1	1	0.7378	0.8430
0.2	1	0.6499	1.0378
0.3	1	0.5040	1.4029
1	1	0.3760	1.8219

2. Bei gegebener charakteristischen Impedanz Z_c der Resonatoren sind die Elemente C_{BP} und L_{BP} mit (2.90):

$$L_{BP} = \frac{Z_c}{\omega_0} \qquad\qquad C_{BP} = \frac{1}{\omega_0 Z_c} \qquad\qquad (2.93)$$

und die transformierten Quellen- bzw. Lastwiderstände R_q' und R_L' aus (2.86) und (2.90)

$$R_q' = R_L' = R_r = \frac{g_1 Z_c}{B} \qquad\qquad (2.94)$$

Mit (2.82), (2.86) und (2.90) erhalten wir für die Eingangs- und Ausgangskoppelkapazität C_{IO}

$$C_{IO} = \frac{1}{\omega_0 K_{IO}} = \frac{1}{\omega_0 \sqrt{R_q R_q'}} = \frac{1}{\omega_0} \sqrt{\frac{B}{R_q Z_c g_1}} \qquad\qquad (2.95)$$

und aus (2.82), (2.87) und (2.90) für die Koppelkapazität C_K :

$$C_K = \frac{1}{\omega_0 K_K} = \frac{1}{\omega_0 R_r \sqrt{r_L\, r_L'}} = \frac{1}{\omega_0 Z_c g_1 \sqrt{r_L\, r_L'}} \qquad\qquad (2.96)$$

Damit ist das zweikreisige Filter vollständig dimensioniert.

Beispiel eines Bandpassfilters mit zwei kapazitiv gekoppelten LC-Resonatoren

Spezifikationen:
$f_0 = 1\ \text{GHz}$, $B = 2\%$, $A_c = 0.2\ \text{dB}$, $Z_c = 50\ \Omega$ und $R_q = R_L = 50\ \Omega$

Resultat:

 Koppelkapazitäten: $C_K = 76\ \text{fF}$ und $C_{IO} = 442\ \text{fF}$,

 Resonatorelemente: $L_{BP} = 7.95\ \text{nH}$, $C_{BP}' = 3.18\ \text{pF}$

 um C_K und C_{IO} reduzierte Resonatorkapazität: $C_{BP} = C_{BP}' - C_K - C_{IO} = 2.66\ \text{pF}$

Die Figuren 2.32 und 2.33 zeigen die Schaltung und den Dämpfungsverlauf des berechneten zweikreisigen Bandfilters.

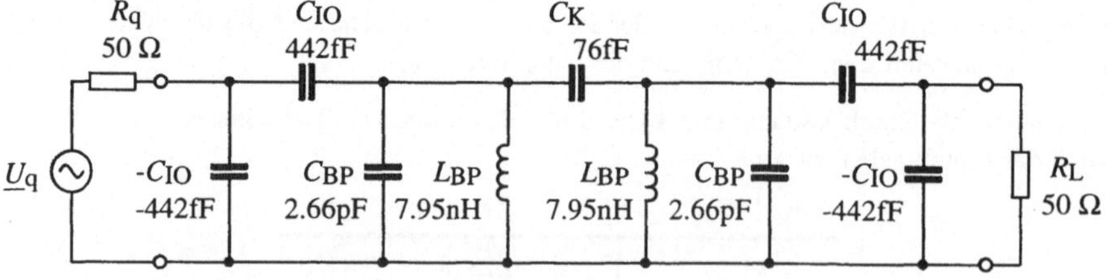

Figur 2.32 Beispiel eines eines zweikreisigen Bandpassfilters.

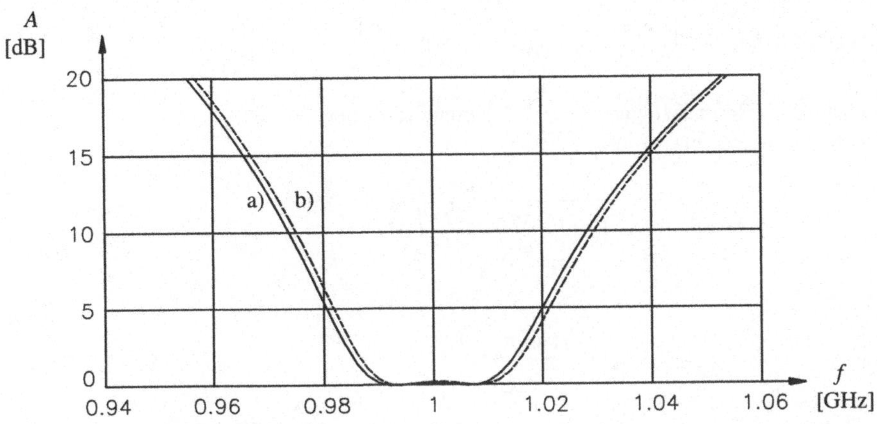

Figur 2.33   Dämpfungscharakteristik des zweikreisigen Bandpassfilters:
a) mit, b) ohne negative Kapazitäten $-C_{10}$ auf der Eingangs- und Ausgansseite des Filters.

2.3.5 Bandpassfilter mit zwei kapazitiv gekoppelten $\lambda/2$-Leitungsresonatoren

In diesem Abschnitt wird die Dimensionierung von Bandpassfiltern bestehend aus kapazitiv gekoppelten $\lambda/2$-Leitungsresonatoren entwickelt. Die Filterstruktur ist in Figur 2.34 dargestellt:

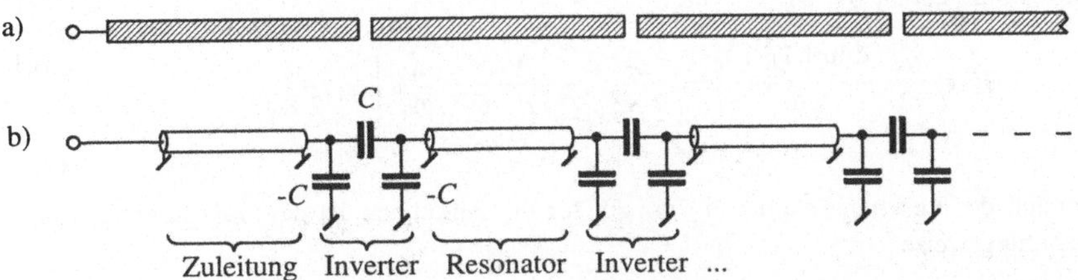

Figur 2.34   a) Bandpassfilter mit kapazitiv gekoppelten $\lambda/2$-Mikrostreifenleitungsresonatoren. b) Ersatzschaltung bestehend aus idealen Leitungen und kapazitiven π-Gliedern als Admittanzinverter.

Bei diesem Filtertyp lassen sich die Koppelkapazitäten mit numerischer Feldberechnung bestimmen. Um die Anzahl der Geometrieparameter auf ein Minimum zu beschränken, werden die Mikrostreifenresonatoren mit konstanter Leiterbreite und somit konstanter Leitungsimpedanz Z_w gebaut. Im Folgenden wird gezeigt, dass der schwach angekoppelte $\lambda/2$-Leitungsresonator wie ein Shunt-Parallelkreis mit einer Suszeptanzsteilheit B_S wirkt. Für die Transformation einer Last $\underline{Z}_2$ über eine Leitung der Länge l auf die Impedanz $\underline{Z}_1$ gilt

$$\underline{Z}_1 = Z_w \frac{\underline{Z}_2 + j\, Z_w \tan\beta l}{Z_w + j\, \underline{Z}_2 \tan\beta l} \tag{2.97}$$

βl kann wie folgt umgeschrieben werden: $\qquad \beta l = \pi \, \dfrac{\omega}{\omega_0}$ (2.98)

wobei ω_0 die Resonanzfrequenz des $\lambda/2$-Leitungsresonators ist.
Für $\underline{Z}_2 \gg Z_{\mathrm{w}}$ und $\omega \approx \omega_0$ ist

$$\underline{Z}_1 \approx \cfrac{1}{\cfrac{1}{\underline{Z}_2} + \cfrac{j \tan\left(\pi \frac{\omega}{\omega_0}\right)}{Z_{\mathrm{w}}}} = \frac{1}{\underline{Y}_2 + \underline{Y}_{\mathrm{R}}} = \underline{Z}_2 \,\|\, \underline{Z}_{\mathrm{R}}$$ (2.99)

$$\text{mit} \qquad \underline{Y}_{\mathrm{R}} = 1/\underline{Z}_{\mathrm{R}} = \frac{j \tan\left(\pi \frac{\omega}{\omega_0}\right)}{Z_{\mathrm{w}}}$$ (2.100)

$\underline{Y}_{\mathrm{R}}$ ist ein Shuntresonator mit der Resonanzfrequenz ω_0: $\underline{Y}_{\mathrm{R}}(\omega_0) = 0$.
Für diese Transformation gilt offensichtlich die folgende Ersatzschaltung:

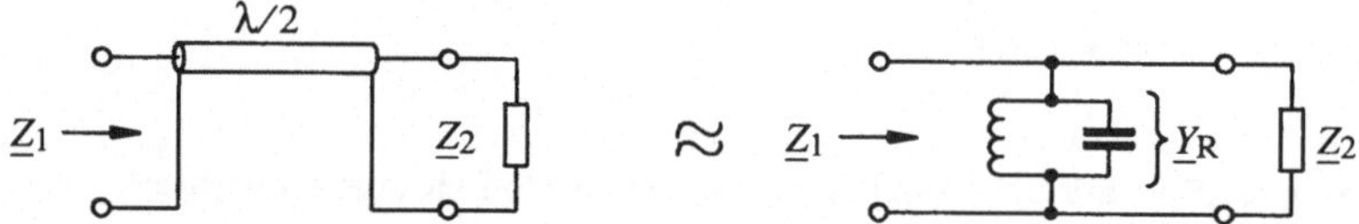

Figur 2.35   Ersatzbild des mit Impedanz $\underline{Z}_2 \gg Z_{\mathrm{w}}$ belasteten $\lambda/2$ - Leitungsresonators.

Die Suzeptanzsteilheit B_{S} ist

$$B_{\mathrm{S}} = \frac{\omega_0}{2} \, \frac{\mathrm{d}\,\mathrm{Im}[\,\underline{Y}_{\mathrm{R}}\,]}{\mathrm{d}\,\omega}\Bigg|_{\omega=\omega_0} = \frac{\omega_0}{2\,Z_{\mathrm{w}}} \, \frac{1}{\cos^2\left(\pi \frac{\omega}{\omega_0}\right)} \, \frac{\pi}{\omega_0}\Bigg|_{\omega=\omega_0} = \frac{\pi}{2\,Z_{\mathrm{w}}}$$ (2.101)

Im Bereich der Resonanzfrequnz $\omega \approx \omega_0$ gilt für die Admittanz $\underline{Y}_{\mathrm{R}}$ des $\lambda/2$-Leitungsresonators näherungsweise

$$\underline{Y}_{\mathrm{R}} \approx B_{\mathrm{S}} \, \frac{2\Delta\omega}{\omega_0} \qquad \text{mit } \Delta\omega = \omega - \omega_0$$

In Figur 2.36 ist das hergeleitete Ersatzschaltbild für die kapazitiv gekoppelten $\lambda/2$-Leitungs-resonatoren dargestellt.   Damit finden wir mit (2.78) ... (2.80) folgende Dimensionierungsvorschrift für die Inverterkonstanten J, wenn die Referenzadmittanz $1/Z_0$ gleich der Wellenadmittanz Y_{w} der Mikrostreifenresonatoren gewählt wird

$$\frac{J_{01}}{Y_{\mathrm{w}}} = \sqrt{\frac{\pi B}{2 g_0 g_1}}$$ (2.102)

$$\frac{J_{n(n+1)}}{Y_{\mathrm{w}}} = \sqrt{\frac{\pi B}{2 g_n g_{n+1}}}$$ (2.103)

$$\frac{J_{i(i+1)}}{Y_{\mathrm{w}}} = \frac{\pi B}{2\sqrt{g_n g_{n+1}}}$$ (2.104)

Für die Koppelkapazitäten gilt

$$J_{i(i+1)} = \omega_0 C_{i(i+1)} \tag{2.105}$$

$$C_{01} = \frac{Y_W}{\omega_0} \sqrt{\frac{\pi B}{2g_0 g_1}} \tag{2.106}$$

$$C_{n(n+1)} = \frac{Y_W}{\omega_0} \sqrt{\frac{\pi B}{2g_n g_{n+1}}} \tag{2.107}$$

$$C_{i(i+1)} = \frac{Y_W}{\omega_0} \frac{\pi B}{2\sqrt{g_n g_{n+1}}} \tag{2.108}$$

Damit kann das Filter dimensioniert werden.

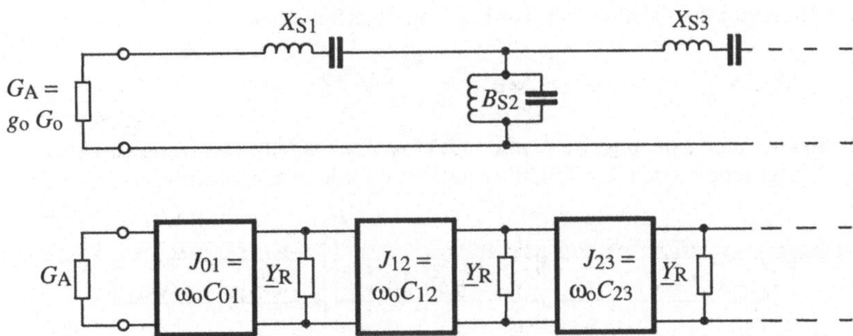

Figur 2.36   Vereinfachtes Ersatzschaltbild mit Admittanzinvertern und Shuntelemente $\underline{Y}_R$ der $\lambda/2$-Leitungsresonatoren.

Beispiel eines idealen Bandpassfilters mit kapazitiv gekoppelten $\lambda/2$-Leitungsresonatoren

Die vorgestellte Dimensionierung von Bandpassfiltern ist nur für schmalbandige Filter anwendbar. Namentlich sind diese Filter keine kommensurablen Filter. Dies äussert sich unter anderem dadurch, dass die Filtercharakteristik bezüglich der Bandmittenfrequenz ω_0 nicht symmetrisch ist.

Filterspezifikation: Tschebyscheff-Filter 3. Ordnung mit 0.5 dB-Welligkeit
Tiefpassprototypelemente, frequenznormiert auf die Durchlassgrenzkreisfrequenz ω_c:

$$g_0 = 1, \quad g_1 = 1.5963, \quad g_2 = 1.0967, \quad g_3 = 1.5963, \quad g_4 = 1 \quad Y_W = 20\,\text{mS}$$

Bandmitte $f_0 = 10\,\text{GHz}$, Drei verschiedene Bandbreiten: $B = 0.02$, 0.05 und 0.1

Nach (2.106)...(2.108) sind

B	=	0.02	0.05	0.1
$C_{01} = C_{34}$	=	0.0447 pF	0.0706 pF	0.0998 pF
$C_{12} = C_{23}$	=	0.00756 pF	0.0189 pF	0.0378 pF

Zur Realisierung der negativen Kapazitäten der Inverter in Figur 2.34b müssen die
$\lambda/2$-Leitungen bei jeder Koppelkapazität um die Längen Δl_i verkürzt werden

$$2\pi \frac{\Delta l_i}{\lambda} = \arctan\frac{2\pi C_{i(i+1)}}{\lambda C'} = \arctan\frac{2\pi C_{i(i+1)} f_0}{Y_w} \qquad (2.109)$$

mit C': Kapazitätsbelag

Verkürzungen $\Delta l_i/\lambda$

$$B \quad = \quad 0.02 \quad\quad 0.05 \quad\quad 0.1$$

$$\Delta l_1/\lambda = \Delta l_4/\lambda = 8° \quad\quad 12.5° \quad\quad 17.4°$$

$$\Delta l_2/\lambda = \Delta l_3/\lambda = 1.4° \quad\quad 3.4° \quad\quad 6.8°$$

Es ist zu beachten, dass die negativen Kapazitäten des ersten und des letzten Inverters auf der
Quellen- bzw. Lastseite nicht in den Resonatoren absorbiert werden können. Damit wird eine
induktive Korrektur der Quellen- und Lastimpedanzen erforderlich.

$$\Delta \underline{Z}_A = \frac{j}{\omega_0 C_{01}} \qquad\qquad \Delta \underline{Z}_B = \frac{j}{\omega_0 C_{34}} = \Delta \underline{Z}_A$$

Diese Korrektur kann näherungsweise mit induktiven Leitungsstücken realisiert werden.
Figur 2.37 zeigt schematisch das Bandfilter mit den erforderlichen Geometriekorrekturen.

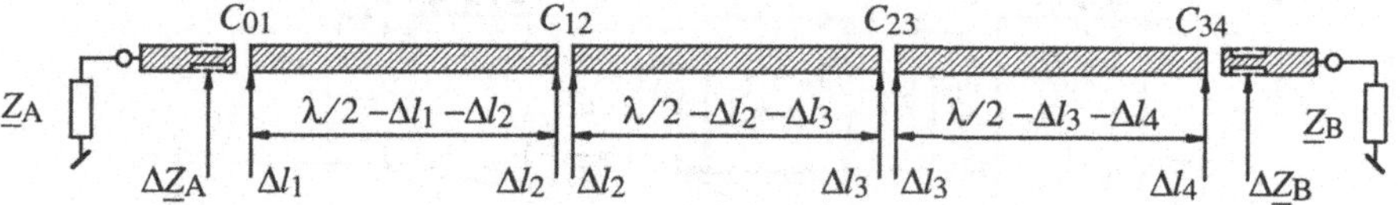

Figur 2.37   Bandfilter mit Längen- und Impedanzkorrekturen.

In Figur 2.38 sind die Übertragungscharakteristiken $|\underline{S}_{21}|$ der mit idealen, d.h. verlustfreien
Leitungen berechneten Filter dargestellt. Bei diesem Beispiel wird auch deutlich, dass diese
Filter nicht kommensurabel sind: die Filtercharakteristik ist bezüglich der Mittenfrequenz un-
symmetrisch. Die Unsymmetrie wird erwartungsgemäss mit zunehmender Bandbreite ausgeprägter. Sie lässt sich aber durch kleine Modifikationen der Leitungslängen korrigieren. Die
vorgestellte Entwurfmethode liefert somit sehr gute Startwerte für einen Entwurf mit einem
CAD-Programm (Computer Aided Design), wo nichtideale Leitungselemente und Kapazitäten
eingesetzt werden. Bei einer Realisierung dieses Filters in Mikrostreifentechnologie müssen
die berechneten Filterelemente (Leitungen und Koppelkapazitäten) mit hinreichender Genauigkeit in eine Mikrostreifenschaltung umgesetzt werden. Die Koppelkapazitäten von endgekop-
pelten Mikrostreifen lassen sich mit einer numerischen dreidimensionalen statischen Feldbe-
rechnungsmethode bestimmen. Diese numerischen Resultate sind mit analytischen Ausdrücken
approximiert worden und stehen als Bauelement-Modelle in den neueren Mikrowellen-CAD
Systemen (z. B. CDS von Hewlett-Packard) zur Verfügung. Ein Gap zwischen zwei Mikrostreifenleitungen kann elektrisch als kapazitives π-Glied dargestellt werden. Die einzelnen Mikrostreifenresonatoren müssen so verkürzt werden, dass sowohl die negativen Koppelkapazitäten C_k wie die zugehörigen Kapazitäten C des Gap-Ersatzschaltbildes in der Leitung absorbiert
werden. Figur 2.39 zeigt den Verlauf der Gap-Kapazitäten in Funktion der Koppeldistanz s für
eine 50 Ω-Leitung auf einem Substrat mit der Dicke $h = 0.635$mm und $\varepsilon_r = 10$.

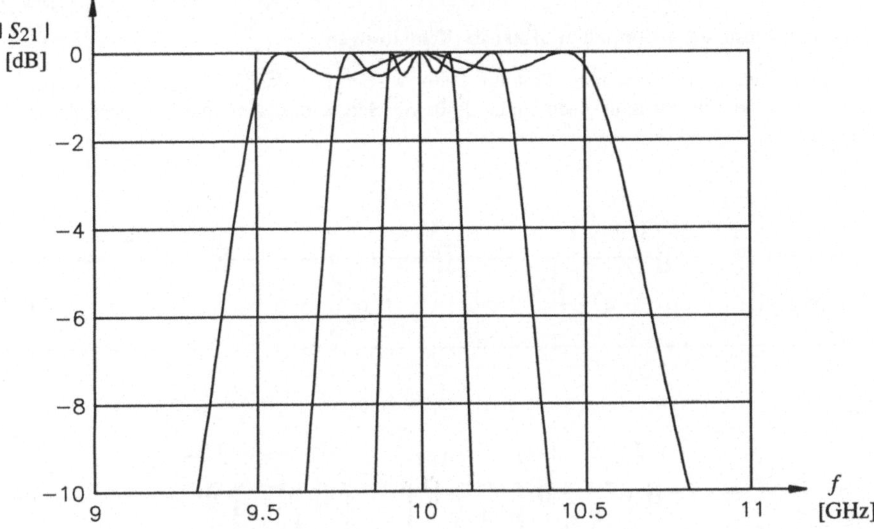

Figur 2.38   Übertragungscharakteristiken von Bandpassfiltern mit idealen kapazitiv gekoppelten Leitungsresonatoren. Bandmittenfrequenz $f_0 = 10$ GHz, relative Bandbreiten $B = 0.02$, 0.05 und 0.1.

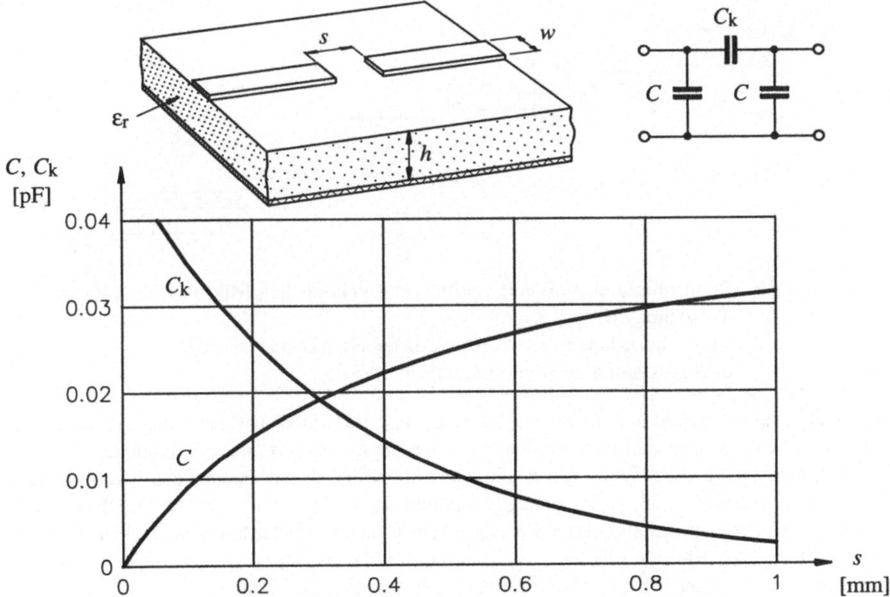

Figur 2.39   Ersatzschaltbild eines Mikrostreifen-Gaps. Gap-Kapazitäten C und C_k in Funktion der Koppeldistanz s. Substratdicke $h = 0.635$ mm, $\varepsilon_r = 10$, Streifenbreite $w = 0.6$ mm und Metallisierungsdicke $t = 5$ µm.

2.3.6 Bandpass mit gekoppelten Mikrostreifenleitungen

Ausgehend von einem Hochpass-Prototyp kann, wiederum unter Verwendung von Impedanzinvertern, eine Filterstruktur nach Figur 2.40 mit Seriekapazitäten und Invertern dargestellt werden.

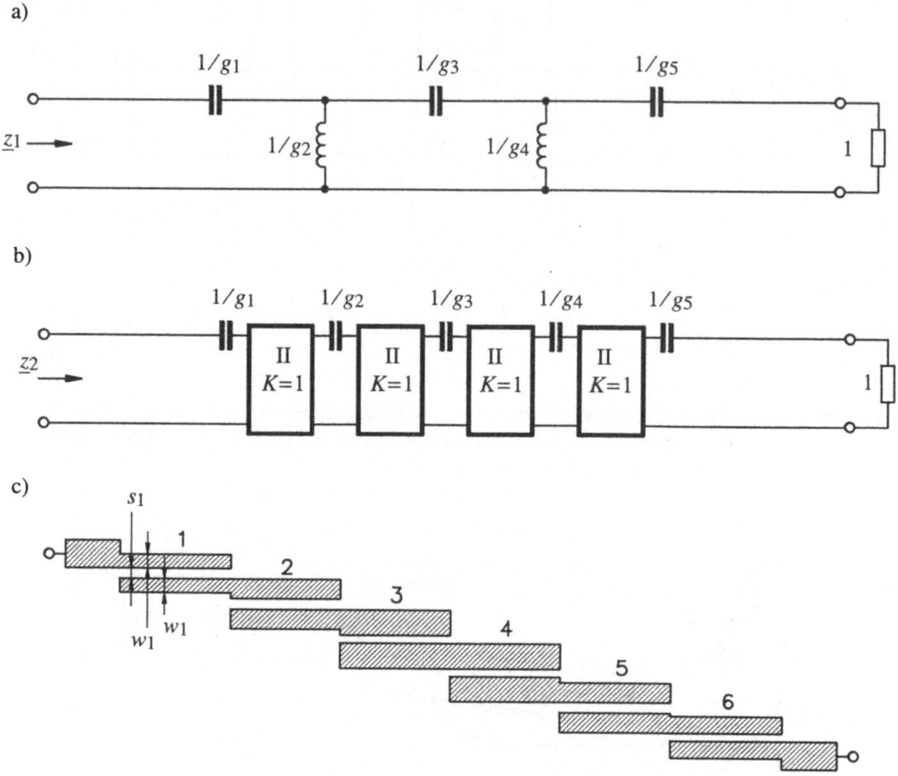

Figur 2.40   Realisierung eines Bandpassfilters mit gekoppelten Mikrostreifenleitungen:
a) Hochpass/Bandpassprototyp,
b) mit Impedanzinvertern II umgewandelter Bandpass und
c) Realisierung in Streifenleitungstechnik.

Die Seriekapazitäten könnten in einem Leitungsfilter nur unbefriedigend mit leerlaufenden erdfreien $\lambda/4$-Leitungen realisiert werden. Dagegen entspricht das ganze Filterelement mit einem Unitelement als Impedanzinverter und zwei kaskadierten Seriekapazitäten gemäss Figur 2.16b einer symmetrischen, gekoppelten Doppelleitung mit leerlaufenden Enden. Ein Hochpassfilter, das als kommensurables Filter zu einem Bandpass 5. Ordnung wird, kann gemäss Figur 2.40 als Mikrostreifenschaltung realisiert werden. Da die Identität nach Figur 2.16b zwei gleiche Kapazitäten verlangt, ist die Umsetzung des Filters nach Figur 2.40a nicht ganz trivial. Sie ist möglich, wenn an den Enden des Prototyps je ein zusätzlicher Inverter angefügt wird. Figur 2.40c zeigt die Realisierung des Bandpassfilters durch eine Mikrostreifenschaltung mit 6 Sektionen von gekoppelten Leitungen.

2.3.7 Dimensionierung von schmalbandigen Bandpassfiltern mit Leitungselementen als Impedanzinverter

Zur Realisierung von Bandpässen mit gekoppelten Leitungen übernehmen wir kochbuchartig die Dimensionierung nach [1]. Der Referenztiefpass mit den Elementen $g_1 \ldots g_n$ wird aus den Filterparametern Ω'_c, A_c, Ω'_s, A_s und f_0 nach Abschnitt 2.2.3 bestimmt. Die einzelnen gekoppelten Leitungen werden vollständig beschrieben durch die Leitungslänge l

$$l = \frac{v_p}{4 f_0} \tag{2.110}$$

die Gleichtaktimpedanz des i-ten Elements Z_{oei}

$$Z_{oei} = Z_0 \left(1 + \frac{Z_0}{K_i} + \left(\frac{Z_0}{K_i}\right)^2\right) \quad \text{für} \quad i = 1 \ldots n+1 \tag{2.111}$$

und durch die Gegentaktimpedanz des i-ten Elements Z_{ooi}

$$Z_{ooi} = Z_0 \left(1 - \frac{Z_0}{K_i} + \left(\frac{Z_0}{K_i}\right)^2\right) \quad \text{für} \quad i = 1 \ldots n+1 \tag{2.112}$$

mit

$$\frac{Z_0}{K_i} = \frac{g_0}{\sqrt{g_{i-1}\, g_i}} \tag{2.113}$$

$$g_0 = \frac{\pi\, \Delta f}{2\, \Omega_c f_0} \tag{2.114}$$

$$g_{n+1} = \frac{g_0}{r_q} \tag{2.115}$$

Ω_c : Grenzfrequenz des Referenztiefpasses (meistens $\Omega_c = 1$)

r_q : normierter Eingangswiderstand ($r_q = 1$ für Tschebyscheff-Filter ungerader Ordnung)

Δf : Bandbreite $\Delta f = 2\,(f_0 - f_c)$ (siehe Figur 2.17)   Voraussetzung $\dfrac{\Delta f}{f_0} \ll 1$

Diese Dimensionierungsvorschrift soll mit folgendem Beispiel illustriert werden.

Beispiel: Bandpass 3. Ordnung mit zu realisieren als Mikrostreifenfilter auf Keramiksubstrat von $\varepsilon_r = 10$.

Spezifikationen des Filters:

$$f_0 = 2\ \text{GHz} ,\ f_c = 1.9\ \text{GHz}\ ,\ A_c = 0.5\ \text{dB} ,\ f_s = 1.7\ \text{GHz}\ \text{und}\ A_s = 30\ \text{dB} ;$$

Die Filterparameter sind definiert gemäss Figur 2.17.

    1. Bestimmung der normierten Frequenzen mit (2.44) , (2.45) und (2.46)

$$\Omega'_c = 0.0787 ; \qquad \Omega'_s = 0.24 ; \qquad \Omega_s = 3.05$$

2. Gemäss Filterkatalog nach Tabelle 2.5 resultiert ein Tschebyscheff-Prototyp 3.Ordnung mit normierten Elementen

$$g_1 = 1.5963 ; \qquad g_2 = 1.0966 ; \qquad g_3 = 1.5963$$

3. Mit (2.110) ... (2.115) finden wir die Parameter der gekoppelten Leitungen mit elektrischer Länge $l = 3.75$ cm :

i	0	1	2	3	4
g_i	0.157	1.5963	1.0966	1.5963	0.157
Z_0/K_i		0.3137	0.1187	0.1187	0.3137
Z_{oei}/Z_0		1.4121	1.1328	1.1328	1.4121
Z_{ooi}/Z_0		0.7847	0.8953	0.8953	0.7847

4. Zur Bestimmung der Leiterdimensionen für die obigen Leitungsparameter benützen wir die Nomogramme nach Figur 2.42. Wir finden für eine Leitungsimpedanz von 50 Ω mit Mikrostreifenleitungen auf einem Substrat von $\varepsilon_r = 10$ die Geometrieparameter s/h und w/h:

i	1 , 4	2 , 3
Z_{oei}	70.6 Ω	56.6 Ω
Z_{ooi}	39.23 Ω	44.76 Ω
s/h	0.4	1.7
w/h	0.75	0.88

Damit ist der gewünschte Bandpass entworfen. Figur 2.41 zeigt die Filtergeometrie.

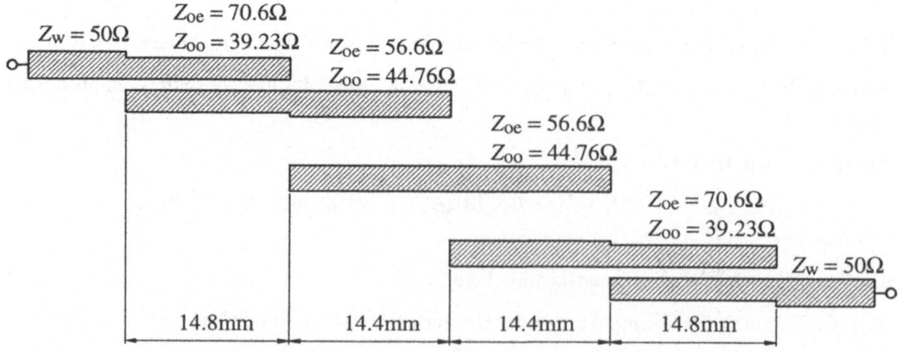

Figur 2.41   Bandpass mit $f_0 = 2$ GHz , ausgeführt als Mikrostreifenfilter auf Keramiksubstrat von $\varepsilon_r = 10$.

Die zur Realisierung von Leitungsfilter benötigte gekoppelte Mikrostreifenleitungen können mit den Nomogrammen nach Figur 2.42 dimensioniert werden.

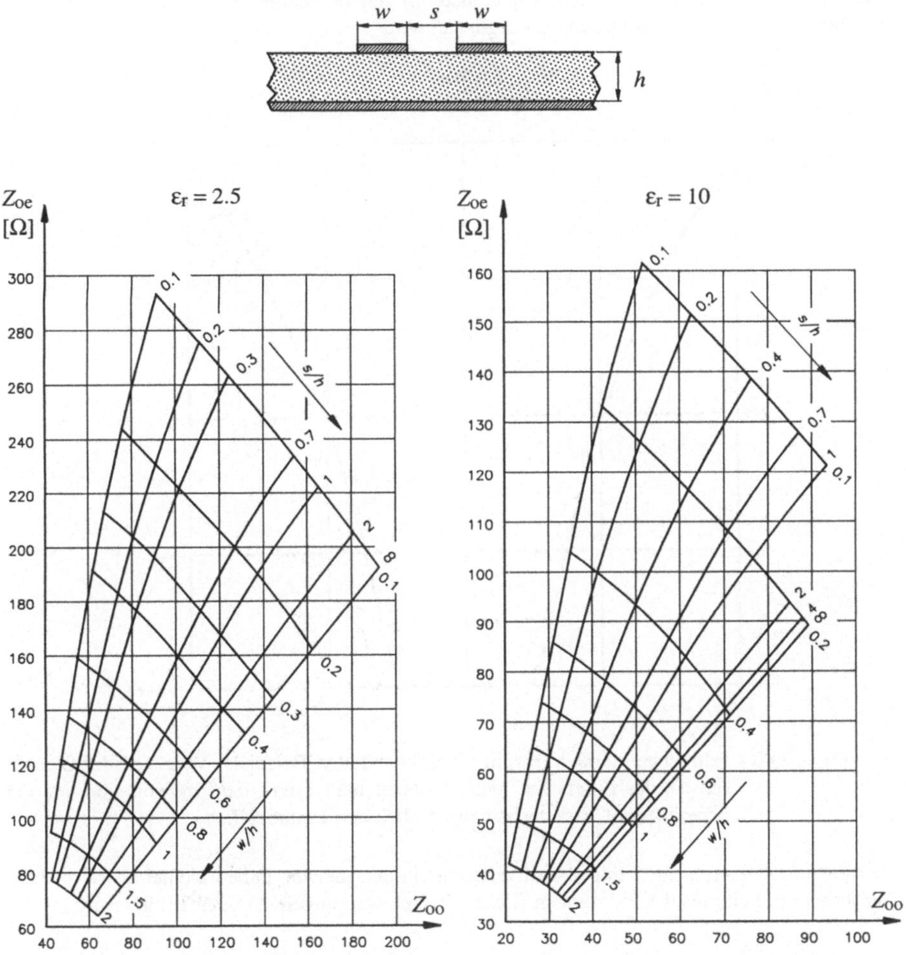

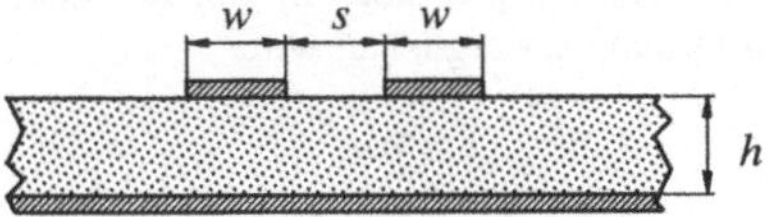

Figur 2.42   Gleich- und Gegentaktwellenimpedanzen Z_{oe} und Z_{oo} von Mikrostreifen-leitungen in Funktion der Geometriegrössen für $\varepsilon_r = 2.5$ und $\varepsilon_r = 10$ nach [6], Seite K14.

Die Struktur der gekoppelten Leitungsfilter weist ebenfalls unerwünschte Elemente auf, her-rührend von Diskontinuitäten. Es drängt sich deshalb, als "final touch", eine CAD-Analyse (Computer aided design) zur Abschätzung und Kompensation der parasitären Effekte durch geeignete Korrekturen der Filtergeometrie auf.

Mit der Verwendung von Einheitselementen anstelle von idealen Impedanzinvertern wird das mit der beschriebenen Methode entworfene Filter nicht ganz der vorgegebenen Spezifikation entsprechen. Dass die Abweichung aber äusserst gering ist, zeigt Figur 2.43, in der die Charakteristik des gewählten Prototyps (Spezifikation) mit der exakt berechneten Charakteristik des Filters mit gekoppelten Leitungen verglichen wird.

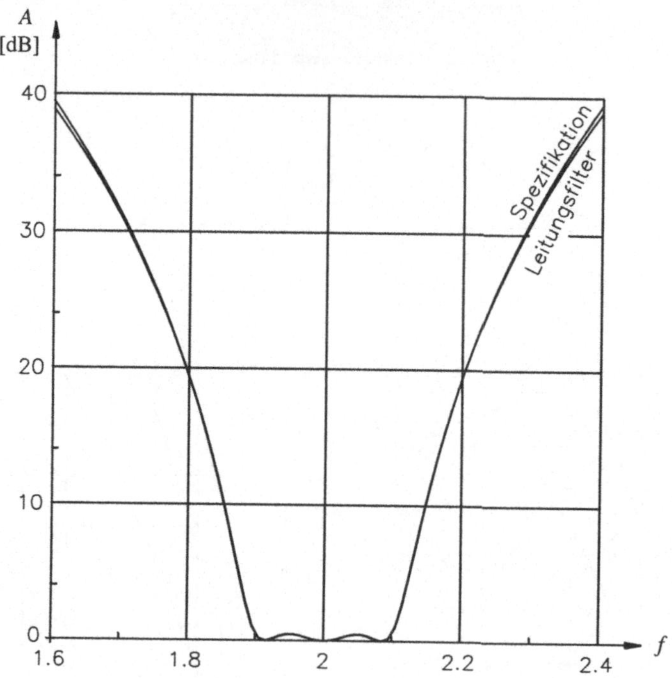

Figur 2.43   Filtercharakteristik des im Text behandelten Beispiels. Vergleich der Charakteristik des Filters mit idealen Impedanzinvertern laut Spezifikation und der berechneten Charakteristik des realisierten Leitungsfilters.

Der Fehler des nichtidealen Impedanzinverters ist in den meisten Fällen kleiner als der Fehler, der durch die Leitungsdiskontinuitäten (Ecken, T-Verzweigungen usw.) eingeführt wird.

2. 4 Kommensurable Mikrostreifenfilter

Bei der Realisierung von Mikrostreifenfilter setzt der Bereich der Wellenimpedanz der einzelnen Filterelemente relativ enge Grenzen. Diese wirken sich hauptsächlich bei Tiefpässen aus. Bei Bandpässen und Bandstopfiltern gewinnt man durch die Verwendung von Impedanz- und Admittanzinvertern zusätzliche Freiheitsgrade, was die Filterdimensionierung mit eingeschränkten Bereichen für Wellemimpedanzen und Kopplungen erleichtert.
Figur 2.44 zeigt eine Zusammenstellung von häufig eingesetzten Mikrostreifenfiltertypen.

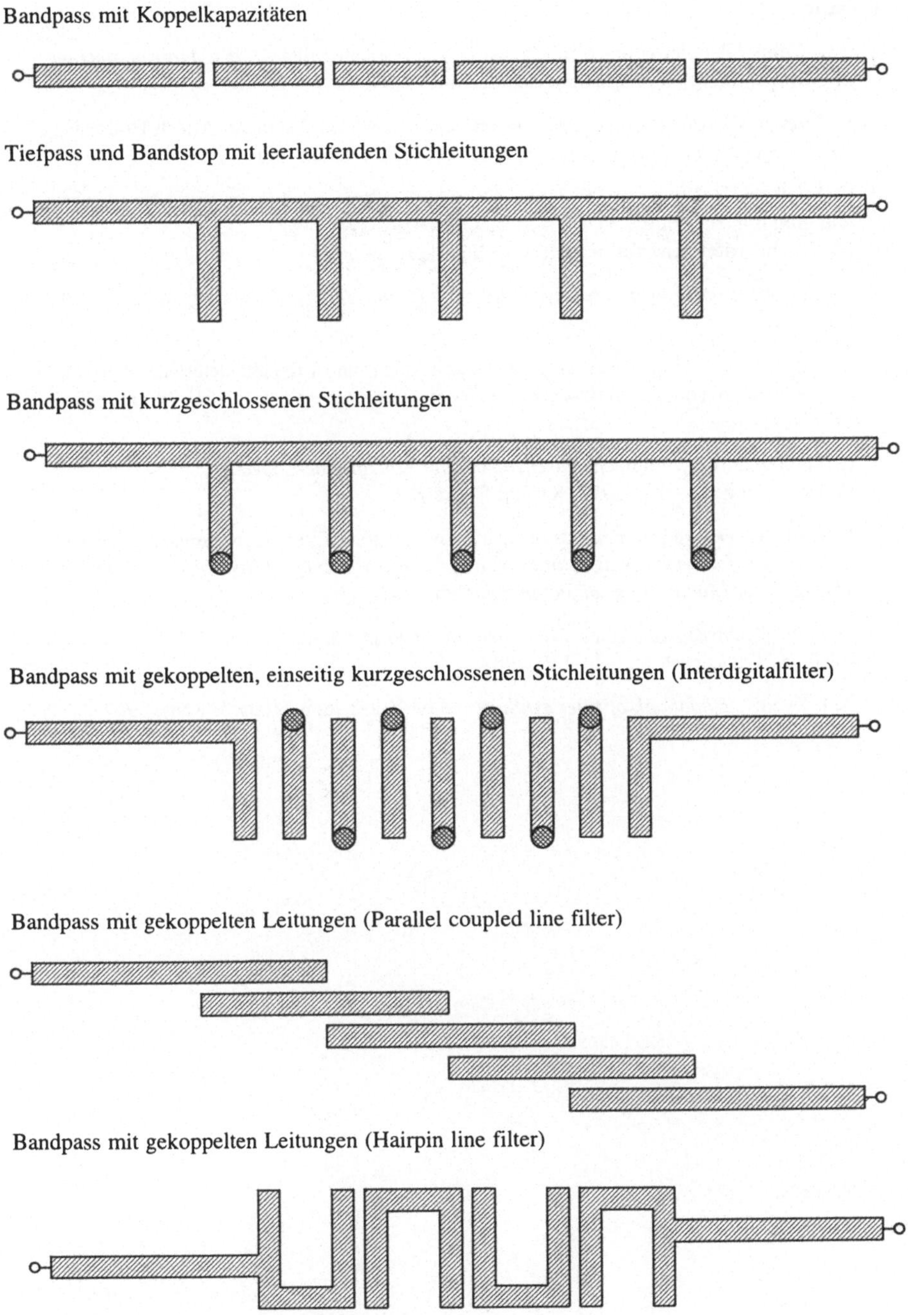

Bandpass mit Koppelkapazitäten

Tiefpass und Bandstop mit leerlaufenden Stichleitungen

Bandpass mit kurzgeschlossenen Stichleitungen

Bandpass mit gekoppelten, einseitig kurzgeschlossenen Stichleitungen (Interdigitalfilter)

Bandpass mit gekoppelten Leitungen (Parallel coupled line filter)

Bandpass mit gekoppelten Leitungen (Hairpin line filter)

Figur 2.44   Verschiedene Mikrostreifenfilter.

Literatur

[1] S.B. Cohn, "Parallel-coupled transmission-line-resonator filters," *IRE Transactions on Microwave Theory and Techniques*, vol. MTT-6, No. 2, pp. 223-231, 1958.

[2] L. Young: *Microwave filters using parallel coupled lines*. Dedham: Artech House Inc., 1972. (Sammlung verschiedener Artikel über Mikrowellenfilter)

[3] G. Matthaei, L. Young and E. Jones: *Microwave filters, impedance-matching networks, and coupling structures*. New York: McGraw-Hill, 1980.
(Die Standardreferenz für den Mikrowellenfilterentwurf)

[4] I. Bahl and P. Bhartia: *Microwave solid state circuit design*. New York: Wiley, 1988, Kapitel 6.

[5] R. Pregla et al., "Simple formulas for the determination of the characteristic constants of microstrips", *Archiv für Elektronik und Übertragungstechnik*, vol. AEÜ-28, pp. 339-340, 1973.

[6] H. Meinke und F. Gundlach: *Taschenbuch der Hochfrequenztechnik*.
Berlin: Springer Verlag, 1992, Kapitel C und K.

[7] K. Kuroda, "Derivation methods of distributed constant filters from lumped constant filters", *Text for Lectures at Joint Meeting of Kansai Branch of Inst. of Elec. Commun. of Elec. a. of Illumin. Eng. of Japan*, October 1952.

[8] M. Gat: *Commensurate-Lines, Microstrip Band-Pass Filters*.
IEEE MTT-S Digest, pp. 423-426, 1988.

[9] A. I. Zverev: *Handbook of filter synthesis*. New York: John Wiley & Sons, 1967.

3 Antennen

In der drahtlosen Nachrichtentechnik fällt den Antennen die Aufgabe zu, den elektromagnetischen Wellentyp so zu verändern, dass er in einem Übertragungsmedium ausbreitungsfähig wird. Im Falle einer Übertragung durch den freien Raum werden an die Antenne (den Wellentypwandler) je nach Anwendung sehr unterschiedliche Anforderungen gestellt. Figur 3.1 zeigt schematisch die Wellentypwandlung von einer Leitung mit dem Wellenwiderstand Z_W auf eine Freiraumwelle mit der Feldwellenimpedanz $Z_{fo} = 120\pi\ \Omega \approx 377\ \Omega$.

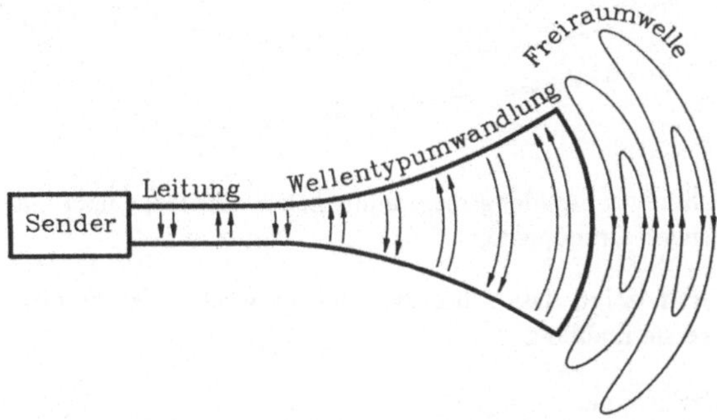

Figur 3.1   Beispiel einer Wellentypwandlung von einer Leitungswelle auf eine Freiraumwelle.

Eine etwas anders geartete Wellentypwandlung tritt bei der optischen Nachrichtenübertragung mittels Glasfaser auf. Der Sender, d.h. der Laser oder die Lumineszenzdiode (LED) strahlt mehr oder weniger gerichtet elektromagnetische Energie in den Raum. Das Problem stellt sich dabei, einen der Faser (dem Übertragungsmedium) entsprechenden Wellentyp zu erzeugen. Da die Dimensionen der abstrahlenden Fläche und des Empfängers (Faserquerschnitt) vergleichbar mit der Lichtwellenlänge sind, ist die einfache geometrische Optik für die Analyse dieses Problems nicht geeignet. In beiden Fällen sind die Gesetze der Abstrahlung, basierend auf der Maxwellschen Theorie, für eine quantitative Beschreibung der Felder im freien Raum erforderlich. Diese Theorie ist recht aufwendig. In einem ersten Teil werden in diesem Kapitel nur phänomenologische Betrachtungen angestellt, um ein "Gefühl" für die Abstrahlungseigenschaften von Antennen zu bekommen und einige grundlegende Eigenschaften und Charakteristiken zu verstehen. Im zweiten Teil werden drei wichtige Strahler (die Stabantenne, der Aperturstrahler und die Patch-Antenne) theoretisch etwas detaillierter betrachtet.

3. 1 Antennentypen und Strahlungsdiagramme

Die wesentlichen Eigenschaften einer Antenne werden mit dem Strahlungsdiagramm beschrieben. Es gibt Auskunft über die Feldstärkenverteilung in grosser Distanz von der Antenne. Figur 3.2 zeigt qualitativ das Strahlungsdiagramm eines Rundstrahlers, nämlich der Stabantenne über einer leitenden Ebene. Die Abstände der Kreise von der Stabantenne sind proportional zur Feldstärke, die in einem genügend grossen Abstand von der Antenne gemessen wird. Die maximale Feldstärke tritt unter dem Abstrahlwinkel $\varphi = 0$ auf. Diese Rundstrahlantenne wird häufig eingesetzt. Im Mobilfunk, beispielsweise als Stabantenne auf einem Autodach, kommt sie der in Figur 3.2 gezeigten idealen Anordnung sehr nahe.
In Figur 3.3 wird eine Antenne mit stark ausgeprägter Bündelung der Strahlung gezeigt: eine Richtstrahlantenne.

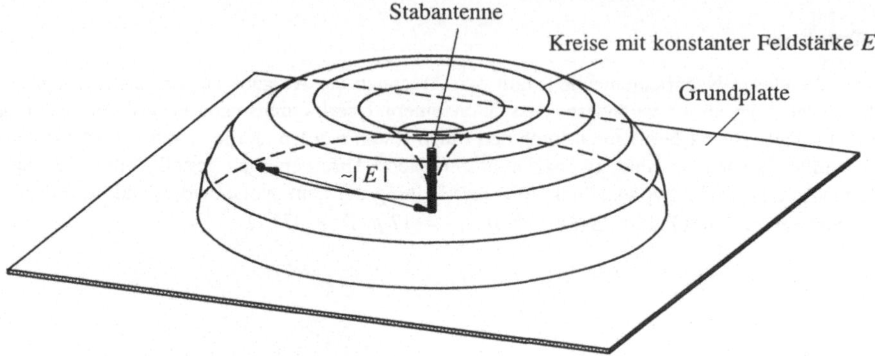

Figur 3.2   Qualitatives Strahlungsdiagramm einer Stabantenne über einer elektrisch leitenden Grundplatte.

Das Strahlungsdiagramm zeigt, dass schon bei kleinen Winkeln gegenüber der Hauptstrahlrichtung die Feldstärke stark abfällt.

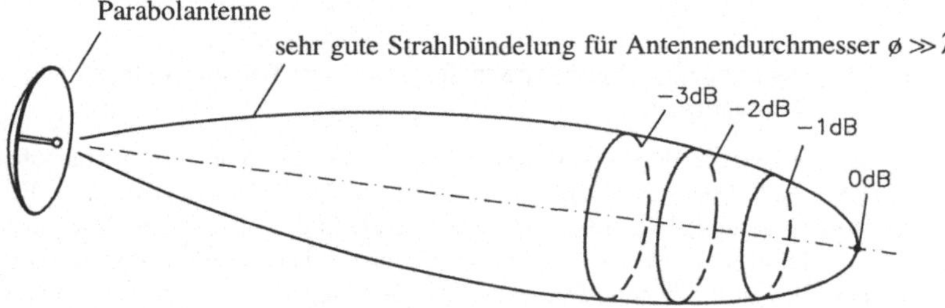

Figur 3.3   Qualitatives Strahlungsdiagramm einer Richtantenne.

In Figur 3.3 ist die Feldstärke in der Hauptstrahlrichtung willkürlich auf 0 dB normiert worden. Es ist jedoch naheliegend, dass bei ausgeprägter Bündelung die Feldstärke höher sein wird als bei einer Antenne mit gleicher abgestrahlter Leistung, in gleicher Distanz aber mit schwächerer Bündelung. Um die Antennencharakteristiken vergleichen zu können, wurde eine Referenzantenne, der sogenannte isotrope Kugelstrahler definiert. Beim isotropen Kugelstrahler, dargestellt in Figur 3.4, wird in jede Richtung des Raumes die gleiche Leistung P_S abgestrahlt

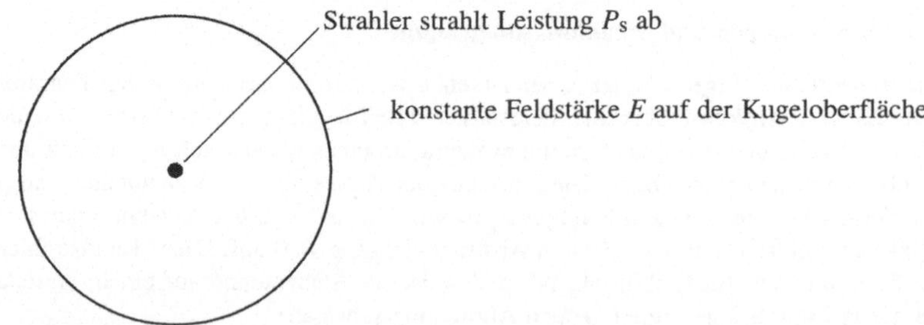

Figur 3.4   Der isotrope Kugelstrahler.

Die Leistungsdichte S im Abstand r des Kugelstrahlers ist daher

$$S = \frac{P_\mathrm{s}}{4\,\pi\,r^2} \tag{3.1}$$

Dieser Kugelstrahler ist eine nicht realisierbare Antenne; als Vergleichsantenne ist sie hingegen zweckmässig.

Die in den Figuren 3.2 und 3.3 dargestellten Strahlungsdiagramme gelten nur bei grossen Abständen von der Strahlungsquelle. Es muss also ein Unterschied zwischen den Verhältnissen in Antennennähe und in grosser Entfernung bestehen. Diese beiden Zonen, das Nahfeld und das Fernfeld, sollen anhand einer Richtantenne qualitativ beschrieben werden. Dazu wird angenommen, dass von einem Strahler eine rotationssymmetrische parabolische Antenne so angestrahlt wird, dass sich über der Öffnung des parabolischen Reflektors ein ebenes linear polarisiertes Feld einstellt, das in den Raum abstrahlt (Figur 3.5).

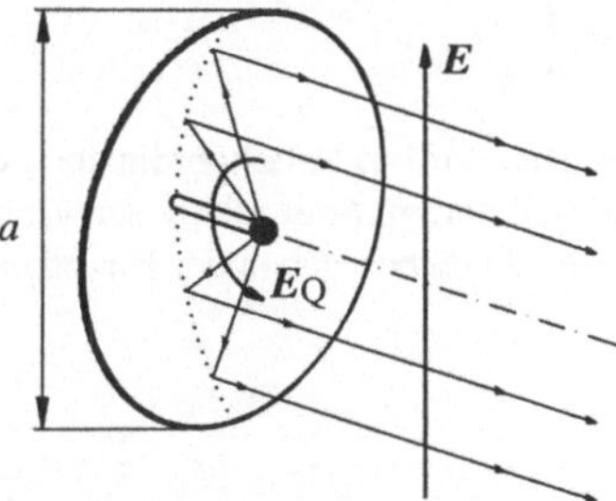

Figur 3.5   Beispiel einer Richtantenne: Von einer Primärquelle ausgeleuchteter rotationssymmetrischer parabolischer Reflektor.

Die der Ausbreitung im Wege stehende primäre Strahlungsquelle wird als so klein angenommen, dass sie die Abstrahlung nur unmerklich beeinflusst. Diese strahlende Kreisscheibe wird eine Abstrahlung bewirkten wie in Figur 3.6 dargestellt:

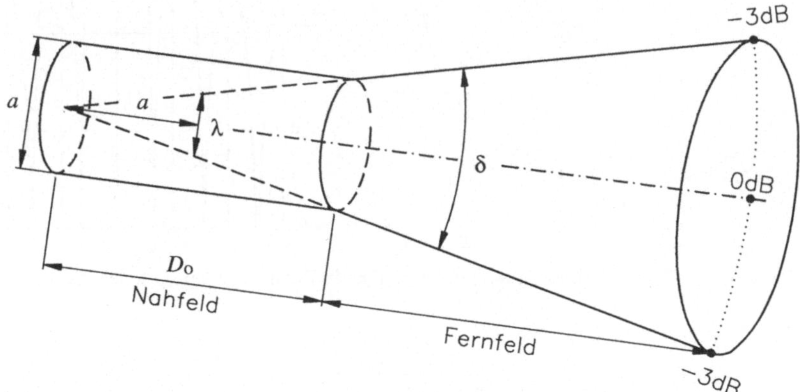

Figur 3.6   Qualitative Darstellung des Strahlungskegels einer Richtantenne.

Im Nahfeld verläuft die Abstrahlung ungefähr zylindrisch, im Fernfeld dagegen kegelförmig. Das *Nahfeld*, auch *Fresnel-Zone* genannt, ist ein Gebiet mit der Länge D_0

$$D_0 \approx \frac{a^2}{\lambda} \tag{3.2}$$

wobei a der Durchmesser der strahlenden Antenne ist.

In diesem Gebiet ist die Feldverteilung sehr kompliziert, die elektromagnetische Welle breitet sich nicht als TEM-Welle aus, d.h. das Nahfeld enthält reaktive Feldenergie. Das Strahlungsdiagramm ist hier von der Distanz abhängig.

Im kegelförmigen *Fernfeld*, auch *Fraunhofer-Zone* genannt, breitet sich die Welle mit guter Näherung als sphärische TEM-Welle aus. Der Öffnungswinkel (Winkel zwischen zwei diametral gegenüberliegenden Punkten mit um 3 dB reduzierter Feldstärke gegenüber der Hauptstrahlrichtung) ist

$$\delta \approx \frac{\lambda}{a} \tag{3.3}$$

Das Strahlungsdiagramm der Antenne wird in Polarkoordinaten oder kartesischen Koordinaten dargestellt. Ein typisches Strahlungsdiagramm mit relativ schwacher Richtwirkung ist in Figur 3.7 gezeigt. Im Allgemeinen weisen Antennen neben der Hauptkeule noch Nebenkeulen auf.

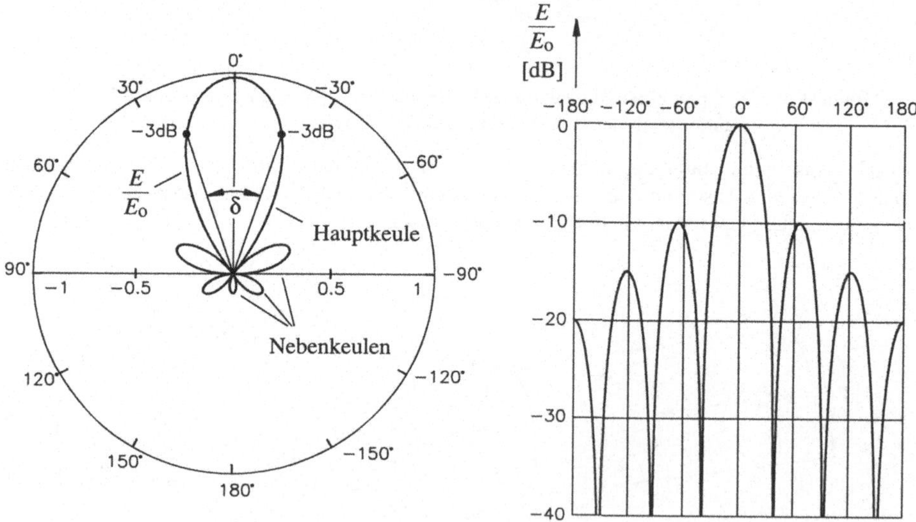

Figur 3.7   Beispiel eines Antennendiagramms in Polar- und kartesischen Koordinaten.

3. 2 Richtfaktor, Antennengewinn und Absorptionsfläche

Der *Richtfaktor D (Directivity)* einer Antenne gibt Auskunft über die Konzentration der abgestrahlten Leistung in Hauptstrahlrichtung oder in jede beliebige Abstrahlrichtung. *D* ist definiert als das Verhältnis der Strahlungsdichte *S* der betrachteten Antenne zur Strahlungsdichte des isotropen Kugelstrahlers S_k für die gleiche abgestrahlte Leistung und die gleiche Distanz (im Fernfeld).

$$D = \frac{S}{S_k} = \frac{E^2}{E_k^2} = \frac{H^2}{H_k^2} \tag{3.4}$$

D wird meist im logarithmischen Mass angegeben

$$D = 10\log\frac{S}{S_k} = 20\log\frac{E}{E_k} \quad [\text{dB}] \tag{3.5}$$

Beispiel 1

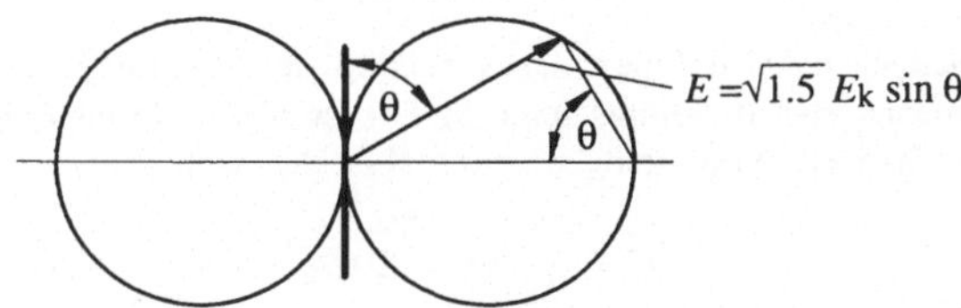

Figur 3.8   Strahlungsdiagramm des Elementardipols.

Der Elementardipol oder Hertzsche Dipol, d.h. eine sehr kurze Antenne im freien Raum, hat das in Figur 3.8 gezeigte Strahlungsdiagramm (siehe Abschnitt 3.6.1 und 3.6.2).

$$E = \sqrt{1.5}\ E_k \sin\theta$$

Der Richtfaktor als Funktion von θ ist

$$D = 1.5 \sin^2\theta$$

In Hauptstrahlrichtung, d.h. für $\theta = \pi/2$ ist

$$D(\theta = \pi/2) = (10\log 1.5)\,\text{dB} = 1.76\,\text{dB}$$

Beispiel 2

Eine runde Richtantenne mit dem Durchmesser *a* hat in Hauptstrahlrichtung einen Richtfaktor *D* von

$$D \lesssim 10\left(\frac{a}{\lambda}\right)^2$$

Eine Antenne mit dem Durchmesser $a = 10\,\lambda$ hat also einen Richtfaktor von ungefähr 30 dB und damit eine sehr starke Richtwirkung, wie Figur 3.9 zeigt.

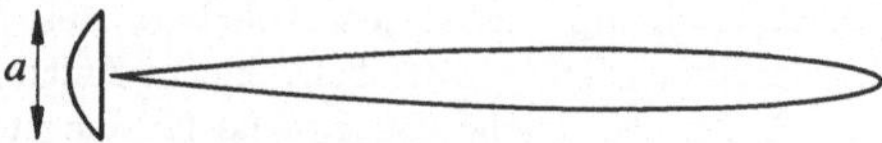

Figur 3.9   Strahlungsdiagramm einer Richtantenne vom Durchmesser $a = 10\,\lambda$.

Der Richtfaktor D gibt also eine vollständige Beschreibung der Abstrahlcharakteristik für eine verlustfreie Antenne. Weist die Antenne Verluste auf, dann wird dies durch den *Antennenwirkungsgrad* η_A berücksichtigt

$$\eta_A = \frac{P_s}{P_{so}} \tag{3.6}$$

mit P_s : von der Antenne abgestrahlte Leistung

 P_{so}: der Antenne zugeführte Leistung

Der *Antennengewinn* G definiert das Verhältnis der Strahlungsdichte S der realen, verlustbehafteten Antenne zur Strahlungsdichte S_k des isotropen, verlustfreien Kugelstrahlers, der mit der gleichen Speiseleistung betrieben wird. G ist demnach

$$G = \frac{S}{S_k}\,\eta_A = D\,\eta_A \tag{3.7}$$

Die *Absorptionsfläche* A_e einer Antenne (auch wirksame oder effektive Antennenfläche) gibt an, in welcher Fläche die als Empfänger gedachte Antenne die Leistungsdichte S "einzufangen" vermag. Sie ist, wie der Richtfaktor D oder der Strahlöffnungswinkel δ, ein Mass für das Bündelungsvermögen der Antenne und durch

$$A_e = \frac{P_e}{S} = \frac{\text{Antennenleistung}}{\text{Leistungsdichte}} \tag{3.8}$$

definiert. Bei grossflächigen Antennen ist A_e ungefähr gleich der geometrischen Antennenfläche. Man kann zeigen, dass ganz allgemein folgende Beziehung zwischen der Absorptionsfläche A_e und dem Richtfaktor D gilt

$$A_e = D\,\frac{\lambda^2}{4\,\pi} \tag{3.9}$$

Diese Beziehung kann mit folgenden Überlegungen hergeleitet werden: Im Abschnitt 3.4 wird gezeigt, dass aufgrund der Reziprozität von Antennen das Verhältnis A_e/D eine Konstante sein muss. Der Wert dieser Konstanten kann dann mit der Betrachtung einer einfachen Antenne bestimmt werden (siehe [1] oder [2]).

Die Empfangsleistung der verlustfreien Antenne ist

$$P_e = A_e\,S = D\,\lambda^2\,\frac{S}{4\,\pi} \tag{3.10}$$

3.3 Streckendämpfung einer Richtfunkverbindung

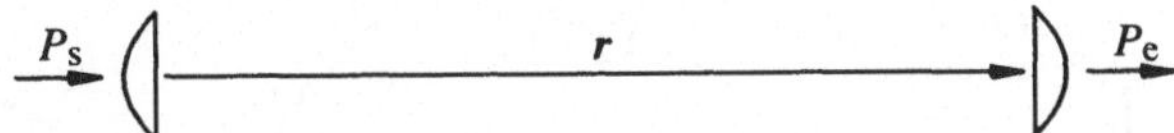

Figur 3.10   Schematische Darstellung einer Richtfunkstrecke.

Figur 3.10 zeigt schematisch eine Richtfunkstrecke. Als Streckendämpfung a_r wird das Verhältnis der Sendeleistung zur Empfangsleistung definiert

$$a_\mathrm{r} = 10 \log \frac{P_\mathrm{s}}{P_\mathrm{e}} \tag{3.11}$$

Die Empfangsleistung P_e ist nach (3.1), (3.4) und (3.10)

$$P_\mathrm{e} = \underbrace{\frac{P_\mathrm{s}}{4\,\pi\,r^2}\,G_\mathrm{s}}_{\substack{S_\mathrm{e} \\ \text{Leistungsdichte} \\ \text{beim Empfänger}}} \cdot \underbrace{\frac{\lambda^2}{4\,\pi}\,G_\mathrm{e}}_{\substack{A_\mathrm{e}\,\eta_\mathrm{e} \\ \text{Absorptionsfläche des Empfängers unter} \\ \text{Berücksichtigung des Wirkungsgrades } \eta_\mathrm{e} \\ \text{der Empfangsantenne}}} \tag{3.12}$$

G_s und G_e: Gewinne der Sende- und Empfangsantennen

Die Streckendämpfung ist somit

$$\boxed{\,a_\mathrm{r} = 20 \log\underbrace{\frac{4\pi\,r}{\lambda}}_{\text{Freiraumdämpfung}} - \underbrace{10 \log(G_\mathrm{s}\,G_\mathrm{e})}_{\text{totaler Antennengewinn}}\,} \tag{3.13}$$

Die Freiraumdämpfung stellt die Streckendämpfung zwischen einem isotropen Strahler und einem isotropen Empfänger dar, wie in Figur 3.11 dargestellt.

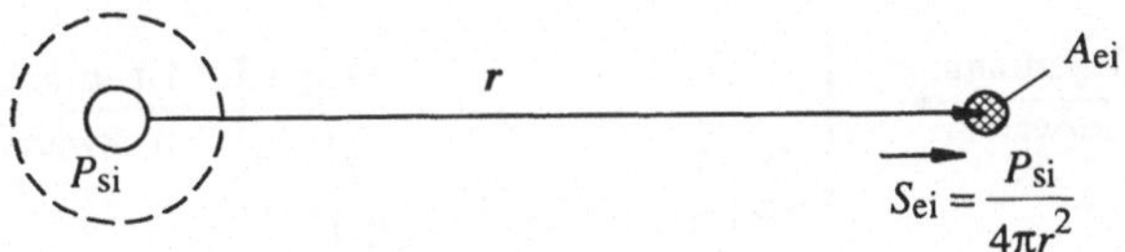

Figur 3.11   Darstellung des Freiraumdämpfungsanteils als Dämpfung zwischen dem isotropen Strahler und dem isotropen Empfänger.

Nach (3.9) ist die Absorptionsfläche A_ei des isotropen Empfängers

$$A_\mathrm{ei} = \frac{\lambda^2}{4\,\pi} \tag{3.14}$$

Figur 3.12 zeigt die Streckendämpfung für zwei verschiedene Richtfunkstrecken im Vergleich mit der Streckendämpfung eines Koaxialkabels und einer optischen Faser.

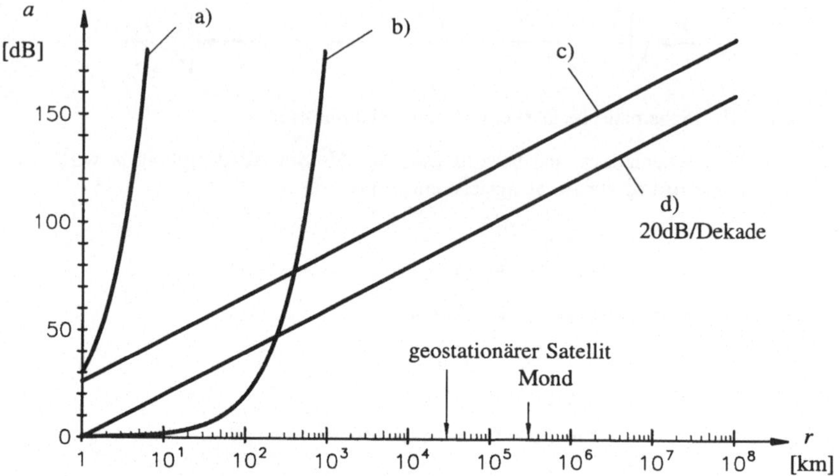

Figur 3.12   Streckendämpfung a von Richtfunkstrecken im Vergleich mit Koaxialkabel und Glasfaser.
a) Koaxialkabel: Typ RGU221: $\emptyset = 3$ cm, 30 dB/km bei 100 MHz
b) Glasfaser: 0,2 dB/km
c) Richtfunkstrecke:
$\lambda = 5$ cm, Sendeantenne $\emptyset = 2$ m, Emfangsantenne $\emptyset = 2$ m
d) Richtfunkstrecke:
$\lambda = 5$cm, Sendeantenne $\emptyset = 30$m, Emfangsantenne $\emptyset = 2$m

3. 4 Reziprozität von Sende- und Empfangsantennen

Die Reziprozität in linearen Netzwerken ist eine bekannte Eigenschaft. In einem Antennensystem gelten die gleichen Beziehungen, d.h. dass eine Antenne mit ausgeprägter Richtcharakteristik sowohl für den Sendebetrieb als auch für den Empfangsbetrieb die gleiche Richteigenschaft zeigt. In Figur 3.13 wird die Reziprozität eines Antennenpaars genauer definiert.

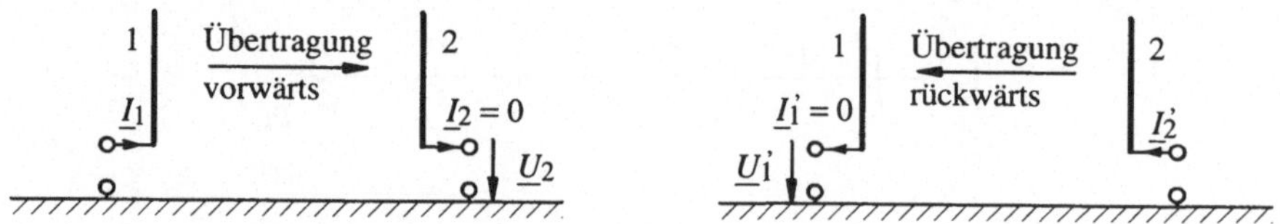

Figur 3.13   Reziprozität von Antennen: Definition der Übertragungsimpedanz vorwärts und rückwärts, $\underline{Z}_{21} = \underline{U}_2/\underline{I}_1$ und $\underline{Z}_{12} = \underline{U}_1'/\underline{I}_2'$.

Reziprozität der Übertragungsstrecke von der Antenne 1 zur Antenne 2 bedeutet, dass die Übertragungsimpedanz vorwärts $\underline{Z}_{21}$ gleich der Übertragungsimpedanz rückwärts $\underline{Z}_{12}$ ist. Dies hat zur Folge, wie nachstehend gezeigt wird, dass Richtdiagramm, Absorptionsfläche A_e und Richtfaktor D für Sende- und Empfangsbetrieb gleich sind.

Der Zusammenhang von D und A_e wird mit folgender Leistungsbetrachtung erläutert: Eine Antenne weist einen Eingangswiderstand R_s (Fusspunktswiderstand bzw. Strahlungswiderstand der verlustlosen Antenne) auf. Die abgestrahlte Leistung der Antenne 1 ist

$$P_s = \frac{1}{2} \, |\underline{I}_1|^2 R_{s1} \qquad (3.15)$$

Die an der Antenne 2 empfangene (transmittierte) Leistung ist P_e. Auf der Empfangsseite gilt das Ersatzschaltbild Figur 3.14.

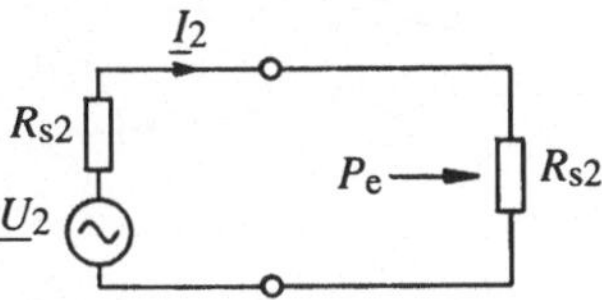

Figur 3.14   Ersatzschaltbild für die Empfangsseite.

Bei Anpassung wird die maximale Leistung P_e an den Empfänger geliefert

$$P_e = \frac{1}{8} \frac{|\underline{U}_2|^2}{R_{s2}} = \frac{1}{8} \frac{|\underline{I}_1 \, \underline{Z}_{21}|^2}{R_{s2}} \qquad (3.16)$$

Die Streckendämpfung a_r ist

$$a_r = \frac{P_s}{P_e} = \frac{4 \, R_{s1} \, R_{s2}}{|\underline{Z}_{21}|^2} \qquad (3.17)$$

Andererseits gilt für die Empfangsleistung P_e

$$P_e = \frac{P_s}{4 \, \pi \, r^2} D_1 \, A_{e2} \qquad (3.18)$$

mit D_1 : Richtfaktor der Antenne 1 in Richtung der Antenne 2
und A_{e2}: Absorptionsfläche der Antenne 2 in Richtung der Antenne 1

Daraus folgt

$$\frac{P_e}{P_s} = \frac{|\underline{Z}_{21}|^2}{4 \, R_{s1} \, R_{s2}} = \frac{D_1 \, A_{e2}}{4 \, \pi \, r^2} \qquad (3.19)$$

Bei Vertauschung von Sender und Empfänger ist

$$\frac{P_e}{P_s} = \frac{|\underline{Z}_{12}|^2}{4 \, R_{s1} \, R_{s2}} = \frac{D_2 \, A_{e1}}{4 \, \pi \, r^2} \qquad (3.20)$$

Mit der Reziprozitätsbedingung $\underline{Z}_{21} = \underline{Z}_{12}$ folgt aus (3.19) und (3.20)

$$\frac{D_2}{A_{e2}} = \frac{D_1}{A_{e1}} \qquad (3.21)$$

Das Verhältnis D/A_e ist also für alle Antennen gleich und unabhängig von der Antennengeometrie.

3.5 Antennensysteme und multiplikatives Gesetz

Unter einem Antennensystem versteht man die Zusammenfassung von mehreren meist identischen Einzelantennen (Elementen) zu einer Gruppe. Das multiplikative Gesetz der Antennensysteme besagt, dass die Strahlungscharakteristik der Gruppe gleich der Charakteristik des Einzelstrahlers multipliziert mit der Charakteristik der Gruppe ist. Das Gesetz wird in Figur 3.15a-c anhand der einfachst möglichen Gruppe von zwei Elementen erläutert.

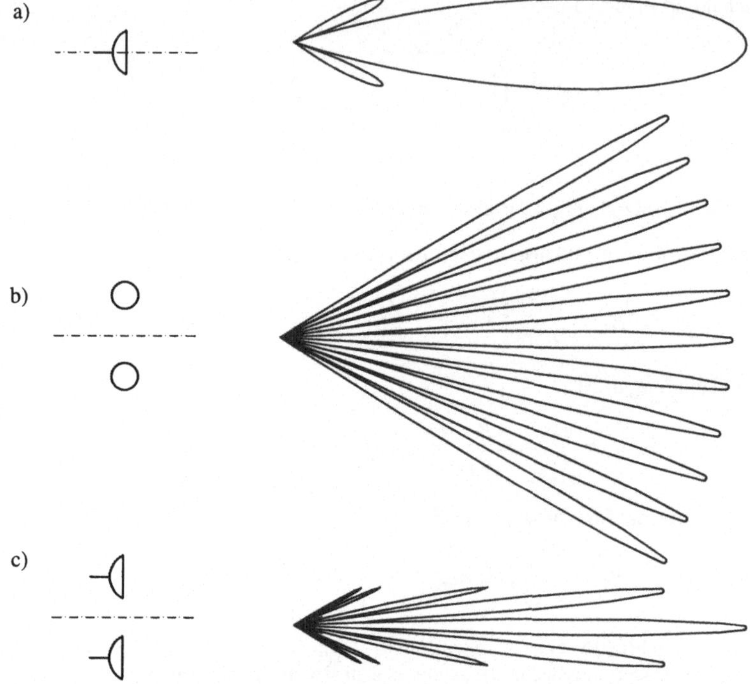

Figur 3.15   Gruppe mit zwei Richtantennen, a) Einzelstrahler, b) Gruppencharakteristik:
Charakteristik von zwei isotropen Kugelstrahlern c) Systemcharakteristik.

Der Einzelstrahler zeigt eine typische Charakteristik einer Richtantenne. Die Gruppencharakteristik ist die Charakteristik der Gruppe von isotropen Kugelstrahlern mit der gleichen Phasenbeziehung zwischen den Strahlern der betrachteten Gruppe. Im oben angeführten Beispiel ist diese Phase = 0; die Gruppencharakteristik zeigt ein Maximum auf der Symmetrieachse und für jeden Winkel, für den die Differenz der Weglänge von den Einzelstrahlern im Fernfeld gleich der Wellenlänge λ ist. Gemäss dem multiplikativen Gesetz ist die Charakteristik des Systems gleich der Charakteristik der einzelnen Richtantennen multipliziert mit der Charakteristik der zwei Kugelstrahler, wie dies in Figur 3.15c dargestellt ist. Die Gruppencharakteristik von zwei Strahlern ist (Figur 3.16)

$$E(\theta) = E_0 \left(e^{j\,\pi\,\frac{l_1}{\lambda}\cos\theta} + e^{-j\,\pi\,\frac{l_1}{\lambda}\cos\theta} \right) = 2\,E_0 \cos\left(\pi\,\frac{l_1}{\lambda}\cos\theta\right) \tag{3.22}$$

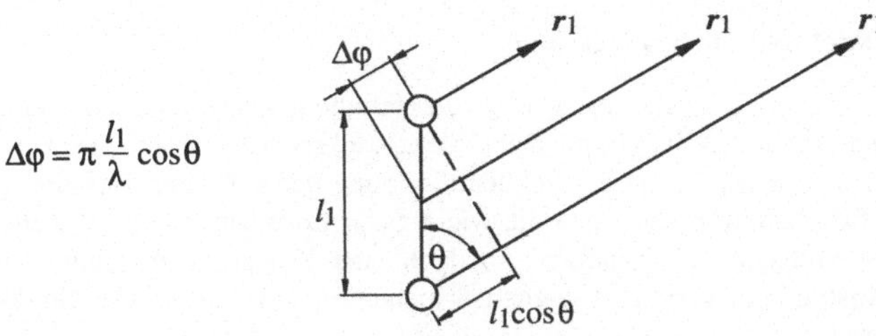

$$\Delta\varphi = \pi \frac{l_1}{\lambda} \cos\theta$$

Figur 3.16   Zur Berechnung der Gruppencharakteristik von zwei Strahlern.

Die Gruppencharakteristiken von grösseren ein- und zweidimensionalen Gruppen können in gleicher Weise berechnet werden. Grössere zweidimensionale Gruppen können so ausgebildet werden, dass ihre Systemcharakteristik ähnlich wie die Charakteristik einer guten Richtantenne wird, d.h. hoher Richtfaktor in Hauptrichtung und kleinstmögliche Nebenkeulen. Diese Gruppenantennen können so konstruiert werden, dass die Hauptstrahlrichtung elektronisch verändert werden kann. Wenn alle Einzelstrahler mit der gleichen Phase gespeist werden, dann ist die Hauptrichtung senkrecht zur Gruppenebene. Ist dagegen die Phase φ_i der Einzelstrahler eine lineare Funktion der Position in der Gruppe, so wird sich eine ebene Wellenfront einstellen, die nicht mehr parallel zur Gruppenfläche ist (Figur 3.17).

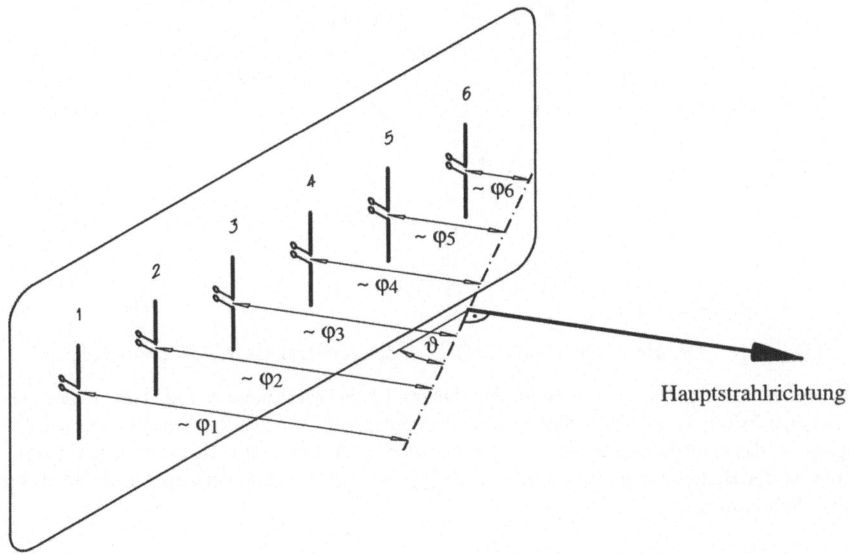

Figur 3.17   Steuerung der Abstrahlrichtung der Gruppenantenne über die Phase φ_i der Einzelstrahler.

Die Hauptabstrahlrichtung, die senkrecht zur Wellenfront liegt, kann durch eine elektronische Phasensteuerung der Einzelstrahler in einem gewissen Bereich verändert werden. Die Phasensteuerung erlaubt somit ein trägheitsloses und dadurch fast beliebig schnelles Schwenken der Richtcharakteristik. Phasengesteuerte Gruppenantennen (phased array antennas) werden in zivilen und militärischen Radaranlagen eingesetzt.

3. 6 Der Hertzsche Dipol und die Stabantenne

In diesem sowie im folgenden Abschnitt werden die feldtheoretischen Grundlagen für die Analyse von einfachen Antennen eingeführt. Dabei beschränken wir uns auf die Anwendung von gewissen Resultaten und Methoden der Feldtheorie, ohne tief auf deren Herleitung einzugehen. Ohne strenge Beweisführungen sollen die wichtigsten Resultate diskutiert werden und, wenn auch nicht eine vollständige Grundlage, so doch eine Kostprobe und ein Gefühl für elektromagnetische Abstrahlung vermittelt werden, welches für ein vertiefendes Studium von Nutzen ist.

3. 6.1 Der Hertzsche Dipol, das retardierte Vektorpotential

Wenn wir uns als Ziel dieser ersten Antennenbetrachtung vornehmen, das Verhalten eines kurzen, stromführenden Drahtes als strahlende Antenne zu verstehen, dann ist es zweckmässig, von einer idealisierten, genau genommen nicht realisierbaren Anordung auszugehen: vom *Hertzschen Dipol* (auch Elementardipol), dargestellt in Figur 3.18.

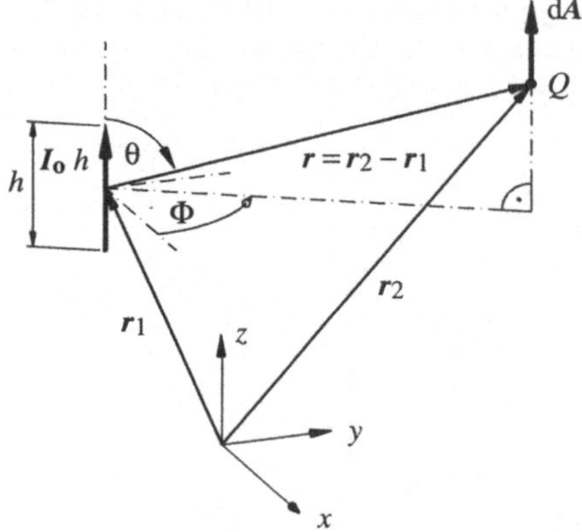

Figur 3.18   Der Hertzsche Dipol: Definition der verwendeten Kugelkoordinaten.

Der Hertzsche Dipol ist ein sehr kurzer dünner Leiter der Länge h mit dem in der Länge konstanten Strom I_0. Zur Berechnung des elektromagnetischen Feldes dieses Dipols wird vorzugsweise das *retardierte magnetische Vektorpotential* A eingeführt. Im homogenen, isotropen Raum ist der Beitrag eines Stromelements JdV zum magnetischen Vektorpotential dA in komplexer Schreibweise

$$d\underline{A} = \frac{\mu \underline{J}(r_1)}{4\pi r} e^{-jkr} dV \tag{3.23}$$

mit $k = 2\pi/\lambda = \omega/c$ (für $\mu_r = \varepsilon_r = 1$)

Dabei ist r der Betrag des Abstandes vom Stromelement JdV am Ort x', y', z' zum Ort x, y, z des betrachteten Vektorpotentials. Der Beitrag des Stromelementes JdV zum Vektorpotential dA hat also die Richtung von J. Für statische oder langsam variierende Felder entfällt der Term $\exp(-jkr)$, womit (3.23) der bekannten Beziehung des elektrostatischen Potentials U als Funktion einer Elementarladung dq entspricht:

$$dU = \frac{dq}{4\,\pi\,\varepsilon_0\,\varepsilon_r\,r} \tag{3.24}$$

Das retardierte magnetische Vektorpotential $\underline{A}$ lässt sich für den Hertzschen Dipol (Figur 3.18) sehr einfach berechnen

$$\underline{A} = \underline{A}_z\,\mathbf{e}_z = \frac{\mu\,I_0\,h}{4\,\pi\,r}\,e^{-j\,k\,r}\,\mathbf{e}_z \tag{3.25}$$

$\underline{A}$ ist auf einer Kugeloberfläche um den Hertzschen Dipol konstant. Bei einer Zunahme des Radius r um eine Wellenlänge λ nimmt die Phase von $\underline{A}$ um $2\,\pi$ ab.

Mit dem magnetischen Vektorpotential haben wir erst eine Zwischenstufe erreicht, wir interessieren uns jedoch für die elektrischen und magnetischen Felder. Gemäss Definition ist der Zusammenhang zwischen $\underline{B}$ und $\underline{A}$ (siehe [1] oder [3])

$$\underline{B} = \mathrm{rot}\underline{A} = \nabla \times \underline{A} \tag{3.26}$$

Im stromfreien Raum um den Dipol ist

$$j\,\omega\,\underline{D} = \mathrm{rot}\underline{H} \tag{3.27}$$

oder $\qquad \underline{E} = \frac{1}{j\,\omega\,\varepsilon_0}\,\mathrm{rot}\underline{H} = \frac{Z_{fo}}{j\,2\pi/\lambda}\,\mathrm{rot}\underline{H}$

mit $\qquad Z_{fo} = \sqrt{\mu_0\,/\,\varepsilon_0}$

Für Kugelkoordinaten liefern (3.26) und (3.27) mit (3.25), ohne Detailrechnung, die Strahlungscharakteristik des Hertzschen Dipols

$$\underline{H}_\Phi = \frac{I_0\,h}{4\,\pi}\,e^{-j\,kr}\left(\frac{j\,k}{r} + \frac{1}{r^2}\right)\sin\theta \tag{3.28}$$

$$\underline{E}_r = \frac{I_0\,h}{4\,\pi}\,e^{-j\,kr}\left(\frac{2\,Z_{fo}}{r^2} + \frac{2}{j\omega\,\varepsilon\,r^3}\right)\cos\theta \tag{3.29}$$

$$\underline{E}_\theta = \frac{I_0\,h}{4\,\pi}\,e^{-j\,kr}\left(\frac{j\,\omega\mu}{r} + \frac{1}{j\,\omega\,\varepsilon\,r^3} + \frac{Z_{fo}}{r^2}\right)\sin\theta \tag{3.30}$$

$$H_r = H_\theta = E_\Phi = 0 \tag{3.31}$$

$$Z_{fo} = \sqrt{\mu_0\,/\,\varepsilon_0} \qquad\qquad \text{(Feldwellenimpedanz)}$$

Das magnetische Feld (3.28) zeigt nur eine Komponente in Φ-Richtung. Je nach Entfernung, $r \ll \lambda$ oder $r \gg \lambda$, unterscheiden wir zwischen "Nahfeld" und "Fernfeld".

Für diese Fälle, von denen hauptsächlich das Fernfeld von praktischem Interesse ist, vereinfachen sich die Beziehungen (3.28) ... (3.31) wie folgt:

Strahlungscharakteristik des Hertzschen Dipols im Nahfeldbereich

$$\underline{H}_\Phi = \frac{I_0\,h}{4\,\pi} \cdot \frac{\sin\theta}{r^2} \tag{3.32}$$

$$\underline{E}_r = \frac{I_0\,h}{2\,\pi} \cdot \frac{\cos\theta}{j\omega\,\varepsilon\,r^3} \tag{3.33}$$

$$\underline{E}_\theta = \frac{I_0\,h}{4\,\pi} \cdot \frac{\sin\theta}{j\omega\,\varepsilon\,r^3} \tag{3.34}$$

$$H_r = H_\theta = E_\Phi = 0 \tag{3.35}$$

Strahlungscharakteristik des Hertzschen Dipols im Fernfeldbereich

$$\underline{H}_\Phi = \frac{j\,k\,I_0\,h}{4\,\pi\,r}\,e^{-j\,k\,r}\,\sin\theta \tag{3.36}$$

$$\underline{E}_\theta = \frac{j\,\omega\,\mu\,I_0\,h}{4\,\pi r}\,e^{-j\,k\,r}\,\sin\theta = Z_{fo}\,\underline{H}_\Phi \tag{3.37}$$

$$H_r = H_\theta = E_\Phi = E_r = 0 \tag{3.38}$$

Im Nahfeld gehen die Gleichungen (3.28) ... (3.31) in die statischen Beziehungen eines elektrischen Dipols und in das Gesetz von Ampère über. Das Magnetfeld H_Φ ist hier praktisch nur vom Term mit $1/r^2$ bestimmt. Im Fernfeld hingegen ist die Ortsabhängigkeit $1/r$ massgebend. Das elektrische Feld E_r fällt hier in radialer Richtung gemäss (3.29) mit $1/r^2$ viel stärker ab als E_θ. So kann E_r hier gleich Null gesetzt werden.
Figur 3.19 zeigt eine Momentaufnahme einer E-Feldlinie im Bereich des Nahfeldes.

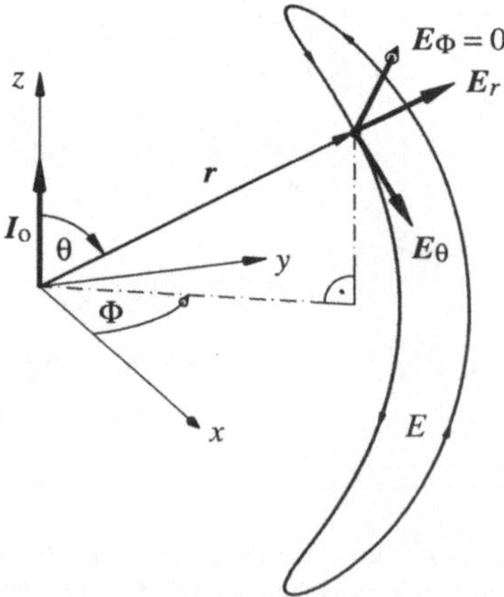

Figur 3.19   Elektrische Feldlinie des Hertzschen Dipols im Nahfeld.

Figur 3.20 zeigt die Entwicklung der E-Feldlinien in zeitlichen Abständen von 0.1 Perioden.

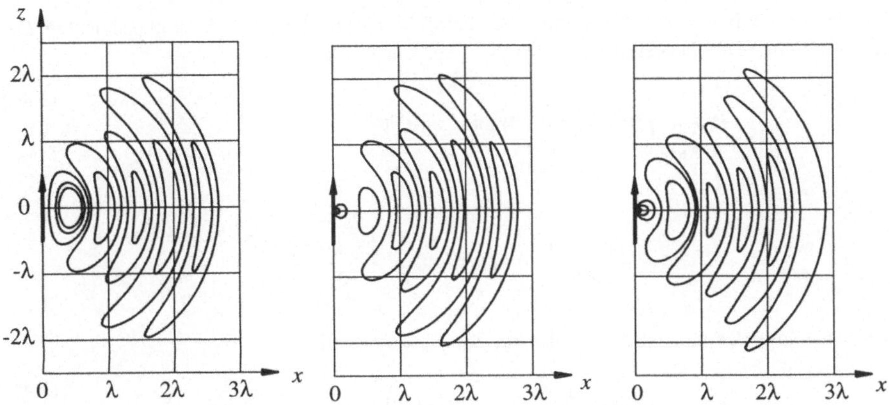

Figur 3.20   Elektrische Feldlinien des Hertzschen Dipols im Nahfeld zu den Zeiten
$t = 0$, $0.1T$ und $0.2T$ (T = Periode).

Das Fernfeld ist eine TEM-Welle (Transverse Electromagnetic Wave), die sich in radialer Richtung fortpflanzt:

- Die im Fernfeld verbleibenden Feldgrössen $\underline{E}_\theta$ und $\underline{H}_\Phi$ sind in Phase und stehen definitonsgemäss senkrecht aufeinander.
- $\underline{E}/\underline{H} = \underline{E}_\theta/\underline{H}_\Phi = Z_{fo}$ (120 $\pi\,\Omega$ im Vakuum)

Figur 3.21 zeigt das Strahlungsdiagramm des Elementardipols im Fernfeld. Es ist im Raum eine Torusfläche mit Achse des Dipols als Rotationssymmetrieachse.

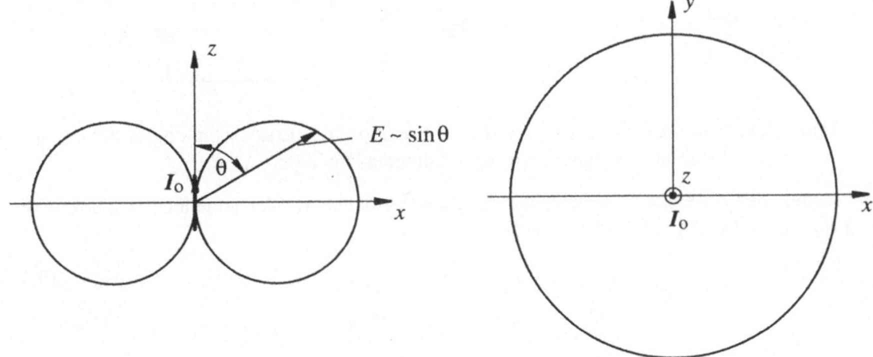

Figur 3.21   Strahlungsdiagramm des Elementardipols im Fernfeld.

Der Poyntingvektor $\underline{S}$ ist damit radial vom Hertzschen Dipol weggerichtet und sein Betrag ist

$$|\underline{S}| = S_r = \frac{1}{2}\,\mathrm{Re}[\underline{E}_\theta\,\underline{H}_\Phi^*] = \frac{Z_{fo}}{2}\left(\frac{k\,I_0\,h}{4\,\pi\,r}\,\sin\theta\right)^2 \tag{3.39}$$

3.6.2 Strahlungseigenschaften des Hertzschen Dipols und der Stabantenne

Mit der Kenntnis des Poyntingvektors des Fernfeldes kann die totale Strahlungsleistung P_tot des Hertzschen Dipols bestimmt werden

$$P_\text{tot} = \int\limits_{Kugelfläche} S\, \mathrm{d}F = \int\limits_0^\pi S(\theta)\, 2\pi\, r^2 \sin\theta\, \mathrm{d}\theta \tag{3.40}$$

$$= \frac{Z_\text{fo}\,(k\,I_0\,h)^2}{16\,\pi} \int\limits_0^\pi (\sin\theta)^3\, \mathrm{d}\theta = \frac{Z_\text{fo}\,\pi\,I_0^2}{3}\left(\frac{h}{\lambda}\right)^2$$

Mit der Feldwellenimpedanz des Vakuums $Z_\text{fo} = 120\pi\ \Omega$ gilt

$$P_\text{tot} = 40\,\pi^2\Omega\left(\frac{h}{\lambda}\right)^2 I_0^2 \approx 395\Omega\left(\frac{h}{\lambda}\right)^2 I_0^2 \tag{3.41}$$

I_0 ist dabei der Scheitelwert des sinusförmigen Stromes im Elementardipol. Mit Hilfe von (3.39) und (3.40) kann der Richtfaktor bestimmt werden

$$D = \frac{S(\theta = \pi/2)}{P_\text{tot}/(4\,\pi\,r^2)} = 1.5 \approx 1.8\ \text{dB} \tag{3.42}$$

Wird der Elementardipol gemäss Figur 3.22 betrieben, d.h. wird der Dipol in der Mitte aufgetrennt und symmetrisch gespeist, dann wird an den Eingangsklemmen eine im Allgemeinen komplexe Antennenimpedanz gemessen.

Figur 3.22   Symmetrisch gespeister Hertzscher Dipol mit Ersatzschaltung bestehend aus Strahlungswiderstand R_S und Antennenkapazität C_A.

Der Realteil der Antennenimpedanz, der Strahlungswiderstand oder Antennenfusspunktwiderstand R_S, kann mit (3.41) bestimmt werden

$$R_\text{S} = \frac{P_\text{tot}}{I_\text{oe}^2} = 2\,\frac{P_\text{tot}}{I_0^2} = 80\ \Omega\left(\frac{\pi\,h}{\lambda}\right)^2 \tag{3.43}$$

I_oe ist der Effektivwert des Antennenstroms I_0. Der Strahlungswiderstand R_S des Elementardipols ist proportional zu h^2. Figur 3.22 zeigt das Ersatzschaltbild der Antenne, bestehend aus einer Serieschaltung des Strahlungswiderstandes und der Antennenkapazität. Nach Voraussetzung ist die Antennenhöhe $h \ll \lambda$. Mit abnehmender Höhe h nimmt R_S quadratisch ab, während die Kapazität wesentlich weniger reduziert wird. Ein sehr kurzer Elementardipol ist daher stark kapazitiv und praktisch nicht breitbandig anpassbar.

Eine identische Feldverteilung erhalten wir mit einem Monopol auf einer leitenden Ebene nach Figur 3.23:

Figur 3.23   Elementarer Monopol mit Antennenlänge $h/2$.

Eine Länge des Monopols von $h/2$ entspricht dabei den Verhältnissen des Dipols der Länge h. Für diesen Fall strahlt, bei gleichem Antennenstrom, der Monopol die Hälfte der Leistung des Dipols ab. Der Strahlungswiderstand des Monopols R_S (Monopol) ist daher

$$R_S(\text{Monopol}) = \frac{R_S(\text{Dipol})}{2} \tag{3.44}$$

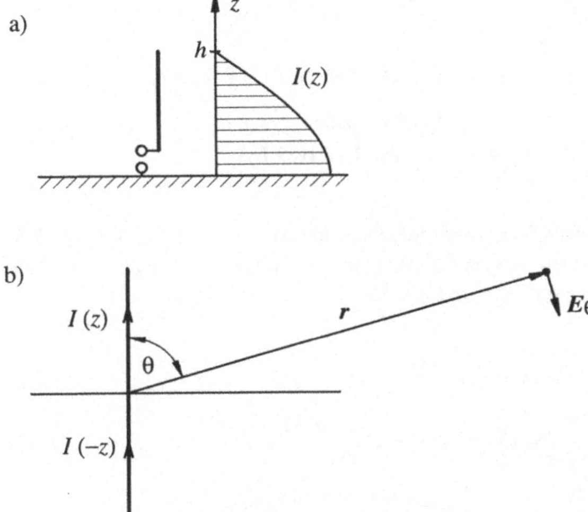

Figur 3.24   Vertikalantenne auf leitender Ebene:
a) Stromverteilung, b) Ersatzdarstellung mit Spiegelstrom.

Wie erwähnt ist der Elementardipol eine wenig geeignete Antenne, da diese stark kapazitiv und schwer anpassbar ist. Eine in der Praxis häufig verwendete Form ist die Vertikalantenne auf einer leitenden Ebene. Wird vorausgesetzt, dass die Antenne sehr dünn ist (verglichen mit der Länge), dann stellt sich mit guter Näherung eine sinusförmige Stromverteilung (gemäss einer Stehwelle) ein, wie in Figur 3.24a dargestellt.
Der Antennenstrom I hat folgenden Verlauf als Funktion des Ortes z

$$I(0 < z < h) = I_m \sin(2\pi\,(h - z)/\lambda)$$

Im Fernfeld finden wir mit (3.37) für die Feldstärke $\mathrm{d}\underline{E}_\theta$ als Funktion des Stromelementes $I\,h\,\mathbf{e}_z$ am Ort $\pm z$

$$\mathrm{d}\underline{E}_\theta = \mathrm{j}\frac{Z_{\mathrm{fo}}\,I_{\mathrm{m}}}{\lambda\,r}\,\sin(k\,(h-z))\,\sin\theta\;\mathrm{e}^{-\mathrm{j}\,k\,r}\,\underbrace{\frac{1}{2}\left(\mathrm{e}^{\mathrm{j}\,k\,z\cos\theta}+\mathrm{e}^{-\mathrm{j}\,k\,z\cos\theta}\right)}_{\cos\left(k\,z\cos\theta\right)}\mathrm{d}\,z \qquad (3.45)$$

Gleichung (3.45) integriert über z von 0 bis h liefert (mit einiger Algebra)

$$\underline{E}_\theta = \mathrm{j}\,60\,\Omega\,\frac{I_{\mathrm{m}}}{r\,\sin\theta}\,(\cos(k\,h\cos\theta)-\cos(k\,h))\,\mathrm{e}^{-\mathrm{j}\,kr} \qquad (3.46)$$

In horizontaler Richtung ($\theta = \pi/2$) verläuft der Betrag von $\underline{E}_\theta$ wie

$$|\underline{E}_\theta(\theta = \pi/2)| = 60\Omega\,\frac{I_{\mathrm{m}}}{r}\,(1-\cos(kh)) \qquad (3.47)$$

Das normierte, vertikale Strahlungsdiagramm $E(\theta)/E(\theta = \pi/2)$ ist

$$\frac{E(\theta)}{E(\theta = \pi/2)} = \frac{\cos(k\,h\cos\theta)-\cos(k\,h)}{\sin\theta\,(1-\cos(k\,h))} \qquad (3.48)$$

Figur 3.25 zeigt $E(\theta)/E(\text{isotroper Strahler})$ für Antennenlängen $h = 0.1\,\lambda, 0.5\,\lambda, 0.6\,\lambda$. Aus Symmetriegründen ist das Strahlungsdiagramm vom Winkel Φ unabhängig. Das horizontale Strahlungsdiagramm ist somit ein Kreis.

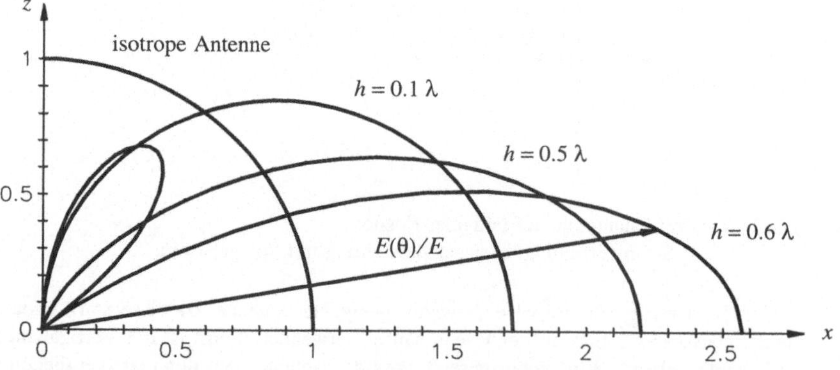

Figur 3.25   Normiertes, vertikales Strahlungsdiagramm der Vertikalantenne auf der leitenden Ebene.

Figur 3.26 zeigt eine Zusammenstellung der wichtigsten Antennentypen und deren charakteristischen Parameter.

Antennentyp	Darstellung, Belegung	Richtfaktor D	Strahlungs- widerstand R_s	Vertikales Richtdiagramm (3dB-Bereich)
Isotroper Strahler		1 (0dB)		
Hertzscher Dipol		1.5 (1.8dB)	$\dfrac{h^2}{\lambda^2}\,790\ \Omega$	
Kurzer Dipol auf leitender Ebene		3 (4.8dB)	$\dfrac{h^2}{\lambda^2}\,395\ \Omega$	
$\lambda/4$-Dipol auf leitender Ebene		3.28 (5.1dB)	$40\ \Omega$	
Einseitig strahlende Fläche		$\dfrac{4\pi ab}{\lambda^2}$ $a,b \gg \lambda$		
Absorbtionsfläche $A_e = D\lambda^2/4\pi$				

Figur 3.26 Zusammenstellung der wichtigsten Antennentypen (nach [5]).

3.6.3. Yagi-Uda-Antenne

Die Stabantenne als sehr einfache Antennenbauform zeigt eine perfekte Rundstrahlcharakteristik. Wird dagegen ein hoher Antennengewinn gewünscht, kann dies mittels einer Antennengruppe von Stabantennen erreicht werden. Der Aufbau einer Gruppe von gespeisten Dipolen ist aber recht aufwendig. Die Yagi-Uda-Antenne ist eine Anordnung von Dipolen, wobei nur ein einziger Dipol gespeist ist und alle anderen Dipole passiv sind. Figur 3.27 zeigt ein Beispiel einer Yagi-Uda-Antenne, wie sie als FM-Rundfunk- und Fernsehantenne bestens bekannt ist und bereits in den 20-er Jahren von Yagi und Uda erstmals untersucht wurde.

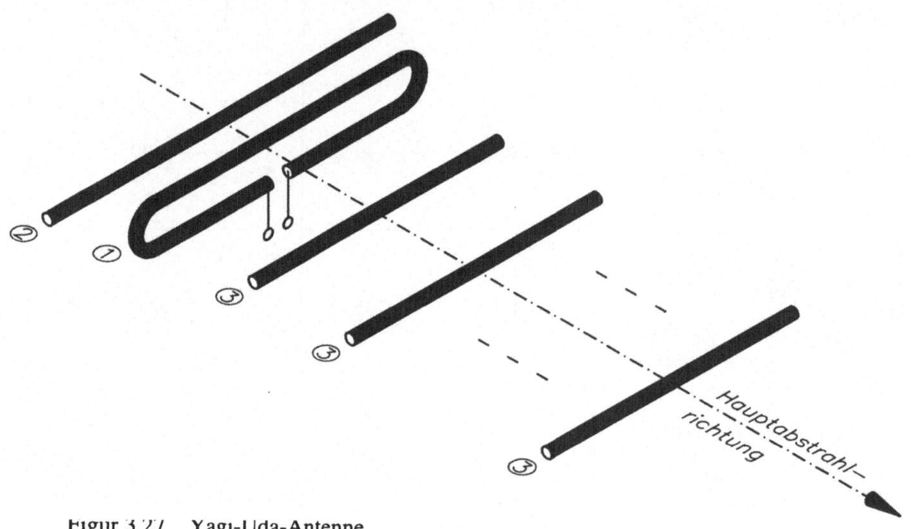

Figur 3.27　Yagi-Uda-Antenne.

Nach Figur 3.27 besteht sie aus folgenden Elementen:

① Der aktive Dipol zeigt eine Länge von etwas weniger als $\lambda/2$, typisch $(0.45...0.49)\,\lambda$ und ist meist als Faltdipol ausgebildet.

② Der Reflektor ist in Ausbreitungsrichtung gesehen hinter dem aktiven Dipol angeordnet und hat eine Länge von etwas mehr als $\lambda/2$. Der Abstand des Reflektors zum Dipol ist ungefähr $0.2\,\lambda$.

③ Die Direktoren haben Längen von etwas weniger als $\lambda/2$, typisch $(0.4...0.45)\,\lambda$. Abstände der Direktoren zum Dipol und zueinander $(0.2...0.3)\,\lambda$.

Die exakte Bestimmung der Strahlungscharakteristik gestaltet sich sehr aufwendig; wir beschränken uns auf eine einfache qualitative Betrachtung:

① Der aktive Dipol verhält sich wie ein $\lambda/2$-Dipol und ist in Abwesenheit der anderen Elemente ein Rundstrahler.

② Der Reflektor wird vom elektromagnetischen Feld des aktiven Strahlers angeregt und wirkt als strahlender Dipol. Mit einer Länge $> \lambda/2$ ist der Reflektor induktiv, d.h. der Antennenstrom ist gegenüber dem induzierten elektrischen Feld nacheilend. Meist wird nur ein Reflektor eingesetzt, weitere Reflektoren zeigen nur eine geringe Verbesserung des Richtfaktors.

③ Die Direktoren werden ebenso vom aktiven Strahler angeregt. Sie verhalten sich mit einer Länge $< \lambda/2$ kapazitiv.

Der Phasenunterschied zwischen dem Reflektor und den Direktoren bewirkt, dass in Richtung der Direktoren eine konstruktive Interferenz auftritt und damit die Hauptabstrahlung in dieser Richtung erfolgt. In Richtung des Reflektors tritt dagegen destruktive Interferenz auf. Mit den periodisch angeordneten Direktoren wird die Wellenausbreitung entlang der Achse der Direktoren gegenüber der Freiraumausbreitung etwas verzögert. Damit wirken die Direktoren wie ein Wellenleiter mit kleinerer Phasengeschwindigkeit im Kern und grösserer im Mantel. Dieser Wellenleitereffekt trägt zu einer erhöhten Richtwirkung bei. Qualitativ kann das Verhalten der Yagi-Uda-Antenne mit einem Ersatzschaltbild gemäss Figur 3.28 erklärt werden.

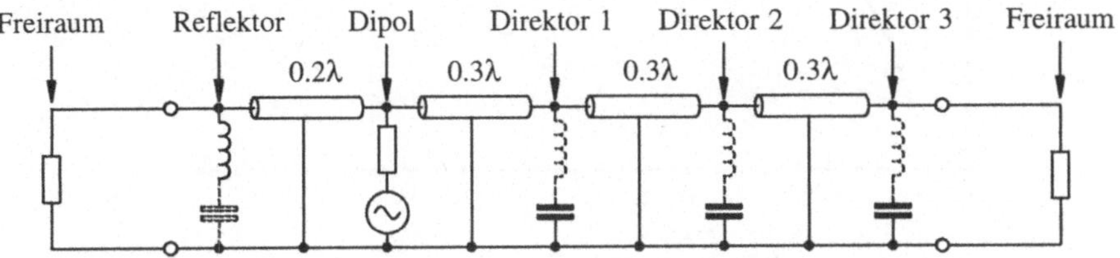

Figur 3.28   Ersatzschaltung der Yagi-Uda-Antenne.

Figur 3.29 zeigt berechnete Ströme I_n in den einzelnen Elementen, wenn der aktive Dipol mit dem Strom I_0 angeregt wird.

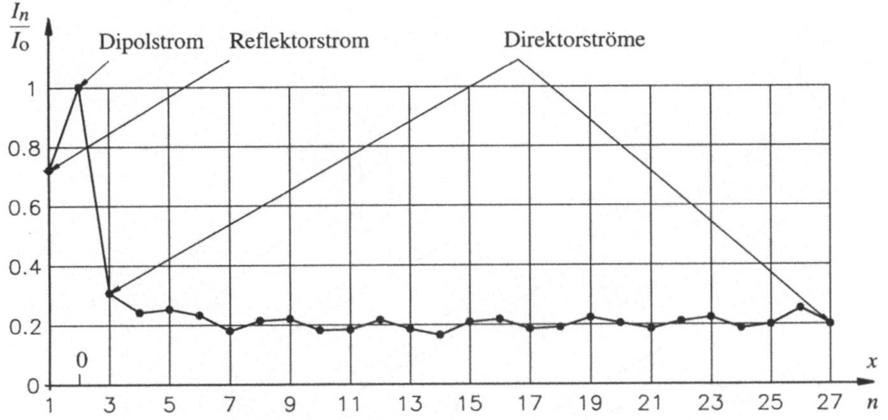

Figur 3.29   Stromverteilung in den Elementen einer Yagi-Uda-Antenne.

Mit einem $\lambda/2$-Faltdipol als aktives Element und einem Abstand der Direktoren von $s = 0.2\,\lambda$ ist die Antenneneingangsimpedanz ca. $50\,\Omega$. Der Richtfaktor kann über die Anzahl der Antennenelemente (Aktiver Dipol + 1 Reflektor + Direktoren) verändert werden.
Figur 3.30 zeigt den Richtfaktor in Funktion der Anzahl Elemente, wobei alle Direktoren gleiche Längen aufweisen.

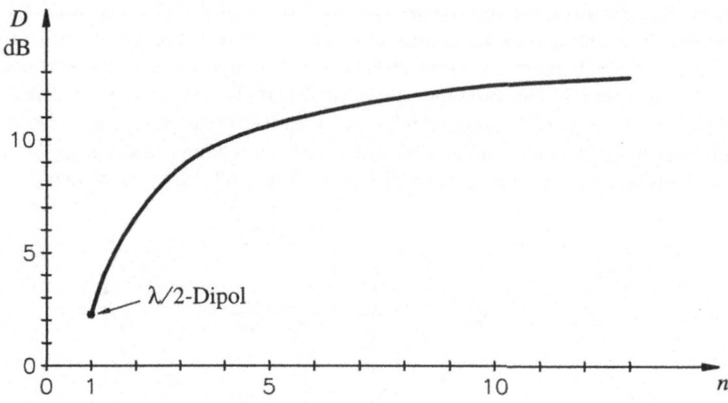

Figur 3.30   Richtfaktor D in Funktion der Anzahl Antennenelemente n.

3.7 Der Aperturstrahler

Bei vielen Strahlern, die technisch von Bedeutung sind, ist die Feldverteilung über einer "Apertur", d.h. über einer strahlenden ebenen Fläche bekannt.

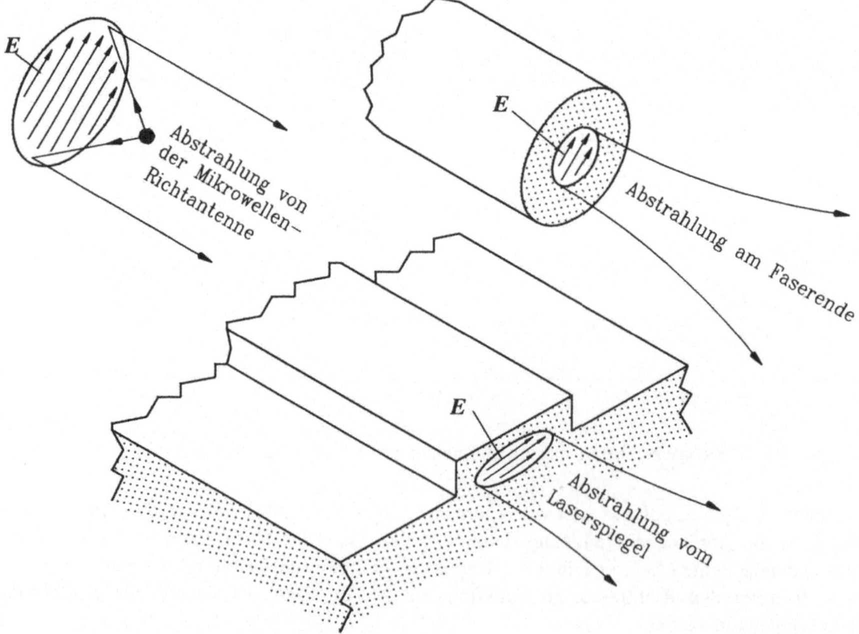

Figur 3.31   Beispiele von Aperturstrahlern: Mikrowellen-Richtantenne, Glasfaser und Halbleiterlaserdiode.

Häufig sind auch die Aperturen wesentlich grösser als die abgestrahlte Wellenlänge, sodass die exakte Feldverteilung am Aperturrand nicht bekannt sein muss. Figur 3.31 zeigt drei Beispiele von technischen Aperturstrahlern: die Mikrowellen-Parabolantenne, die Abstrahlung von Licht von einem Faserende und von einer Halbleiterlaserdiode.

Für die weitere Betrachtung des Aperturstrahlers legen wir die y- und z-Achsen des Koordinatensystems in die Aperturebene. Wir machen folgende Annahmen:

1. In der Ebene der Apertur sei das elektrische Feld $E_{zo}(y,z)$ mit nur einer Feldkomponente in z-Richtung gegeben.

2. $E_{zo}(y,z)$ weise eine konstante Phase auf.

3. Das magnetische Feld in der Apertur weise nur eine y-Komponente auf und sei mit $E_{zo}(y,z)$ über die Feldwellenimpedanz verknüpft

$$\frac{E_{zo}(y,z)}{H_{yo}(y,z)} = Z_{fo} \tag{3.49}$$

Wir übernehmen aus der Literatur [3] die Herleitung der Strahlungscharakteristik des elementaren elektromagnetischen Flächenstrahlers im Fernfeld mit der Definition des Koordinatensystems nach Figur 3.32.

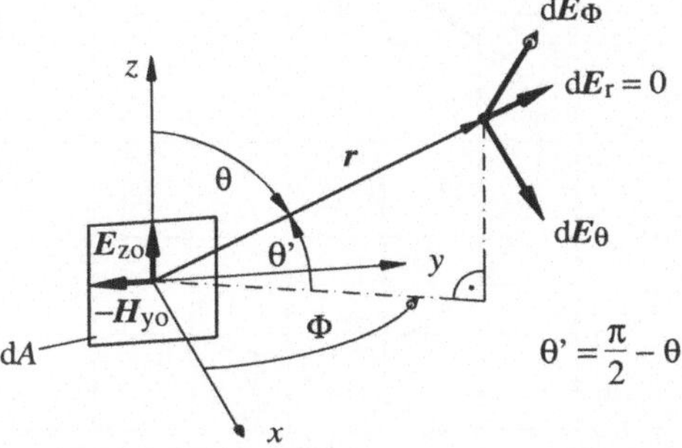

Figur 3.32   Fernfeld des elementaren Flächenstrahlers.

$$d\underline{E}_\theta = \frac{-j\,k\,e^{-j\,kr}}{4\pi\,r}\,(\sin\theta + \cos\Phi)\,\underline{E}_{zo}\,dA \tag{3.50}$$

$$d\underline{E}_\Phi = \frac{j\,k\,e^{-j\,kr}}{4\pi\,r}\,(\sin\Phi\,\cos\theta)\,\underline{E}_{zo}\,dA \tag{3.51}$$

$$d\underline{E}_r = 0 \tag{3.52}$$

Mit $\theta = \pi/2$ erhalten wir für die Feldstärke dE in der x-y-Ebene für konstante Entfernung r zum Flächenstrahler

$$dE_\Phi = dE_r = 0 \tag{3.53}$$

$$dE = dE_\theta = \frac{dE_a}{2}\,(1 + \cos\Phi) \tag{3.54}$$

dE_a: Feldstärke auf der x-Achse

Auf den Breitenkreisen der Fernkugel, d. h. für x und r konstant, erhält man mit der Umrechnungsformel $x = r \sin\theta \cos\Phi$ für die Feldstärke

$$dE = \sqrt{dE_\theta^2 + dE_\Phi^2} = \frac{E_{zo}}{2\lambda r}\left(1 + \frac{x}{r}\right)dA = \text{konst.} \tag{3.55}$$

Das Strahlungsdiagramm des elementaren Flächenstrahlers ist also rotationssymmetrisch bezüglich der x-Achse.
Figur 3.33 zeigt das Strahlungsdiagramm in der xy-Ebene und Figur 3.34 den Feldverlauf auf der Fernfeldkugel des elementaren Flächenstrahlers.

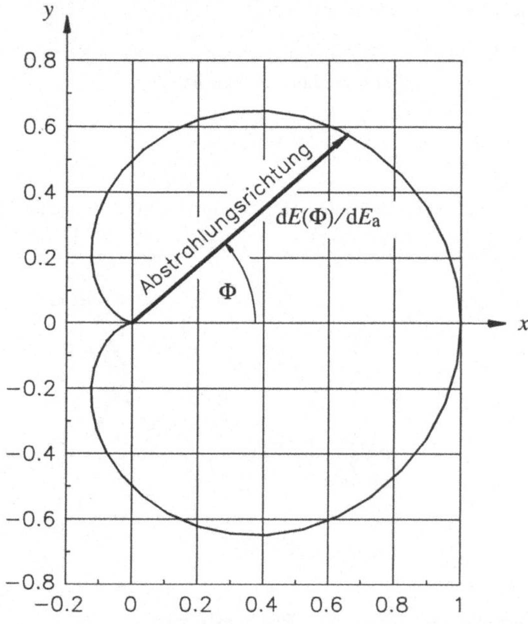

Figur 3.33   Strahlungsdiagramm des elementaren elektromagnetischen Flächenstrahlers in der xy-Ebene. Das Diagramm ist rotationssymmetrisch bezüglich der x-Achse.

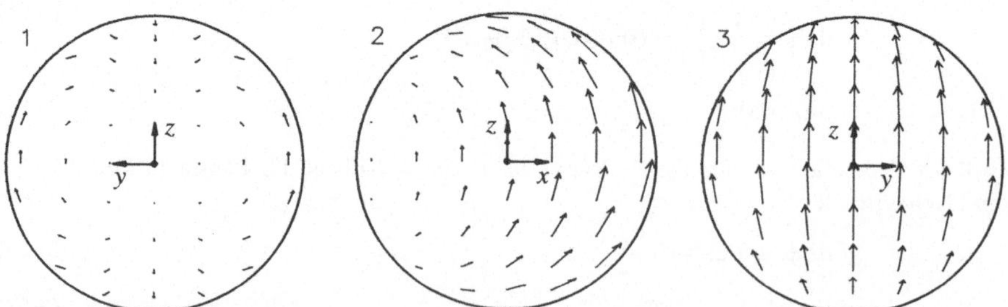

Figur 3.34   Feldverlauf für den elementaren elektromagnetischen Flächenstrahler auf der Fernfeldkugel.

Ausgehend vom elementaren Flächenstrahler kann das Strahlungsdiagramm eines Apertur-strahlers (Figur 3.35) endlicher Grösse berechnet werden.

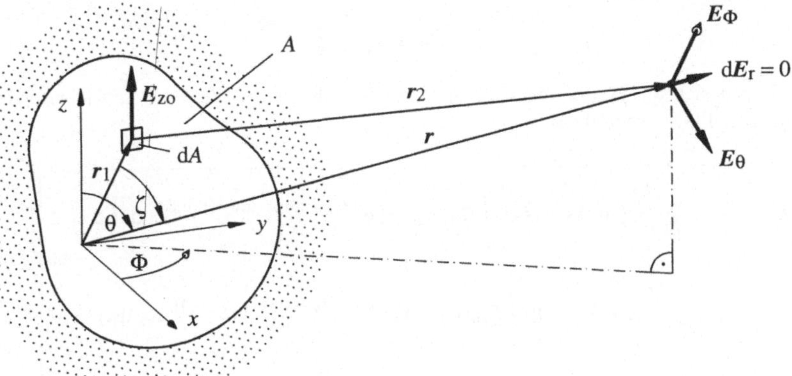

Figur 3.35   Aperturstrahler endlicher Grösse.

Durch Integration von (3.50) ... (3.52) erhalten wir das Fernfeld für den Aperturstrahler mit endlicher Fläche A

$$\underline{E}_\theta = -\,\mathrm{j}\,\frac{k\,\mathrm{e}^{-\mathrm{j}\,kr}}{4\pi\,r}\,(\sin\theta + \cos\Phi)\int\limits_A \underline{E}_{\mathrm{zo}}(r_1)\,\mathrm{e}^{\,\mathrm{j}\,k\,(r-r_2)}\,\mathrm{d}A \tag{3.56}$$

$$\underline{E}_\Phi = \mathrm{j}\,\frac{k\,\mathrm{e}^{-\mathrm{j}\,kr}}{4\,\pi\,r}\,(\cos\theta\ \sin\Phi)\int\limits_A \underline{E}_{\mathrm{zo}}(r_1)\,\mathrm{e}^{\,\mathrm{j}\,k\,(r-r_2)}\,\mathrm{d}A \tag{3.57}$$

$$\underline{E}_{\mathrm{r}} = 0 \tag{3.58}$$

$A\,:$ Fläche der Apertur

Der Term $\mathrm{e}^{\,\mathrm{j}\,k\,(r-r_2)}$ gibt die Phasenverschiebung relativ zu einem strahlenden Element im Koordinatenursprung an. Durch Eliminieren von r_2 werden die Beziehungen (3.56) ... (3.58) leichter interpretierbar. Dazu drücken wir die Wegdifferenz $r - r_2$ in kartesischen Koordinaten aus

$$r_2 = \sqrt{x^2 + (y - y_1)^2 + (z - z_1)^2} \tag{3.59}$$

$$r = \sqrt{x^2 + y^2 + z^2} \tag{3.60}$$

Im Fernfeld sind r und $r_2 \gg r_1$. Damit gilt nach (3.59) und (3.60) für die Wegdifferenz annähernd

$$r - r_2 \approx \frac{y y_1 + z z_1}{r} \tag{3.61}$$

Die Koordinaten y und z können mit den Kugelkoordinaten r, θ und Φ ausgedrückt werden

$$z = r\cos\theta \tag{3.62}$$

$$y = r \sin\theta \sin\Phi \tag{3.63}$$

Die Wegdifferenz wird zu

$$r - r_2 = y_1 \sin\Phi \sin\theta + z_1 \cos\theta \tag{3.64}$$

Damit lassen sich die Beziehungen (3.56) ... (3.58) für das Fernfeld für den Aperturstrahler mit endlicher Fläche schreiben

$$\underline{E}_\theta = -j \frac{k\,e^{-j\,kr}}{4\pi\,r} (\sin\theta + \cos\Phi) \int_A \underline{E}_{zo}(y_1, z_1)\, e^{\,j\,k\,(y_1 \sin\Phi \sin\theta + z_1 \cos\theta)}\, dy_1\, d\,z_1 \tag{3.65}$$

$$\underline{E}_\Phi = j \frac{k\,e^{-j\,kr}}{4\pi\,r} (\cos\theta\ \sin\Phi) \int_A \underline{E}_{zo}(y_1, z_1)\, e^{\,j\,k\,(y_1 \sin\Phi \sin\theta + z_1 \cos\theta)}\, dy_1\, d\,z_1 \tag{3.66}$$

$$\underline{E}_r = 0 \tag{3.67}$$

Durch Einsetzen von $\Phi = 0$, $\theta = \pi/2$ und $k = 2\pi/\lambda$ erhalten wir die Feldstärke $\underline{E}_a$ auf der x-Achse

$$\underline{E}_{\Phi a} = \underline{E}_{ra} = 0 \tag{3.68}$$

$$\underline{E}_{\theta a} = -j \frac{e^{-j\,kr}}{\lambda\,r} \int_A \underline{E}_{zo}(r_1)\, dA = -j \frac{e^{-j\,kr}}{\lambda\,r} \underline{E}_{zom}\, A$$

oder

$$E_{\theta a} = \frac{E_{zom}\, A}{\lambda\,r} \tag{3.69}$$

E_{zom}: mittlere Feldstärke in der Apertur mit Fläche A

In zahlreichen technisch interessanten Fällen kann die Feldverteilung in der Apertur als Produktansatz dargestellt werden

$$\underline{E}_{zo} = \underline{E}_{zom}\, Y(y_1)\, Z(z_1) \tag{3.70}$$

Damit kann das Doppelintegral in (3.65) und (3.66) in zwei Einfachintegrale I_y und I_z aufgespalten werden

$$\int_A \underline{E}_{zo}(y_1, z_1)\, e^{\,j\,k\,(y_1 \sin\Phi \sin\theta + z_1 \cos\theta)}\, dy_1\, d\,z_1 = I_y\, I_z \tag{3.71}$$

Die beiden Teilintegrale I_y und I_z sind

$$I_y = \int_{y_1} Y(y_1)\, e^{\,j\,ky_1 \sin\Phi \sin\theta}\, dy_1 \tag{3.72}$$

$$I_z = \int_{z_1} Z(z_1)\, e^{\,j\,kz_1 \cos\theta}\, dz_1 \tag{3.73}$$

In Hauptstrahlrichtung, $|\Phi| \ll 1$, $|\theta'| = |\frac{\pi}{2} - \theta| \ll 1$, vereinfachen sich (3.65) und (3.66) zu

$$\underline{E}_\Phi \approx 0 \qquad (3.74)$$

$$\underline{E} \approx \underline{E}_\theta \approx -j \frac{e^{-jkr}}{\lambda r} \int_A \underline{E}_{zo}(y_1, z_1)\, e^{jk(y_1\Phi + z_1\theta')}\, dy_1\, dz_1 \qquad (3.75)$$

Somit gilt allgemein:

> Das achsennahe Fernfeld $\underline{E}$ ist proportional zur zweidimensionalen Fouriertransformierten der Aperturbelegung $\underline{E}_{zo}(y_1, z_1)$.

Damit können die bekannten Eigenschaften von Fouriertransformierten Funktionen angewendet werden. Die wichtigsten sind in folgenden praktischen Beispielen angeführt:

1. Grosse Aperturen ergeben eine ausgeprägte Bündelung.

2. Eine rechteckförmige, konstante Belegung, wie in Figur 3.36 illustriert, ergibt eine

   achsennahe Fernfeldverteilung $E_\theta\,(\Phi,\theta',r) = E_{zo}\dfrac{ab}{r\lambda} \cdot \dfrac{\sin(\frac{\pi a}{\lambda}\Phi)}{(\frac{\pi a}{\lambda}\Phi)} \cdot \dfrac{\sin(\frac{\pi b}{\lambda}\theta')}{(\frac{\pi b}{\lambda}\theta')}$

   mit Nullstellen bei $\Phi_o = \dfrac{m\lambda}{a}$; $\theta'_o = \dfrac{n\lambda}{b}$ für $m, n = \pm(1, 2, \dots)$.

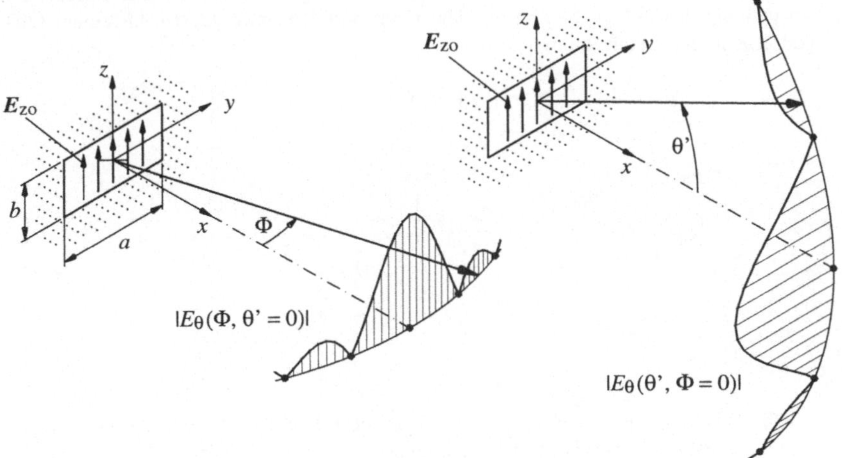

Figur 3.36 Achsennahes Fernfeld eines rechteckförmigen Aperturstrahlers mit konstanter Belegung $E_{zo}\,(y_1, z_1)$.

3. Eine Apertur mit gaussförmiger Ausleuchtung bewirkt ein Fernfeld mit gaussförmiger Feldverteilung (Figur 3.37). Bei einer Standardabweichung der Ausleuchtung der Apertur von σ_r ergibt sich eine Standardabweichung des Fernfeldwinkels σ_Φ von

$$\sigma_\Phi = \frac{\lambda}{2\pi\sigma_r} \tag{3.76}$$

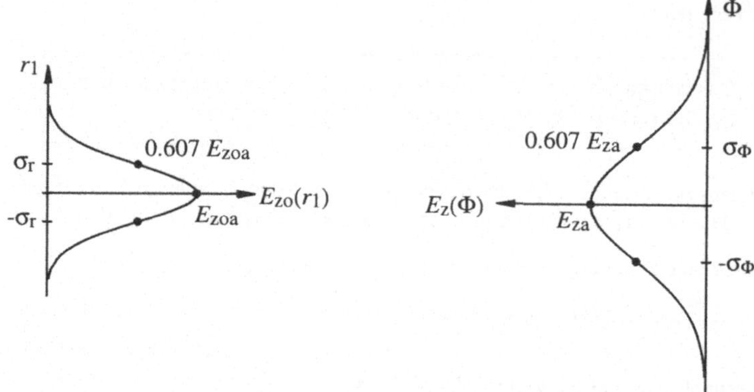

Figur 3.37 Gaussförmige Feldverteilung in der Strahlerebene bewirkt ein gaussförmiges achsennahes Fernfeld.

Eine typische optische Monomodefaser hat, wie in Figur 3.38 dargestellt, mit guter Näherung eine gaussförmige Feldverteilung. Mit einer Lichtwellenlänge von $\lambda = 1.3\ \mu$m beträgt die Standardabweichung des Feldes $\sigma_r \approx 3\ \mu$m. Die Faser strahlt gemäss (3.76) mit einem Öffnungswinkel $2\sigma_\Phi$ in den freien Raum

$$2\sigma_\Phi \approx 0.14 \stackrel{\wedge}{=} 8°$$

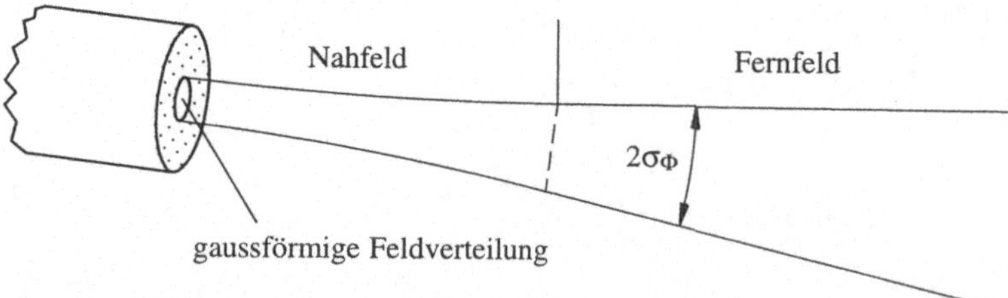

Figur 3.38 Abstrahlung vom Faserende in den freien Raum. Der LP_{01} Mode zeigt eine annähernd gaussförmige Feldverteilung.

3. 8 Mikrostreifenantennen

Die behandelten Antennen (Parabolantenne, Stabantenne) sind mechanisch aufwendig und sperrig. Für Mikrowellenkommunikationssysteme über kurze Distanzen mit mobilen Geräten sind sie wenig geeignet. Namentlich für kostengünstige Anwendungen mit möglichst problemlosem mechanischen Aufbau sind planare Antennen erwünscht. Mikrostreifenantennen sind, als planare Strukturen, für mobilen Einsatz problemlos und mit verschiedenen Verfahren äusserst kostengünstig herstellbar. In den letzten Jahren sind viele Bauformen von Planarantennen untersucht worden. Die grössten Anwendungen in den Bereichen Satellitenkommunikation (GPS, DSB), Mobilfunk, Mikrowellen-Tags (= elektronische Etiketten) und Telemetrie haben bisher die rechteckige Mikrostreifenantenne (Patch-Antenne) und die Schlitzantenne im Frequenzbereich von 200 MHz bis 50 GHz gefunden (Figur 3.39).

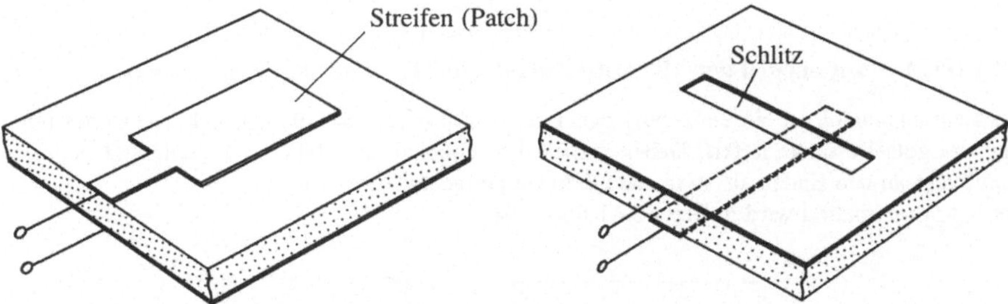

Figur 3.39   Mikrostreifenantenne (Patchantenne) und Schlitzantenne.

In diesem Kapitel beschränken wir uns auf die Mikrostreifenantennen. Figur 3.40 zeigt qualitativ das Zustandekommen einer Abstrahlung senkrecht zur Ebene der Mikrostreifenantenne.

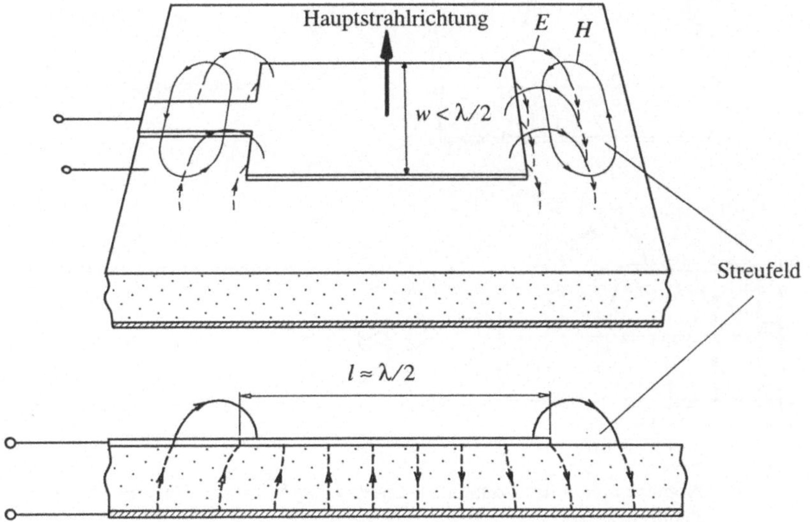

Figur 3.40   Feldverteilung einer strahlenden Mikrostreifenantenne.

Der Patch, d.h. die rechteckige Mikrostreifenfläche, wirkt als $\lambda/2$-Resonator. Die elektrischen Streufelder an den Enden zeigen in gleicher Richtung und sind in Phase. Sie wirken wie zwei Linienstrahler mit der Hauptstrahlrichtung senkrecht zur Patch-Ebene.

Den Vorteilen der Mikrostreifenantennen
   - flaches Profil, geeignet für Flug- und Fahrzeuge
   - Massenprodukt
   - integrierbar mit Mikrostreifenschaltungen
stehen ihre Nachteile
   - kleine Bandbreite 1 ... 5 %
   - relativ grosse Antennenverluste
   - Einschränkungen im Strahlungsdiagramm (Richtfaktor < 20 dB)
gegenüber.

3.8.1 Das Leitungsmodell der Mikrostreifenantenne (Transmission Line Model)

Das Leitungsmodell ist ein einfaches, zweckmässiges Modell, das für rechteckige Patches hinreichend gute Resultate liefert. Dabei werden die seitlichen Streufelder vernachlässigt und die Streufelder an den Enden als strahlende Schlitze betrachtet.
Diese Approximation wird in Figur 3.41 illustriert.

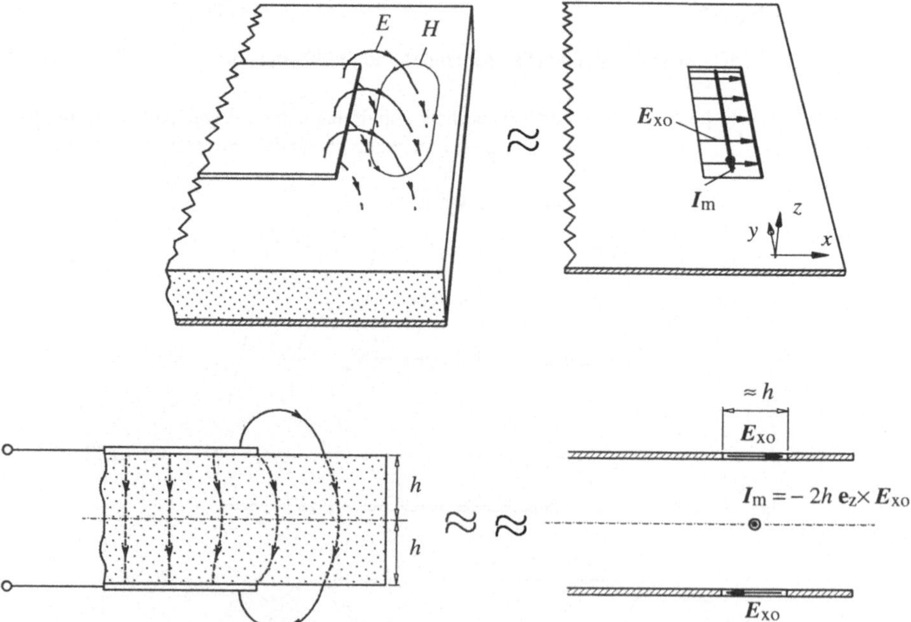

Figur 3.41   Approximation der strahlenden Enden einer Mikrostreifenantenne mit einem Schlitzstrahler.

Das Streufeld am Ende der Streifenleitung wird gespiegelt und das resultierende Feld näherungsweise als ein planares Feld, hervorgerufen von einem magnetischen Strom I_m, dargestellt. Der hier eingeführte magnetische Strom existiert bekanntlich in der Natur nicht. Seine Einführung ist aber für viele Probleme elektromagnetischer Felder zweckmässig. So werden auch die entsprechenden Maxwell-Gleichungen symmetrisch.

Mit dem magnetischen Flächenstrom $J_m = - e_z \times E$ lauten die Maxwell-Gleichungen

$$\nabla \times E = -J_m - \frac{\partial B}{\partial t} \tag{3.77}$$

$$\nabla \times H = J_e + \frac{\partial D}{\partial t} \tag{3.78}$$

3.8.2 Der elektrische Aperturstrahler (Schlitzstrahler)

Wie im Fall des elektromagnetischen Aperturstrahlers, starten wir auch hier bei einem Zwischenresultat der Feldtheorie: beim elementaren *elektrischen* Aperturstrahler. Beim *elektromagnetischen* Aperturstrahler sind wir von einer elementaren mit einem elektrischen und einem magetischen Feld belegten Fläche ausgegangen. Im Fall des *elektrischen* Aperturstrahlers betrachten wir eine elementare Fläche, welche auf der Vorderseite mit einer elektrischen Feldstärke E_{yo} und auf der Rückseite mit der gleichen Feldstärke in entgegengesetzter Richtung belegt ist, wie in Figur 3.42 dargestellt.

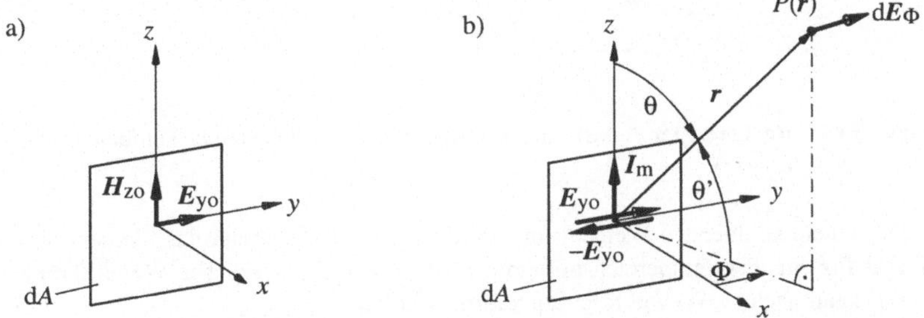

Figur 3.42   a) Elektromagnetischer Elementarstrahler, b) elektrischer Elementarstrahler.

Figur 3.43 zeigt die entsprechende Fernfeldverteilung für die Blickrichtungen in negativer x-Richtung und in negativer z-Richtung.

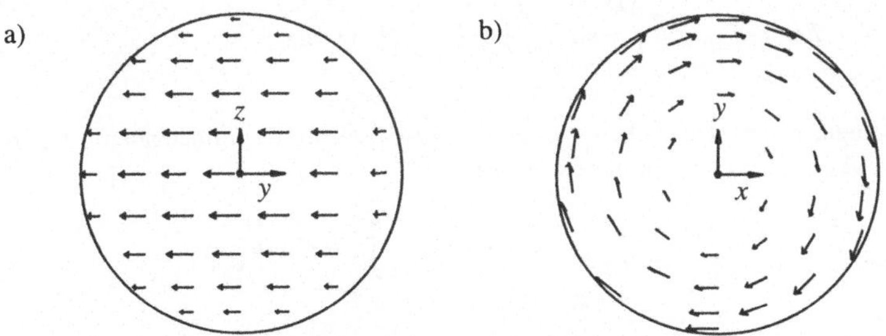

Figur 3.43   Fernfeld des elektrischen Elementarstrahlers mit den Blickrichtungen:
a) in negativer x-Richtung, b) in negativer z-Richtung.

Für das nach Figur 3.42 gewählte Koordinatensystem gilt für die transversale Feldstärke im Fernfeld

$$d\underline{E}_\Phi = E_{yo}\frac{-j\,k\,e^{-j\,kr}}{2\pi\,r}\sin\theta\,dA = E_{yo}\frac{-j\,e^{-j\,kr}}{r\,\lambda}\sin\theta\,dA \tag{3.79}$$

$$d\underline{E}_\theta = d\underline{E}_r = 0 \tag{3.80}$$

Nach (3.79) und (3.80) steht E_Φ senkrecht auf der xz-Ebene ($\Phi = 0$ oder π). Diese Ebene kann also leitend sein, ohne das Feld zu beeinflussen. Ausgehend von Gleichung (3.79) wird nun das Fernfeld eines rechteckigen elektrischen Aperturstrahlers mit konstanter Feldbelegung $E_{yo}(r_1)$ nach Figur 3.44 bestimmt.

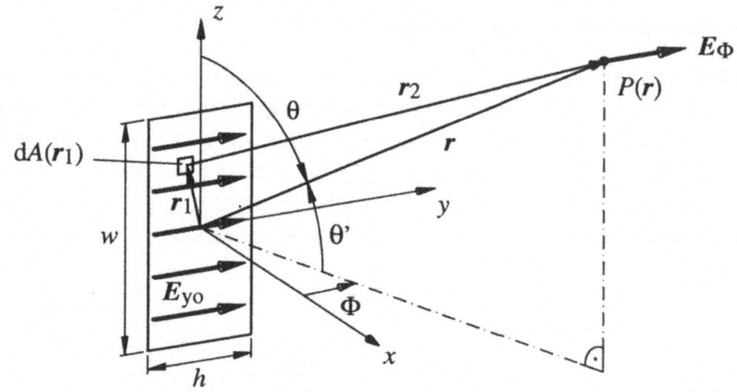

Figur 3.44   Rechteckiger elektrischer Aperturstrahler mit konstanter Feldbelegung $E_{yo}(r_1)$.

Gegenüber einem strahlenden Element im Koordinatenursprung strahlt das Element am Ort r_1 zum Punkt $P(r)$ im Fernfeldbereich mit einer Phase $\Delta\varphi = k\,(r - r_2)$. Die Wegdifferenz $r - r_2$ für $r \gg r_1$ kann nach (3.64) wie folgt umgeformt werden

$$r - r_2 = y_1\sin\theta\,\sin\Phi + z_1\cos\theta \tag{3.81}$$

Damit erhalten wir folgendes Fernfeld für den elektrischen Flächenstrahler mit der konstanten Belegung $\underline{E}_{oy}$

$$\underline{E}_\Phi = \underline{E}_{yo}\frac{-j\,e^{-j\,kr}}{r\,\lambda}\sin\theta\iint_{y_1\,z_1}e^{j\,k\,(r-r_2)}\,dy_1\,dz_1 \tag{3.82}$$

Bei einer Belegung der Rechteckapertur der Grösse $h{\cdot}w$ im Koordinatenursprung mit dem konstanten Feld $\underline{E}_{yo}$ ist $\underline{E}_\Phi$ im Fernfeld aus (3.82)

$$\underline{E}_\Phi = \underline{E}_{yo}\frac{-j\,e^{-j\,kr}}{r\,\lambda}\sin\theta\int_{-h/2}^{h/2}e^{j\,ky_1\sin\theta\,\sin\Phi}\,dy_1\int_{-w/2}^{w/2}e^{j\,kz_1\cos\theta}\,dz_1 \tag{3.83}$$

Das Integral ist einfach zu lösen

$$\underline{E}_\Phi = \underline{E}_{yo}\frac{-j\,h\,w\,e^{-j\,kr}}{r\,\lambda}\sin\theta\;\frac{\sin(\frac{\pi\,h}{\lambda}\sin\theta\,\sin\Phi)}{(\frac{\pi\,h}{\lambda}\sin\theta\,\sin\Phi)}\cdot\frac{\sin(\frac{\pi\,w}{\lambda}\cos\theta)}{(\frac{\pi\,w}{\lambda}\cos\theta)} \tag{3.84}$$

Der strahlende Schlitz zeigt somit im *achsennahen* Fernfeld ($|\theta'| \ll 1$ und $|\Phi| \ll 1$) folgende Fernfeldcharakteristik

$$\underline{E}_\Phi = \underline{E}_{yo}\frac{-j\,h\,w\,e^{-j\,kr}}{r\,\lambda}\cdot\frac{\sin(\frac{\pi h\Phi}{\lambda})}{(\frac{\pi h\Phi}{\lambda})}\cdot\frac{\sin(\frac{\pi w\theta'}{\lambda})}{(\frac{\pi w\theta'}{\lambda})} \tag{3.85}$$

Eine Patchantenne mit *zwei* strahlenden Schlitzen der Breite h und der Länge w im Abstand l (Figur 3.45) zeigt in der xz-Ebene ($\theta' = 0$) folgende achsennahe Fernfeldcharakteristik

$$\underline{E}_\Phi(\Phi) = 2\,\underline{E}_{yo}\frac{-j\,h\,w\,e^{-j\,kr}}{r\,\lambda}\cdot\underbrace{\frac{\sin(\frac{\pi h\Phi}{\lambda})}{(\frac{\pi h\Phi}{\lambda})}}_{\text{Einzelstrahler}}\underbrace{\cos(\frac{\pi l\Phi}{\lambda})}_{\text{Gruppe}} \tag{3.86}$$

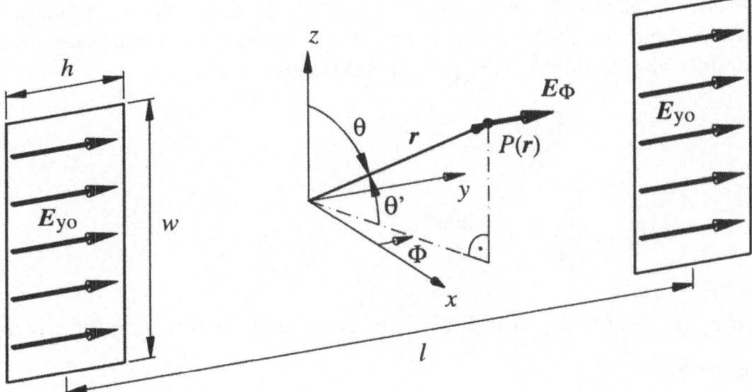

Figur 3.45   Patchantenne dargestellt als zwei strahlende Schlitze.

3.8.3 Bestimmung der abgestrahlten Leistung und des Strahlungswiderstandes

Die in den Raum abgestrahlte Leistung P_S eines Einzelschlitzes ist

$$dP_S = \frac{E_\Phi^2}{2Z_{fo}}\,dA \tag{3.87}$$

Dabei beträgt die Feldwellenimpedanz $Z_{fo} = 120\pi\ \Omega \approx 377\ \Omega$.. Für die weiteren Betrachtungen wird ein schmaler Schlitz vorausgesetzt $h \ll \lambda$.. Damit wird (3.84) zu

$$\underline{E}_\Phi = E_{yo}\,\frac{-j\,h\,e^{-j\,kr}}{\pi r}\,\tan\theta\,\sin\!\left(\frac{\pi w}{\lambda}\cos\theta\right) \tag{3.88}$$

E_Φ ist unabhängig von Φ, daher wird die gesamte abgestrahlte Leistung P_S (Integration über die Kugelfläche des Fernfeldes)

$$P_S = \int_0^\pi \frac{E_\Phi^2}{2Z_{fo}}\,2\pi\,r^2\sin\theta\,d\theta = \left(\frac{E_{yo}}{r}\right)^2\frac{\pi r^2}{Z_{fo}}\left(\frac{h}{\pi}\right)^2\int_0^\pi \sin\theta\,\tan^2\theta\,\sin^2\!\left(\frac{\pi w}{\lambda}\cos\theta\right)d\theta \tag{3.89}$$

$$P_S = \frac{(E_{yo}\,h)^2}{\pi\,Z_{fo}}\,G \tag{3.90}$$

mit dem Integral

$$G = \int_0^\pi \sin\theta\,\tan^2\theta\,\sin^2\!\left(\frac{\pi w}{\lambda}\cos\theta\right)d\theta \tag{3.91}$$

Über dem Schlitz erscheint die Spannung $U_y = E_{yo}\,h$. Der Strahlungswiderstand R_S wird als Parallelwiderstand zur Kapazität des Schlitzes definiert. Da im Fall der Schlitzantenne der Schlitz nur auf eine Seite abstrahlt, wird als Strahlungsleistung bloss die halbe vom symmetrischen Schlitzstrahler abgestrahlte Leistung P_S berücksichtigt.

$$\frac{P_S}{2} = \frac{(E_{yo}\,h)^2}{2R_S} \tag{3.92}$$

$$R_S = \frac{\pi\,Z_{fo}}{G} = \frac{120\pi^2}{G}\ \Omega \tag{3.93}$$

Das Integral $G(w/\lambda)$, Gl. (3.91), ist in Figur 3.46 dargestellt. Es lässt sich für $\frac{\omega}{\lambda} < 2$ wie folgt einfach approximieren

$$G \approx \frac{\left(\dfrac{w}{\lambda}\right)^{2.25}}{0.09\left(\dfrac{w}{\lambda}\right)^{1.25} + 0.39} \tag{3.94}$$

Für eine typische Breite $w = \lambda/2$ ist $R_r \approx 400\ \Omega$.

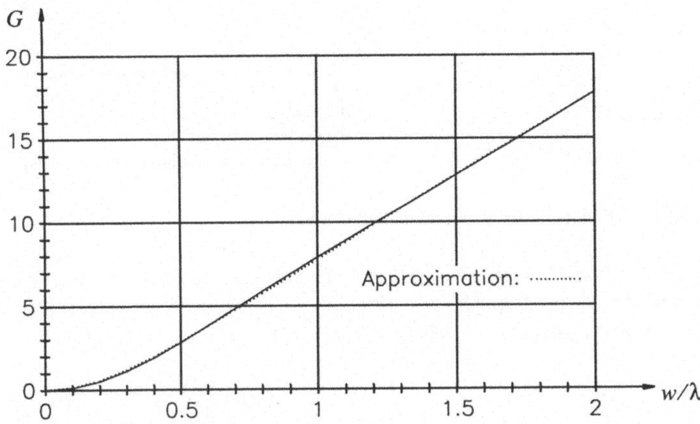

Figur 3.46   Funktion $G(w/\lambda)$.

3.8.4 Kapazität der strahlenden Kante der Schlitzantenne, Antenneneingangsadmittanz

Für die Bestimmung der Kapazität der Schlitzantenne wird nun die wirkliche Mikrostreifenka-
pazität und nicht mehr die Darstellung der strahlenden Kante als Schlitz betrachtet. Die folgende in Abschnitt 1.5 eingeführte Approximation (1.40) der Streukapazität C_f wird verwendet

$$C_f \approx \frac{\Delta l \, w \, \varepsilon_0 \, \varepsilon_{eff}}{h} \tag{3.95}$$

$$\frac{\Delta l}{h} = 0.412 \, \frac{(\varepsilon_r + 0.3)\left(\dfrac{w}{h} + 0.264\right)}{(\varepsilon_r - 0.258)\left(\dfrac{w}{h} + 0.8\right)} \tag{3.96}$$

Dabei ist Δl die durch die Streufelder verursachte effektive Zusatzlänge der Mikrostreifenleitung. Die Admittanz des Einzelschlitzes ist damit

$$\underline{Y}_s = g_s + jb_s = \frac{1}{R_{HR}} + j\,\omega C_f \tag{3.97}$$

Wird die Schlitzantenne einseitig gespeist, dann kann sie mit der Ersatzschaltung nach Figur
3.47 dargestellt werden. Nach dieser Ersatzschaltung beträgt die Antenneneingangsadmittanz

$$\underline{Y}_{in} = \underline{Y}_s + Y_w \, \frac{\underline{Y}_s + Y_w \tanh(\gamma l)}{Y_w + \underline{Y}_s \tanh(\gamma l)} \tag{3.98}$$

mit $Y_w = 1/Z_w$; Z_w = Wellenimpedanz der Mikrostreifenleitung.
Damit ist die Bestimmung der Antenneneingangsimpedanz und damit der Bandbreite sowie
des Antennenwirkungsgrades zu einem Problem der linearen Netzwerkanalyse zurückgeführt
und kann mit einem Netzwerkanalyseprogramm (Touchstone, HP-MDS usw.) numerisch ausgeführt werden.

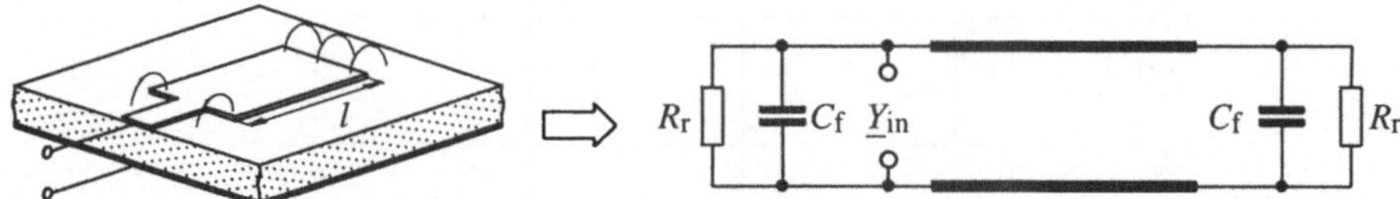

Figur 3.47   Ersatzschaltbild der Schlitzantenne.

Die Antennenimpedanz (Antennenfusspunktwiderstand) kann in relativ weiten Grenzen variiert werden, indem der Einspeisepunkt der Koaxial- oder Mikrostreifen-Zuleitung entlang der Schlitzlänge verändert wird (Figur 3.48).

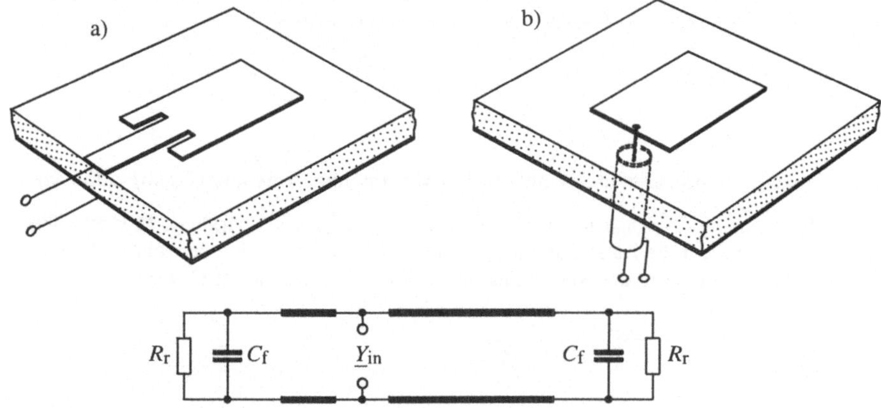

Figur 3.48   Mit der Lage des Einspeisepunktes kann die Eingangsadmittanz der
              Schlitzantenne verändert werden.
              a) Mikrostreifeneinspeisung,   b) Koaxialeinspeisung.

Literatur

[1]   S. Ramo, J. Whinnery, T. Van Duzer: *Fields and waves in communication electronics*.
      New York: Wiley, 1994, Kapitel 12.

[2]   O. Zinke, H. Brunswig: *Lehrbuch der Hochfrequenztechnik*.
      Berlin: Springer Verlag, 1995, Kapitel 6.

[3]   H.G. Unger: *Elektromagnetische Theorie für die Hochfrequenztechnik*.
      Heidelberg: Hüthig, 1988.

[4]   L.V. Blake: *Antennas*. New York: Wiley, 1966.

[5]   H. Meinke, F. Gundlach: *Taschenbuch der Hochfrequenztechnik*.
       Berlin: Springer Verlag, 1992, Kapitel N.

[6]   I.J. Bahl, P. Bhartia: *Microstrip Antennas*. Dedham: Artech House, 1980.

[7]   J.R. James, P.S. Hall: *Handbook of Microstrip Antennas*. Vol. 1 and 2.
      London: Peregrinus, 1989.

4 Computergestützter Entwurf von Mikrowellenschaltungen (CAD)

Bei der Analyse von Schaltungen der Hochfrequenztechnik zeigt es sich, dass schon bei relativ einfachen Problemen zur numerischen Behandlung mittels CAD (computer aided design) gegriffen werden muss. Beispielsweise erlaubt die Theorie der verlustlosen Filter, dank ausgereiften Syntheseverfahren, eine Filtersynthese der einfachsten Filter ohne numerischen Aufwand. Zum Entwurf eines Tschebyscheff Filters niedriger Ordnung benötigt man bloss eine graphische Darstellung zur Ermittlung der Filterordnung, die normierten Filterprototypen und einige Regeln. Sind dagegen die Komponenten des Filters verlustbehaftet, müssen schon für einfache Filter numerische Methoden eingesetzt werden.

Lineare Hochfrequenzschaltungen, die Elemente enthalten, deren Parameter für verschiedene Frequenzen in Tabellenform gegeben sind, können bereits bei einfachsten Fällen, wie die Kaskade von zwei Zweitoren, kaum mehr mit Bleistift, Papier und Taschenrechner entworfen werden.

Aktive Schaltungen mit Halbleiterbauelementen werden in der Niederfrequenztechnik oft mit einfachsten Betrachtungen dimensioniert: Transistoren werden z. B. als reine gesteuerte Stromquellen mit reellen Elementen, ohne Rückwirkung vom Ausgang auf den Eingang, angenommen. Diese Vereinfachungen sind in der Hochfrequenztechnik meist nicht zulässig. Schon einfache Schaltungen erfordern mindestens die Multiplikation von komplexen Matrizen. Auf die Hilfe des Computers kann dann nicht verzichtet werden.

In der Schaltungstechnik stellen sich die meisten Aufgaben nicht nur als Analyseprobleme, sondern als Synthese- oder Optimierungsprobleme. Für vorgegebene Spezifikationen soll zuerst eine Schaltungstopologie und dann die genaue Dimensionierung gefunden werden. Der Vorschlag für die Topologie ist dem Geschick und der Erfahrung des Ingenieurs überlassen, ein grosser Teil der Arbeit zur Dimensionierung kann heute vom Computer erledigt werden. Ist man nach mehreren Iterationen zu einer genau definierten Schaltung gelangt, dann wird, im Interesse der Fabrizierbarkeit, eine Toleranzanalyse gemacht, d.h. es wird der Einfluss von Parametervariationen untersucht, die bei einer Fabrikation unvermeidlich sind. Mit diesem Schritt soll also die Ausbeute bei der Fabrikation mit gegebenen Prozesstoleranzen optimiert werden. Diese Analyse ist von ganz besonderer Bedeutung bei Fabrikationsmethoden, die sehr aufwendig sind und hohe Durchlaufzeiten aufweisen, wie z. B. die Herstellung von monolithisch integrierten analogen oder digitalen Schaltungen.

Die hier skizzierten Aufgaben der Schaltungsanalyse könnten prinzipiell von jedem Ingenieur mit Programmierkenntnissen mit Hilfe einer Hochsprache und viel Zeit gelöst werden. Glücklicherweise sind Schaltungsentwürfe von linearen und nichtlinearen Schaltungen so häufige Probleme, dass heute eine stattliche Anzahl von Programmen verfügbar ist, welche keinen Programmieraufwand, sondern nur eine computergerechte Beschreibung der Schaltung erfordern. In diesem Kapitel soll ein Überblick vermittelt werden über den Einsatz von Netzwerkanalysepogrammen für lineare Netzwerkanalyse im Frequenzbereich. Programme für die Berechnung linearer bzw. linearisierter Schaltungen arbeiten üblicherweise im Frequenzbereich. Messdaten von Komponenten können dabei direkt in Form von S-, Y- oder anderen Matrizen für die Berechnung mitverwendet werden. Die Beschreibung frequenzabhängiger Eigenschaften von Bauelementen (Dispersion) ist in linearen Netzwerkanalyseprogrammen problemlos. Diese Programme laufen auch auf PCs im interaktiven Betrieb, meist mit eingebauten Optimierungsroutinen. Nichtlineare Netzwerkanalyseprogramme im Zeitbereich (z. B. SPICE) werden verwendet, wenn der Verlauf von Spannungen und Strömen in Funktion der Zeit untersucht werden soll. Dabei werden die Netzwerk-Differentialgleichungen bzw. -Differenzengleichungen schrittweise numerisch integriert. Die Nichtlinearitäten der Bauelemente werden in Form von gesteuerten Quellen oder mathematischen Funktionen programmiert. Bei stark nichtlinearen Schaltungen können sich lange Rechenzeiten und eventuell numerische Konvergenzprobleme ergeben.

SPICE ist in [1] ausführlich beschrieben und heute auch in diversen Versionen für PCs erhältlich (z. B. PSPICE). Für die direkte Berechung des eingeschwungenen Zustandes nichtlinearer Schaltungen ist in den letzten Jahren die *Harmonic balance*-Methode entwickelt worden [4]. Dabei werden die linearen Schaltelemente im Frequenzbereich und die nichtlinearen im Zeitbereich berechnet. Mit Hilfe der Fouriertransformation und eines Optimierungsverfahrens wird eine Lösung gesucht, die sowohl die linearen wie die nichtlinearen Netzwerkgleichungen erfüllt. Harmonic balance-Programme brauchen weniger Rechenzeit als solche, die rein im Zeitbereich arbeiten, können aber keine Einschwingvorgänge berechnen.

4.1 Ansprüche an ein Netzwerkanalyse- und Netzwerksyntheseprogramm für lineare Schaltungen im Frequenzbereich

An ein Netzwerkanalyseprogramm werden, je nach Verwendungszweck, verschiedene Ansprüche gestellt. Man kann aber einige wichtige gemeinsame Charakteristiken definieren, die jeder Praktiker auf dem Gebiet des Schaltungsentwurfs fordern wird.

1. Wichtigste Forderung: Einfache, klare Syntax für die Beschreibung der Topologie. Wenn man auf den Komfort verzichtet, dem Computer die Schaltung in graphischer Form eingeben zu können, dann sollte wenigstens die textförmige Beschreibung einfach sein. Diese Forderung wird von den verschiedenen Programmen in ähnlicher Form erfüllt. Figur 4.1 zeigt zwei Programmzeilen, die zwei Elemente einer Schaltung so beschreiben, dass eine zusätzliche Erklärung kaum nötig ist.

2. Das Programmpaket soll eine Bibliothek von Modellen für gebräuchliche Elemente enthalten, wie Mikrostreifenelemente, Dioden, Transistoren usw., sowie dem Benützer die Möglichkeit bieten, neue Modelle von Elementen zu definieren.

3. Für die Analyse typischer Schaltungen vernünftiger Grösse soll die Programmausführung so schnell sein, dass ein Schaltungsentwurf im Dialogbetrieb möglich wird.

4. Die Resultate sollen in graphischer Form dargestellt werden können.

5. Es müssen Algorithmen zur Verfügung stehen, die Synthese und Optimierung erlauben.

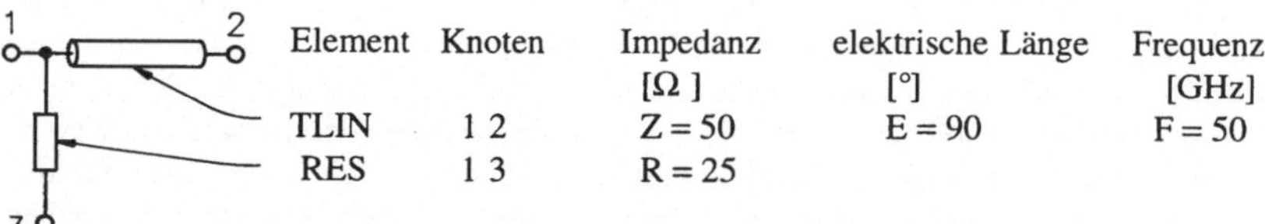

Figur 4.1   Beispiele für die Beschreibung der Schaltungstopologie und der Parameter von Elementen (TOUCHSTONE).

Diese Liste von Minimalansprüchen wird von den heute zur Verfügung stehenden Programmen in hohem Masse erfüllt. Versionen dieser Programme unterschiedlicher Leistungsfähigkeit sind für Personal Computer, Workstations sowie für grössere Systeme erhältlich.

4. 2 Der computergestützte Entwurf

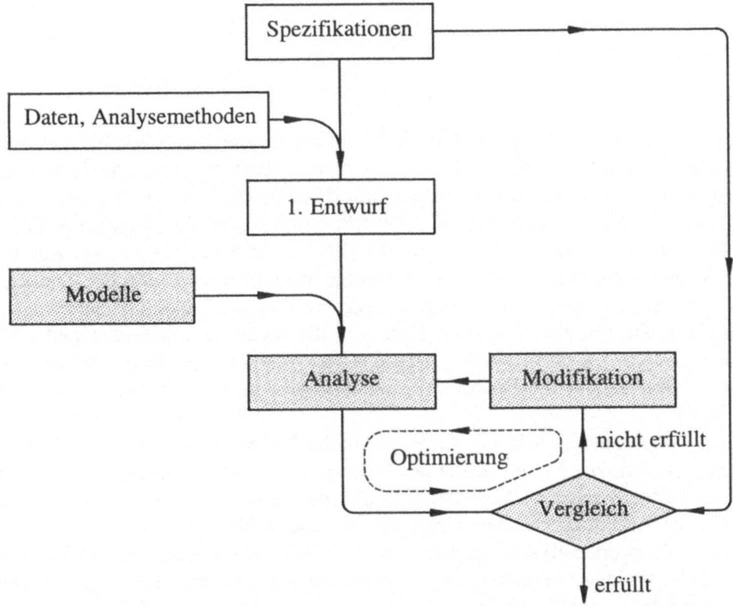

Figur 4.2   Schematische Darstellung des Ablaufs eines Systementwurfs (z. B. Entwurf
einer Schaltung).

Figur 4.2 zeigt vereinfacht und schematisch die Vorgänge beim Entwurf eines beliebigen
Systems, wobei wir uns hier auf den linearen Schaltkreisentwurf beschränken. Ausgehend von
gegebenen Systemspezifikationen wird ein erster Entwurf gemacht, bei dem weitere Daten,
z. B. Parameter von gewählten Bauelementen, verwendet werden.
Nach dem ersten Entwurf, der im Fall einer Schaltung die Topologie und die Wahl der wichtigsten Bauelemente wie Transistoren und Dioden beinhaltet, wird die Analyse, d.h. die rech-
nerische Bestimmung der Schaltungseigenschaften, vorgenommen. Die einzelnen Bauelemente
müssen dabei in einer Form beschrieben werden, die für ein Computerprogramm verwendbar
ist. Dies heisst in allen Fällen, dass die Eigenschaften der Bauelemente mit Tabellen oder
Formeln oder allgemein mit Modellen näherungsweise beschrieben werden.
Mit der Schaltungstopologie und den Modellen ist die Schaltung vollständig beschrieben. In
der betrachteten linearen Schaltungsanalyse wird die Schaltungsbeschreibung von der Form
gemäss Figur 4.1 in eine Matrizenschreibweise überführt und nach den gewünschten Unbe-
kannten aufgelöst. Ein Vergleich mit den Spezifikationen zeigt, ob in zusätzlichen Optimie-
rungsschlaufen Parameteränderungen zur Erreichung der Spezifikationen eingeführt werden
müssen. Wenn mit allen erdenklichen Modifikationen das Ziel nicht erreicht wird, wird der
Schaltungsentwerfer andere Topologien oder andere Komponenten wählen müssen und den
Entwurfsprozess, beim Punkt (1. Entwurf) beginnend, wieder durchlaufen. Die zur Verfügung
stehenden Netzwerkanalyseprogramme verfügen über folgende Funktionen:

1. Modelle
2. Analyse
3. Optimierung

Die Analyse ist der Teil der ganzen Problemlösung, der von den Programmen völlig selbständig gelöst wird; die Wahl der richtigen Modelle und die Optimierung verlangen einige Kenntnisse und Erfahrung auf der Seite des Benützers. Im Folgenden sollen diese drei Teilgebiete der Netzwerkanalyseprogramme erläutert werden.

4. 3 Analyse

In [5] Kapitel 6 wurden die Streuparameter als Mittel zur Beschreibung von linearen Netzwerken in der Hochfrequenztechnik eingeführt. Es ist grundsätzlich möglich, alle Teile von beliebigen Netzwerken (Ein-, Zwei- und Mehrtore) mit Streumatrizen zu beschreiben und daraus die gewünschte Streumatrix des gesamten Netzwerkes zu ermitteln [2]. Besonders einfach gestaltet sich die Analyse, wenn, wie dies häufig der Fall ist, das Netzwerk auf eine Kaskade von Zweitoren reduziert werden kann. Dann kann mittels Matrixmultiplikation der Transfermatrizen die resultierende Streumatrix schnell gewonnen werden, ohne dass zu einer allgemeinen Netzwerkbeschreibung mit viel grösseren Matrizen, die mehr Speicherbedarf und mehr Rechenleistung erfordern, gegriffen werden müsste. Diese Methode wurde bei den ersten Netzwerkanalyseprogrammen für die Hochfrequenztechnik verwendet, z. B. bei frühen Versionen von "COMPACT".

Die modernen Programme sind in der Lage, sämtliche Netzwerktopologien zu lösen. Es hat sich dabei gezeigt, dass die Formulierung der Netzwerke mit Streumatrizen nicht optimal ist. In den meisten Fällen beinhalten die Netzwerke diskrete passive und aktive Elemente, die mit Admittanzen oder Admittanzmatrizen einfacher zu beschreiben sind als mit Streumatrizen. Wie in anderen Netzwerkanalyseprogammen, z. B. SPICE, werden die Netzwerkgleichungen in Form der unbestimmten Admittanzmatrix formuliert und mit bekannten, gut entwickelten numerischen Verfahren gelöst. Die Lösungen, in Form von Strömen und Spannungen für bestimmte anregende Quellen, werden dann in die Streuparameterform gebracht und sowohl in Tabellen wie graphisch dargestellt.

4. 4 CAD-Modelle von Bauelementen der Hochfrequenztechnik

Die Eigenschaften der einzelnen Netzwerkelemente müssen dem Programm in der Form von Parametern oder einer mathematischen Beschreibung zugeführt werden. In vielen Fällen sind aber die benötigten elektrischen Parameter nicht bekannt; man kennt z. B. nur die Geometrie oder gewisse physikalische Eigenschaften, die in irgendeiner Weise mit den benötigten Parametern verknüpft sind. Figur 4.3 zeigt als Beispiel die Geometrie eines Streifenleiters.

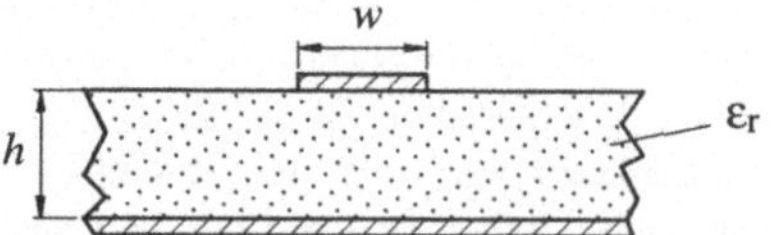

Figur 4.3   Mikrostreifenleitung.

Um die relevanten elektrischen Parameter Wellenimpedanz Z_W und relative, effektive Dielektrizitätskonstante ε_{re} zu bestimmen, könnten die hochentwickelten Methoden der Analyse von elektromagnetischen Feldern angewendet werden. Damit würden die gewünschten Parameter ermittelt und gleichzeitig eine ganze Reihe weiterer Eigenschaften wie die Leitungsdämpfung, die Grenzfrequenzen höherer Wellenmoden sowie die Dämpfungseigenschaften dieser Wellenmoden unterhalb und oberhalb der Grenzfrequenzen erfasst.

Eine so ausführliche und aufwendige Analyse ist aber nicht bei jeder Netzwerkberechnung durchführbar, da sie zu überbordenden Rechenzeiten führen würde. Man behilft sich daher mit möglichst einfachen Näherungen wie die folgenden für Z_W und ε_{re}:

$$Z_W \approx \frac{377 \ \Omega/\varepsilon_{re}}{w/h + 1.98 \ (w/h)^{0.172}} \tag{4.1}$$

$$\varepsilon_{re} \approx \frac{\varepsilon_r + 1}{2} + \frac{\varepsilon_r - 1}{2} (1 + 10h/w)^{-0.5} \tag{4.2}$$

Gleichung (4.1) und (4.2) sind Modelle, d.h. es sind Näherungen an Resultate statischer Feldberechnungen, die ihrerseits auch schon gewisse Vereinfachungen gegenüber den wirklichen Verhältnissen enthalten. Solche Modelle haben einen beschränkten Gültigkeitsbereich; der Entwerfer von Schaltungen muss also den verwendeten Modellen immer ein gesundes Mass an Misstrauen entgegenbringen.

Die in der Elektrotechnik übliche Darstellung von Modellen in Form von Ersatzschaltungen wird auch in den Netzwerkanalyseprogrammen häufig verwendet. Beispielsweise werden Diskontinuitäten bei Streifenleitern, wie abrupte Breitenänderungen, T-förmige Verzweigungen und Kreuzungen mit Ersatzschaltungen nachgebildet. Figur 4.4 zeigt als Beispiel das Ersatzschaltbild einer Mikrostreifenleitung mit abrupter Breitenänderung. Im Frequenzbereich, wo nur der Quasi-TEM Mode ausbreitungsfähig ist, kann diese Diskontinuität mit vernünftiger Genauigkeit mit einer LC-Schaltung dargestellt werden.

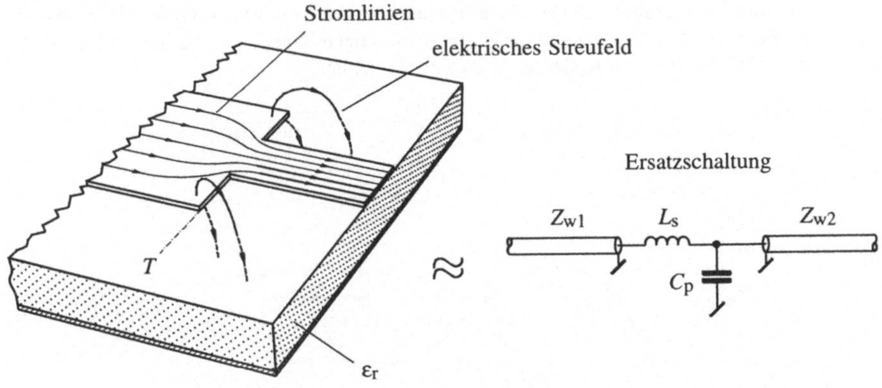

Figur 4.4   Mikrostreifenleitung mit abrupter Breitenänderung mit zugehöriger Ersatzschaltung.

Halbleiterbauelemente werden oft mit Hilfe von Ersatzschaltungen modelliert (Figur 4.5). Dabei ist es jedoch nur beschränkt möglich, die Werte der Ersatzelemente aufgrund der physikalischen Parameter wie Geometrie, Dotierung, Mobilität, Temperatur usw. zu bestimmen. Die Topologie der Ersatzschaltung ist wohl von der Physik gegeben; meist müssen die Werte der Elemente mit einigen Messungen für einen bestimmten Arbeitspunkt ermittelt werden und sind dann nur für den betrachteten Arbeitspunkt in einem gewissen Frequenzbereich und Temperaturbereich gültig. Literatur [2] enthält eine umfangreiche Beschreibung von Modellen von Bauelementen der Hochfrequenztechnik.

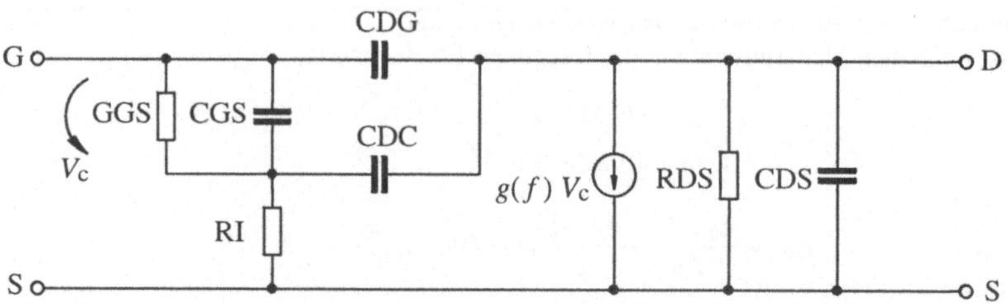

Figur 4.5   Lineares Ersatzschaltbild eines Mikrowellen-Feldeffekttransistors.

4.5 Optimierung

Am Anfang der Entwurfsphase hat der Benützer die Schaltung beschrieben und mit Startparametern versehen. Im Idealfall werden nun die zulässigen Parameterbereiche der Elemente definiert, die in der Optimierungsphase verändert werden dürfen, und es wird eine Zielfunktion angegeben. Es ist nun die Aufgabe des Optimierungsprogramms, die variierbaren Elemente so lange zu verändern, bis die Zielfunktion erreicht ist.

Figur 4.6 zeigt ein typisches Optimierungsproblem der Hochfrequenztechnik: Es soll mit Hilfe eines Transistors und Anpassungsnetzwerken am Ein- und Ausgang ein Verstärker entworfen werden mit einer Verstärkung von 10 dB im Frequenzbereich von 3 bis 6 GHz bei gleichzeitig minimalem Reflexionsfaktor r_1 am Eingang. In einem ersten Versuch wurde die in Figur 4.6b dargestellte Verstärkung g und Reflexionsfaktor r_1 berechnet.

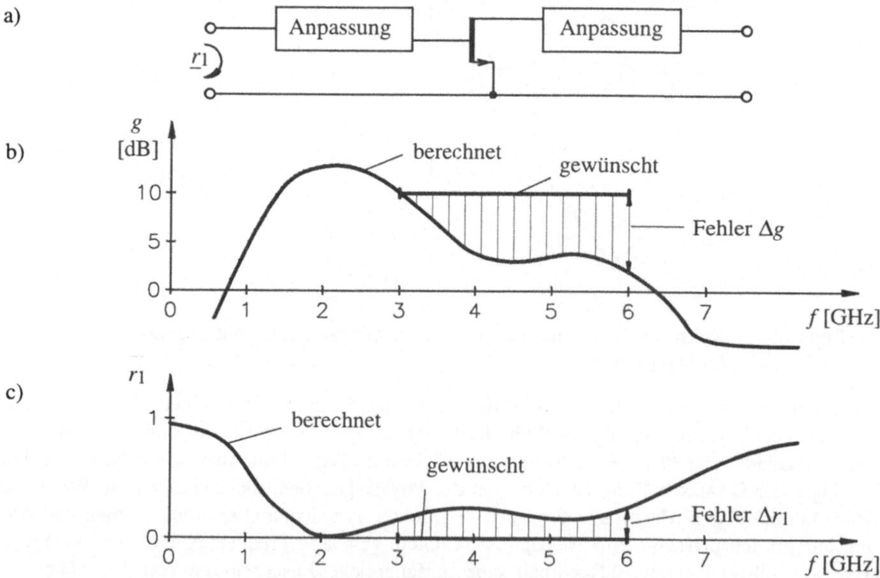

Figur 4.6   Lineares Optimierungsproblem: a) Prinzipschaltbild, b) Verstärkung g und
c) Reflexionsfaktor r_1 als Funktion der Frequenz.

Bei jeder gewählten Frequenz, im Beispiel in Intervallen von 0.5 GHz, wird ein Fehler der Verstärkung Δg und des Reflexionsfaktors Δr_1 gegenüber dem Sollwert festgestellt. Es wird nun eine Zielfunktion U definiert:

$$U = \frac{1}{n} \sum_{f=3\,\text{GHz}}^{6\,\text{GHz}} (w_g \, \Delta g^2 + w_r \, \Delta r_1^2) \qquad \text{n : Anzahl Stützstellen} \tag{4.3}$$

Jeder Fehler Δg und Δr_1 bewirkt einen positiven, mit einem Gewichtsfaktor w_g bzw. w_r gewichteten Beitrag zur Zielfunktion U. Anstelle der Fehlerquadrate Δg^2 bzw. Δr_1^2 können auch andere (meist höhere) gerade Potenzen verwendet werden.

Es gilt also, die Zielfunktion U zu minimieren, d.h. die zur Variation freigegebenen Elementwerte in den Anpassnetzwerken so zu verändern, bis U minimal wird. Die variierten Parameter dürfen dabei den vorgeschriebenen Bereich nicht über- oder unterschreiten. Allgemein ist die Zielfunktion von folgender Form:

$$U = \frac{1}{n} \sum_{i=1}^{n} w_i \, | \, \Delta E_s \, |^{p_i} \tag{4.4}$$

Dabei ist ΔE_s der Fehler, also die Differenz von Sollwert und Istwert, w_i sind die Gewichtsfaktoren und p_i die Fehlerexponenten. Die Fehler ΔE_s und damit die Zielfunktion sind eine Funktion der zu variierenden Elemente (Widerstände, Leitungswiderstände, Leitungslängen, Kapazitäten usw.). Diese Elemente sind nur in einem bestimmten Parameterbereich realisierbar; die Optimierung hat also nur im Bereich der zulässigen Elementwerte zu erfolgen. Figur 4.7 zeigt als Beispiel eine Zielfunktion U als Funktion von zwei Elementen: einer Leitungslänge l und einer Wellenimpedanz Z_w. Im zulässigen Parameterbereich $10\,\mu\text{m} < l < 100\,\mu\text{m}$ und $30\,\Omega < Z_w < 120\,\Omega$ ist die Zielfunktion U mit einem lokalen und einem globalen Minimum dargestellt.

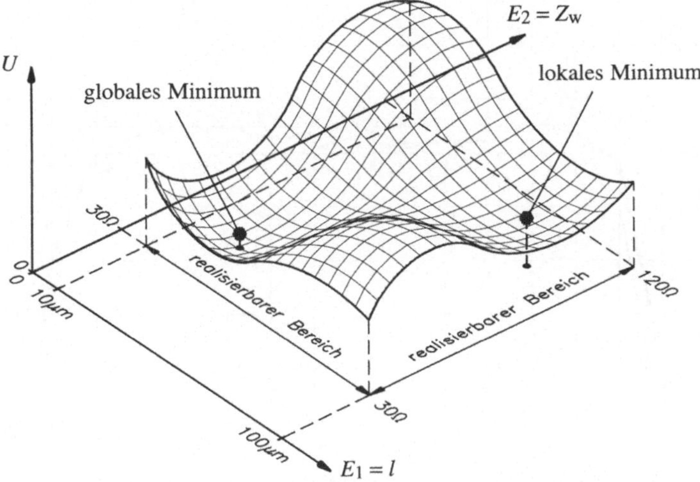

Figur 4.7   Beispiel einer Zielfunktion U als Funktion von zwei Variablen
              (Elementwerte E_1 und E_2).

Die Suche nach dem globalen Minimum kann mit verschiedenen Algorithmen erfolgen, von denen zwei kurz beschrieben werden:

Diskrete Optimierung (*Direct search = Random optimization*)
Bei stark eingeschränkten zulässigen Parameterbereichen, wie dies bei den meisten Mikrowellenbauelementen der Fall ist, kann die einfache, aber entsprechend schnelle diskrete Optimierung eingesetzt werden. Nach einem vorgegebenen heuristischen Verfahren werden in der Umgebung der Anfangswerte neue Elementwerte eingesetzt und nach einer Reduktion von U untersucht. Wenn nur ein Minimum im vorgegebenen Parameterbereich besteht, dann wird dieses sicher gefunden, sind ein oder mehrere lokale Minima vorhanden, so ist es wiederum dem Benützer überlassen, den richtigen Startpunkt zu wählen, um zum globalen Minimum zu gelangen. Figur 4.8 zeigt als Beispiel die Optimierung der Betriebsverstärkung eines Transistorverstärkers, wobei nur die Leitung TLOC zur Optimierung freigegeben wurde. Nach 25 Optimierungsschritten ist das vorgegebene Toleranzband für $|\underline{S}_{21}|$ erreicht.

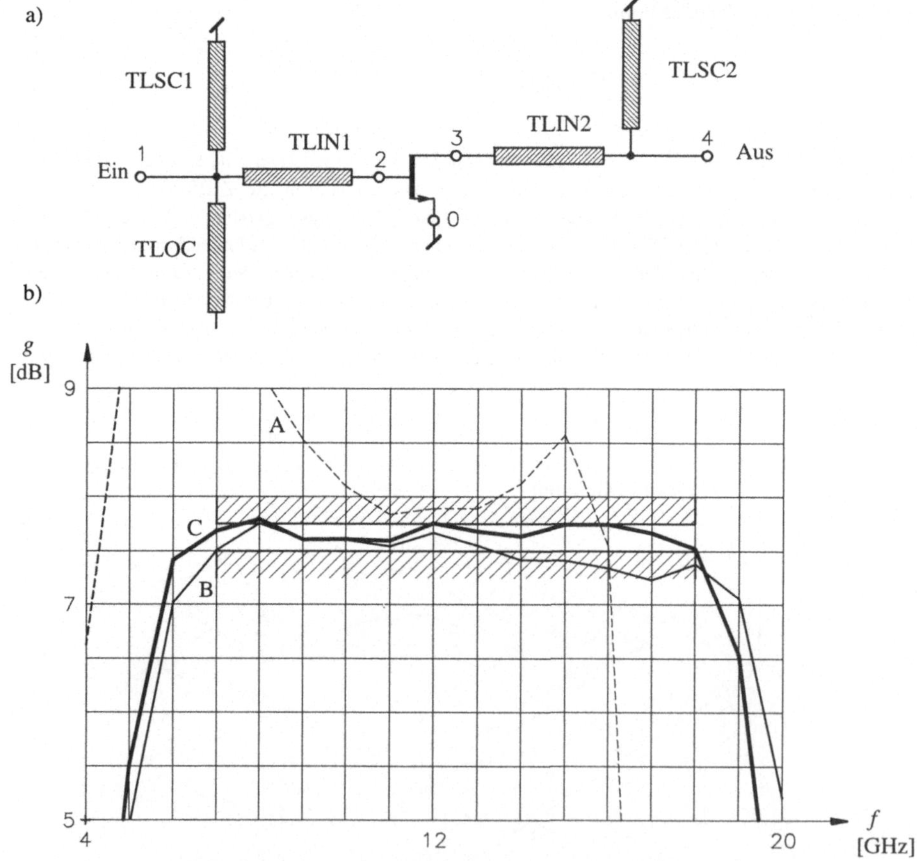

Figur 4.8   Dimensionierung eines einstufigen Transistorvertsärkers
a) Schaltung
b) Diskrete Optimierung der Betriebsverstärkung g
A: 1. Entwurf, B: nach 5, C: nach 25 Optimierungsschritten.

Gradientenoptimierung (*Steepest descent*)

Werden von Ausgangspunkt der Optimierung die Parameterbereiche der Elemente nur sehr wenig variiert, dann kann der Gradient der Funktion U (∇U) berechnet werden. In einem nächsten Schritt werden die Elementwerte in Gegenrichtung des Gradienten modifiziert:

$$E' = E + \delta E = E - S_e \, \nabla U \tag{4.5}$$

mit E :   Vektor der Elementwerte
          E' :   modifizierter Vektor der Elementwerte
          S_e :   Vektor der Schrittgrösse der Modifikation

Die Schrittgrösse wird entsprechend der Vorgeschichte der Optimierung verändert: Wird z. B. der Gradient ∇U in aufeinanderfolgenden Optimierungsschritten nur wenig verändert, kann die Schrittgrösse erhöht werden. Würden statt des Gradienten $\nabla U(E)$ auch alle zweiten Ableitungen $d^2 U/(d\,E_i\,dE_k)$ berechnet, d.h. die vollständige Hesssche Matrix ermittelt, dann könnte eine genauere Abschätzung der Schrittgrösse S_e gemacht werden. Dieses Verfahren wird bei der Davidson-Fletcher-Powell Methode verwendet. Anstelle der aufwendigen Berechnung der Hessschen Matrix für jeden neuen Vektor E der Elementwerte, tritt ein vereinfachtes Annäherungsverfahren, bei dem mit jedem Optimierungsschritt die Genauigkeit der Hessschen Matrix verbessert wird.

4. 6 Toleranzanalyse

Ein wichtiger Schritt im Schaltkreisentwurf ist die Toleranzanalyse. Wenn eine Schaltung gemäss Spezifikationen entworfen ist, bleibt als nächster Schritt die Untersuchung der Einflüsse von Änderungen der Elementwerte. Die Toleranzen der Elementwerte können verschiedenste Ursachen haben, wie Herstellungstoleranzen, Modellierungstoleranzen oder messtechnische Ungenauigkeiten. Die Toleranzanalyse soll Aufschluss geben über die Auswirkungen der verschiedenen Toleranzen auf die Eigenschaften der gesamten Schaltung.
Grundsätzlich können zwei Arten der Toleranzanalyse unterschieden werden: die *Worst case*-Analyse und die statistische Toleranzanalyse.

4. 6.1 Worst case-Analyse

Die Worst case-Analyse gibt Auskunft über die Abweichungen der Schaltungseigenschaften für die *schlechtest mögliche* Kombination der Abweichungen der Eingangsparameter.
Die Worst case-Analyse kann mit einem Netzwerkanalyseprogramm relativ leicht vollzogen werden, indem mit verschiedenen Durchläufen alle möglichen Kombinationen der Eingangsparameter E mit den maxialen Abweichungen vom Sollwert durchgespielt werden. Meist kann dieses Verfahren vereinfacht werden, wenn schon klar ist, ob eine positive oder negative Abweichung der Eingangsparameter zum Worst case führt. Bei relativ kleinen Toleranzen der Eingangsparameter E ist es meist zulässig, einen linearen Zusammenhang zwischen den Ausgangsgrössen und den Eingangsgrössen anzunehmen. In diesem Fall können die Toleranzen mittels Sensitivitätsanalyse ermittelt werden. Die *Sensitivität* (Empfindlichkeit) S_{ij} des Ausgangsparameters A_i auf den Eingangsparameter E_j ist

$$S_{ij} = \frac{d\,A_i/A_i}{dE_j/E_j} \tag{4.6}$$

Die Worst case-Toleranz $\Delta_{wc}A_i/A_i$ des Ausgangsparameters A_i ist dann

$$\Delta_{wc}A_i/A_i = S_{ij}\,\Delta_{wc}E_j/E_j \tag{4.7}$$

4. 6.2 Sensitivitätsanalyse

In den meisten Fällen stellt die Worst case-Betrachtung eine zu schlechte Darstellung der Toleranzeinflüsse dar, da bei einer Vielzahl von Eingangstoleranzen mit einer realistischen Wahrscheinlichkeitsverteilung das Auftreten des Worst case ein sehr unwahrscheinliches Ereignis ist. Eine statistische Toleranzanalyse erlaubt eine Abschätzung der Wahrscheinlichkeit des Auftretens von Toleranzen der Ausgangsparameter. Die in der Praxis häufig verwendete und gleichzeitig einfachste statistische Toleranzanalyse ist die Analyse von normalverteilten (Gauss-verteilten) Eingangstoleranzen. Sind alle Eingangstoleranzen normalverteilt und besteht ein linearer Zusammenhang zwischen den Eingangs- und Ausgangstoleranzen, d.h. kann der Zusammenhang zwischen Eingangs- und Ausgangstoleranzen mit den Sensitivitäten S_{ij} charakterisiert werden, dann sind die Ausgangstoleranzen ebenfalls normalverteilt. Die Standardabweichung σ_{ij} des Ausgangsparameters A_i als Funktion der Standardabweichung σ_j des Eingangsparameters E_j ist

$$\sigma_{ij} = S_{ij}\,\sigma_j \tag{4.8}$$

Unter der Annahme, dass die Toleranzen der Eingangsparameter nicht korreliert sind, d.h. von einander unabhängig sind, ist die Gesamtstandardabweichung $\sigma_{i\,tot}$ des Ausgangsparameters A_i

$$\sigma_{i\,tot} = \sqrt{\sum_j (S_{ij}\,\sigma_i)^2} \tag{4.9}$$

Eine einfache statistische Toleranzanalyse kann also vorgenommen werden, wenn die Standardabweichungen σ_j der Eingangsparameter bekannt sind. Mit Hilfe eines Netzwerkanalyseprogamms werden die Sensitivitäten numerisch ermittelt und die Toleranz der Ausgangsgrössen mit (4.9) berechnet.

4. 6.3 Monte Carlo-Analyse

Die im vorhergehenden Abschnitt festgelegten Voraussetzungen für die statistische Toleranzanalyse mit normalverteilten, unkorrelierten Eingangsparametern und linearer Abhängigkeit zwischen Eingangs- und Ausgangstoleranz sind nicht immer erfüllt, und die beschriebene Toleranzanalyse liefert dann nur wenig aussagekräftige Resultate. Werden diese Voraussetzungen fallen gelassen, dann bleibt als einzige praktisch durchführbare Toleranzanalyse die *Monte Carlo*-Analyse. Mit der Monte Carlo-Analyse werden eine grosse Anzahl Werte der Eingangsparameter entsprechend einer spezifizierten Verteilung mit einem Zufallsgenerator generiert. Für jeden Satz der generierten Eingangsvariablen wird die Netzwerkanalyse ausgeführt und die zugehörigen Ausgangsvariablen berechnet. Die gewünschten Ausgangsvariablen werden in geeignete Darstellungen gebracht: Histogramme, Scattergramme oder Kurvenscharen. Um zu statistisch aussagekräftigen Resultaten zu gelangen, müssen eine grosse Anzahl Fälle durchgerechnet werden, typisch 10 ... 1000 oder mehr. Figur 4.9 zeigt schematisch den Ablauf einer Monte Carlo-Analyse. Mit einem normalverteilten und einem gleichverteilten Eingangsparameter, dargestellt mit Histogrammen, resultiert als Beispiel ein Histogramm eines Ausgangsparameters mit unsymmetrischer Verteilung.

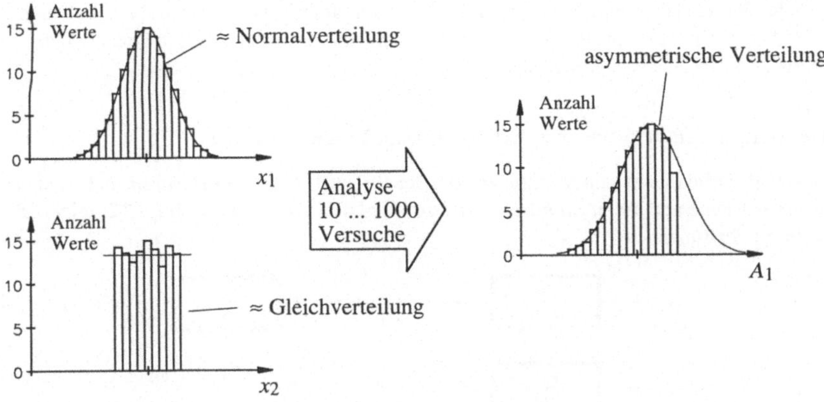

Figur 4.9   Schematischer Ablauf der Monte Carlo-Analyse.

Die Vorteile der Monte Carlo-Analyse sind:
- keine Einschränkung der Verteilung der Eingangsparameter, keine Beschränkung auf lineare Zusammenhänge zwischen Eingangsgrössen und Ausgangsgrössen,
- beliebige Korrelationen zwischen den Eingangsparametern,
- gute Darstellbarkeit der Resultate.

Diesen Vorteilen steht folgender Nachteil gegenüber:
- äussserst rechenzeitintensiv. Bei hohen Konfidenzansprüchen muss eine sehr grosse Zahl von Läufen gemacht werden.

4.7 Analyse von nichtlinearen Netzwerken im Zeitbereich

An die computergestützte Analyse von nichtlinearen Netzwerken stellt man die gleichen Ansprüche wie an die lineare Netzwerkanalyse. Der Rechenaufwand ist dadurch erheblich, dass bei *nichtlinearen dynamischen Vorgängen* die Netzwerkgleichungen *iterativ* gelöst werden müssen. Ausgehend von einer Lösung zu einem Zeitpunkt t wird dabei eine Lösung für den Zeitpunkt $t + \Delta t$ für ein im Arbeitspunkt linear approximiertes Netzwerk berechnet. Durch Variieren des Zeitschrittes Δt kann die Genauigkeit des Rechenverfahrens laufend den Anforderungen angepasst werden. Figur 4.10 zeigt den qualitativen Verlauf einer solchen Simulation.

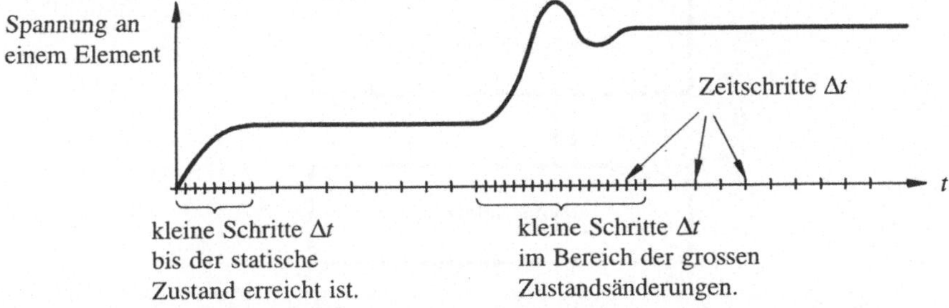

Figur 4.10   Typischer Verlauf der Simulation eines nichtlinearen Netwerkes.

Die nichtlineare Simulation im Zeitbereich ist wesentlich rechenintensiver als die lineare Analyse im Frequenzbereich. Es sind zahlreiche Computerprogramme zur Netzwerkanalyse entwickelt worden. Am meisten wird das Programm SPICE mit den verschiedenen Versionen wie PSPICE, HSPICE usw. verwendet.

4. 8 Analyse von nichtlinearen Netzwerken im Frequenzbereich

In der Hochfrequenztechnik kommen oft Schaltungen mit *vielen linearen* und *wenigen nichtlinearen* Elementen im *stationären Betrieb* vor. Die Figuren 4.11 und 4.12 zeigen Beispiele solcher Schaltungen.

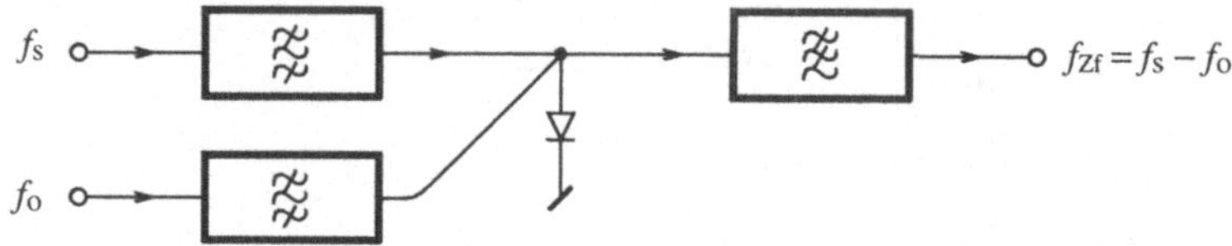

Figur 4.11   Frequenzmischung.

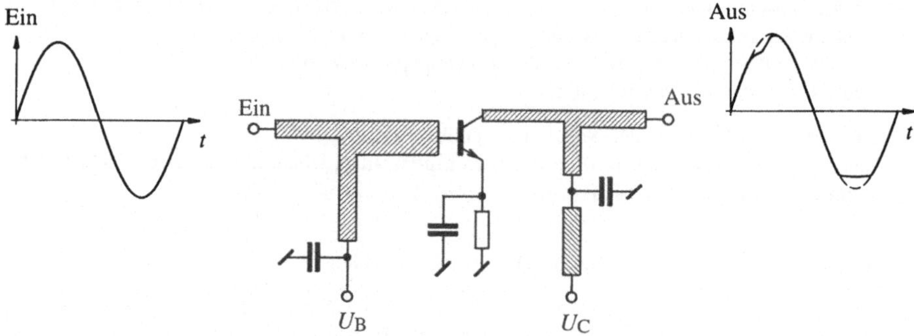

Figur 4.12   Nichtlineares Verhalten von Verstärkern.

Zur Berechnung solcher Schaltungen hat sich als optimale Lösung die Harmonic balance-Methode erwiesen. Wie Figur 4.13 veranschaulicht, wird bei diesem Verfahren die Schaltung in je einen linearen und einen nichtlinearen Netzanteil aufgeteilt.

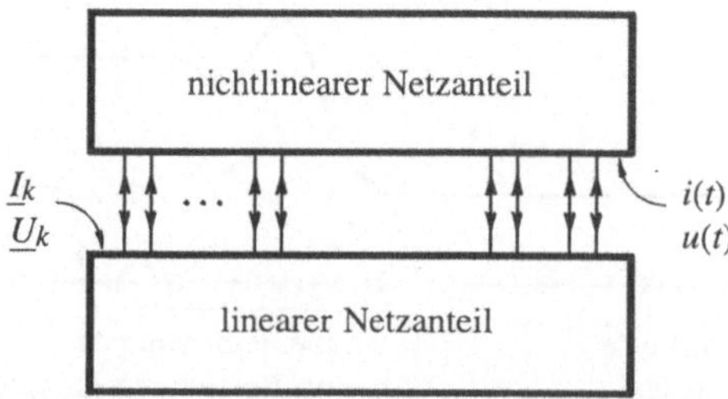

Figur 4.13   Harmonic balance-Methode: Aufteilung der Schaltung in lineare und
              nichtlineare Netzanteile.

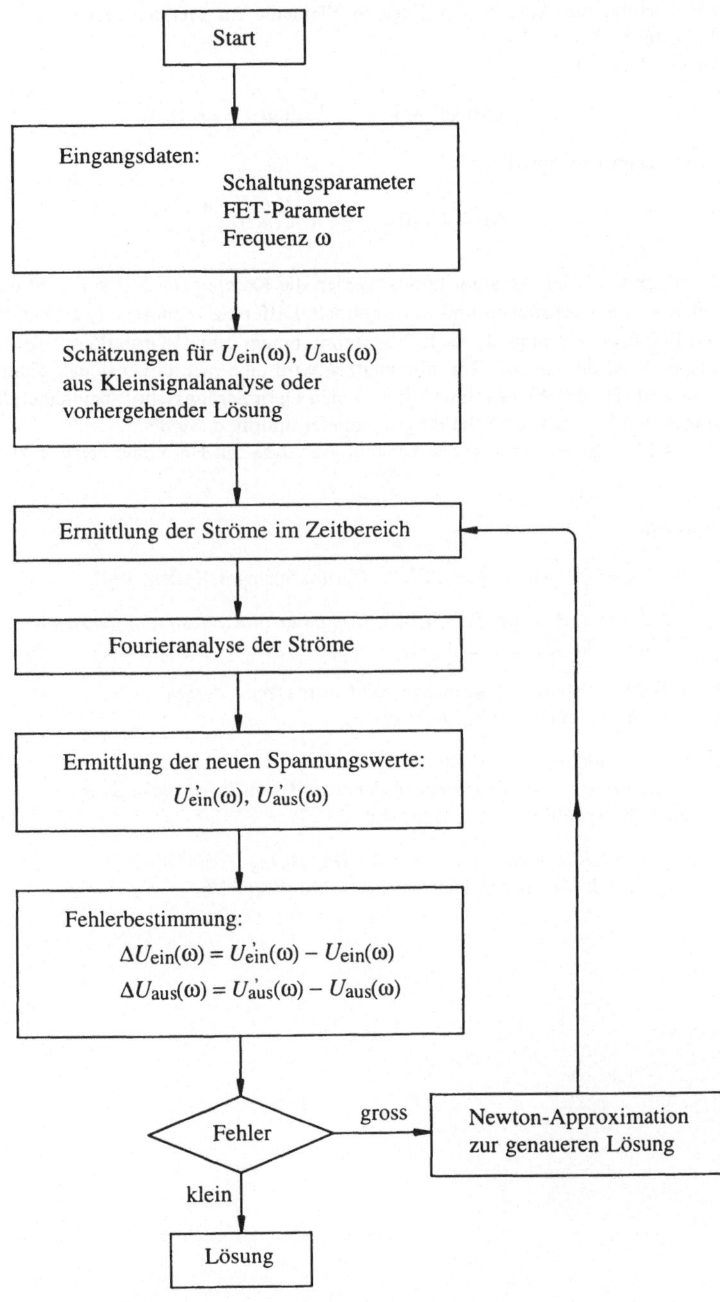

Figur 4.14   Flussdiagramm der Schaltungsanalyse mit der Harmonic balance-Methode.

Dabei erfolgt die Analyse der linearen Elemente im Frequenzbereich und der nichtlinearen Elemente im Zeitbereich.
Linearer Netzanteil:

$$\underline{I}_k\,(k\omega_0) \;=\; \underline{Y}\,(k\omega_0)\,\underline{U}_k\,(k\omega_0) \;+\; \underline{J}_k\,(k\omega_0)\tag{4.10}$$

Nichtlinearer Netzanteil:

$$i(t) \;=\; G(u(t))\cdot u(t) \;+\; C(u(t))\cdot\frac{\mathrm{d}\,u}{\mathrm{d}\,t}\tag{4.11}$$

Mit einem Optimierungsalgorithmus werden die Komponenten $\underline{I}_k(k\omega_0)$ mit den Fourierkomponenten von $i(t)$ verglichen und auf minimale Differenz optimiert. Die Grundfrequenz ω_0 wird vom Benutzer bestimmt. Je nach Programm können 2 bis 3 Grundfrequenzen definiert werden. Entsprechend der Anzahl Grundfrequenzen wird eine mehrdimensionale Fouriertransformation verwendet. Da der Algorithmus bereits einen Optimierungsschritt beinhaltet, können zusätzlich im gleichen Schritt auch Schaltungsparameter optimiert werden.
Figur 4.14 zeigt den Verlauf der Schaltungsanalyse mit Harmonic balance-Methode.

Literatur

[1] E. Hoefer, H. Niedlinger: *SPICE*. Berlin: Springer Verlag, 1985.

[2] K.C. Gupta, R. Garg, R. Chadha: *Computer-aided design of microwave circuits*.
     Dedham: Artech House, 1981.

[3] I. Bahl, P. Bhartia: *Microwave solid state circuit design*.
     New York: Wiley, 1988, Kapitel 14.

[4] G.D. Vendelin, A.M. Pavio, U.L. Rhode:
     Microwave circuit design using linear and non-linear techniques.
     New York: Wiley, 1990, Kapitel 8.3.

[5] W. Bächtold: *Lineare Elemente der Höchstfrequenztechnik*.
     Zürich: vdf Verlag der Fachvereine, 1998, Kapitel 6.

5 Grundlagen der Höchstfrequenzhalbleitertechnik

Die Halbleiterbauelemente bestimmen massgeblich die Schalt- und Verstärkerfunktionen sowie die nichtlinearen Operationen von analogen und digitalen Signalen. Die früher in der Höchstfrequenztechnik weitverbreiteten, verschiedenartigsten Verstärker- und Oszillatorröhren werden heute nur noch bei sehr grossen Hochfrequenzleistungen eingesetzt. In der Mikrowellenelektronik, d.h. der analogen Schaltungstechnik im GHz-Bereich wird seit Mitte der 80er Jahre der Übergang von diskreten Halbleiterbauelementen zu integrierten Schaltungen vollzogen. Der entsprechende Schritt wurde in der Niederfrequenztechnik in den frühen 70er Jahren getan. In der digitalen Schaltungstechnik mit Taktfrequenzen im GHz-Bereich (Gigabit-Technik) kommen direkt, ohne Umweg über die diskrete Schaltungstechnik, mehr oder weniger hochintegrierte Schaltungen zum Einsatz.

Die *Miniaturisierung* der Halbleiterschaltungen hat bekanntlich zwei Effekte, die zum eigentlichen Motor der Technologie geworden sind:

1. erhöhte Leistungsfähigkeit, d.h. höhere (Schalt-) Geschwindigkeit,

2. höhere Packungsdichte und damit niedrigere Kosten.

Mit den heute erreichten Strukturgrössen von weniger als einem µm in komplexen integrierten Schaltungen ist der Einsatzbereich von aktiven Siliziumbauelementen (Bipolartransistoren, MOSFETs) bis in den GHz-Bereich vorgestossen.
Seit ca. 1970 wurde die Forschung und Entwicklung auf den sogenannten III-V-Halbleitern, wie Gallium-Arsenid (GaAs) und Indium-Phosphid (InP), stark vorangetrieben, hauptsächlich im Hinblick auf die Anwendungen in optoelektronischen Bauelementen und elektronischen Bauelementen der Höchstfrequenztechnik. Diese Entwicklung ist noch im Gang; kommerziell werden heute neben den optoelektronischen Bauelementen folgende Elemente der Höchstfrequenztechnik mit III-V-Halbleitern hergestellt: GaAs-Feldeffekt-Transistoren (MESFETs), GaAs-Schottky-Dioden, GaAs-PIN-Dioden, GaAs/GaAlAs-HEMTs (Gallium-Aluminium-Arsenid High Electron Mobility Transistor) und integrierte MESFET-Schaltungen (analog und digital). In diesem Kapitel werden die physikalischen und elektrischen Eigenschaften der Halbleiter dargestellt. Dabei werden wir die III-V-Materialien und die entsprechenden Eigenschaften, die für Hochfrequenzbauelemente und optoelektronische Bauelemente der Kommunikationstechnik von Bedeutung sind, etwas ausführlicher betrachten.

5.1 Halbleiterkristalle

Die für die Halbleitertechnik wichtigen Elemente finden sich in den Gruppen III, IV und V des Periodensystems. Figur 5.1 zeigt hervorgehoben diese Elemente. Silizium, der meist verwendete Halbleiter, kristallisiert im *Diamantgitter* (Figur 5.2a) wie Germanium, Halbleiter der ersten Stunde, der bis ca. 1962 verwendet wurde. Wird zum Aufbau eines Kristalls statt eines einzigen vierwertigen Elements, wie Silizium, eine Kombination von einem dreiwertigen und einem fünfwertigen Element zu je 50 Atom% genommen, dann wird sich in den meisten Fällen wiederum ein diamantartiges Gitter bilden, wobei jedes dreiwertige Atom vier fünfwertige Nachbarn hat, wie dies in Figur 5.2b für den Gallium-Arsenid-Kristall dargestellt ist. Dieser Kristall hat die sogenannte *Zinkblende-Gitterstruktur*. Bekanntlich gehen die Elemente niedriger Ordnungszahl engere chemische Bindungen ein als Elemente höherer Ordnungszahl. Wie die folgende Tabelle zeigt, äussert sich dieses bei Kristallen darin, dass der Abstand a der Gitterebenen, die Gitterkonstante, definiert in Figur 5.2, mit steigender Ordnungszahl der Elemente zunimmt. Industriell werden in grosser Menge Siliziumeinkristalle in Form von Stangen mit bis zu 20 cm Durchmesser gezogen.

Kristall	Gitterkonstante a [nm]	Eigenschaften
Diamant		
C	0.35668	Isolator
Si	0.54309	
Ge	0.56461	
Sn	0.64892	graues Zinn, nur unter 17°C stabil
Zinkblende		
B - N	0.36150	Isolator, diamantähnlich
Al - P	0.54510	
Ga - As	0.56533	
Al - As	0.56605	
In - P	0.58686	
Ga - Sb	0.60959	

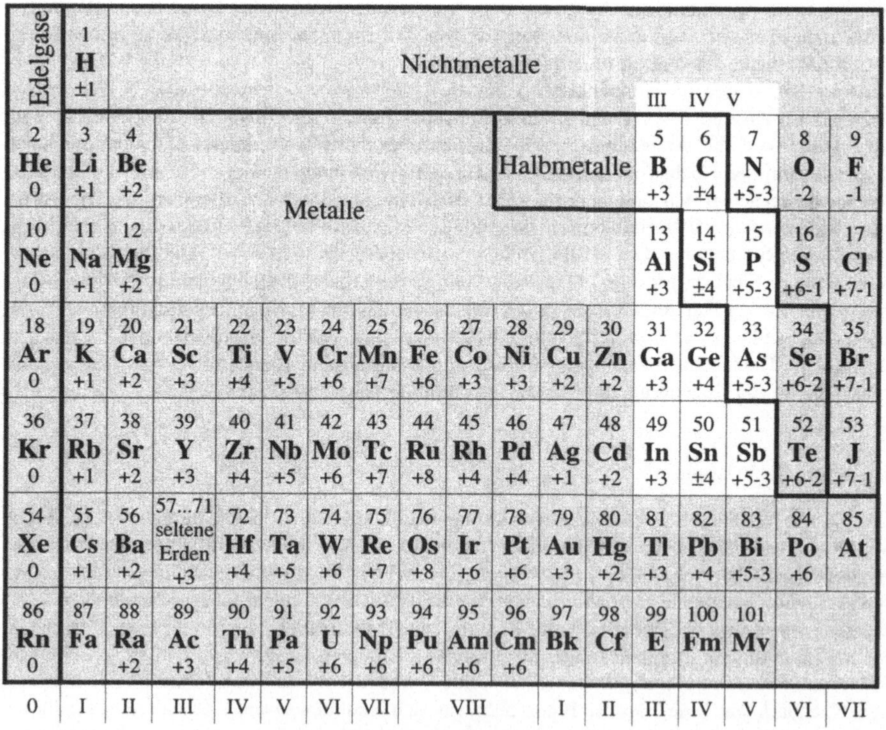

Figur 5.1   Die wichtigsten Elemente der Halbleitertechnologie: die Elemente der
            Gruppen III, IV, V.

Daneben werden GaAs und InP ebenfalls als Einkristallstangen (Ingots) mit einem Durchmesser bis zu 10 cm hergestellt. In dünne Scheiben (Wafer) geschnitten, dienen diese Materialien

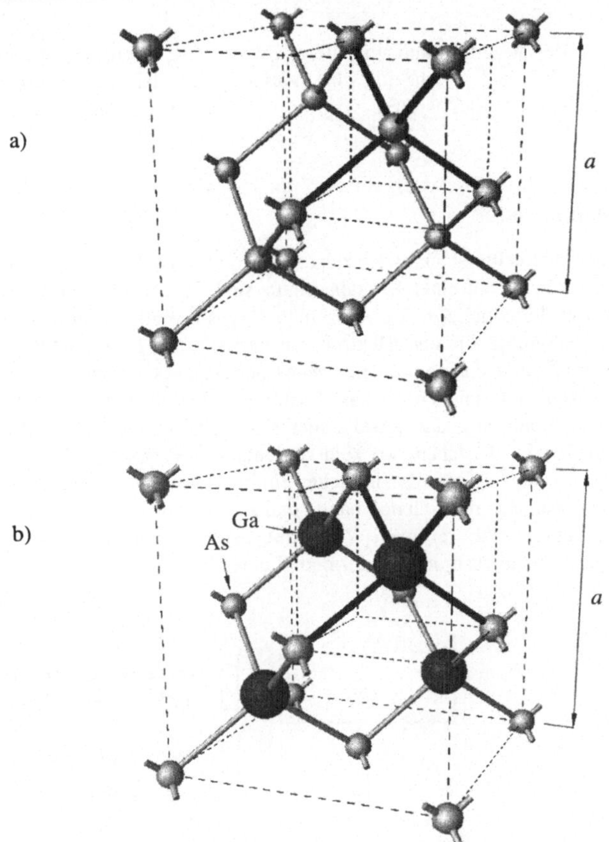

Figur 5.2   Halbleiterkristalle: a) Diamantgitter und b) Zinkblendengitter.

als Substrate für die Herstellung von Halbleiterbauelementen. Für viele Halbleiterbauelemente wäre eine Materialkombination, z. B. von zwei verschiedenen III-V-Halbleitern, vorteilhaft. Die eingangs erwähnte HEMT-Struktur und sowie alle Halbleiterlaser verlangen eine Schichtenfolge von zwei oder mehreren Schichten verschiedener III-V-Halbleiter, und zwar mit kristallographisch möglichst perfekten Übergängen zwischen den Materialien. Solche Heteroübergänge sind nur dann defektarm realisierbar, wenn die in Kontakt kommenden Materialien die gleiche Gitterkonstante a aufweisen. Technisch genügend defektfreie Heteroübergänge sind möglich, wenn das Verhältnis der Gitterkonstanten um $\leq 1/1000$ von eins abweicht. In der obigen Tabelle fällt auf, dass GaAs und AlAs nahezu die gleiche Gitterkonstante a zeigen. Deshalb ist es möglich, ein sogenanntes *ternäres* Material, in diesem Fall GaAlAs in der Zusammensetzung $Ga_xAl_{1-x}As$, direkt auf einem GaAs-Grundkristall defektfrei "aufzuwachsen". Dabei kann der Anteil der Galliumatome x in den Grenzen $0 \leq x \leq 1$ variiert werden, was zu einer grossen und interessanten Vielfalt von Heterokontakten führt. Die Technologie der GaAs/GaAlAs-Heteroübergänge bildet die Basis für die Herstellung von GaAs-HEMTs, Heterobipolartransistoren, Lasern und Photodetektoren. Von diesen Bauelementen hat der GaAs/AlGaAs-Laser als Lichtquelle für das Laufwerk des Compact-Disk die grösste Verbreitung gefunden. Ein weiteres Materialsystem für die Herstellung von Heterokontakten ist InP als Substratmaterial in Kombination mit $Ga_xIn_{1-x}As_yP_{1-y}$.

Durch die richtige Wahl der Anteile x und y in dieser *quarternären* Verbindung kann immer eine Gitteranpassung auf InP und gleichzeitig eine Variation der elektrischen Eigenschaften erreicht werden. Auch dieses Materialsystem wird in verschiedenen Halbleiterbauelementen verwendet.

5. 2 Bandlücke und Bandstruktur

Die quantenmechanische Betrachtung eines Einzelatoms ergibt, dass Elektronen nur diskrete Energieniveaus besetzen können. In einer Kristallstruktur sind die Einzelatome so nahe, dass ein Elektron nicht nur vom Potentialtopf eines einzelnen Atoms beeinflusst wird, sondern dass die Gesamtheit der Kristallatome für das Elektron ein periodisches Potential darstellt. Man kann zeigen, dass schon ein einfaches eindimensionales periodisches Potential zur Folge hat, dass ein Elektron in einzelnen Bereichen ein fast kontinuierliches Spektrum von "erlaubten" Energieniveaus einnehmen kann, dass andererseits aber zwischen diesen erlaubten Zonen "verbotene" Zonen, die Bandlücken, bestehen, wo kein stationärer energetischer Zustand möglich ist. Als gemeinsame Eigenschaft zeigen die Halbleiter ein bei tiefen Temperaturen vollständig mit Elektronen besetztes Valenzband (valence band) und ein unbesetztes Leitungsband (conduction band), getrennt durch eine verbotene Zone mit einer Bandlücke W_g von ungefähr einem eV. Figur 5.3 zeigt schematisch das Bändermodell eines Halbleiters.

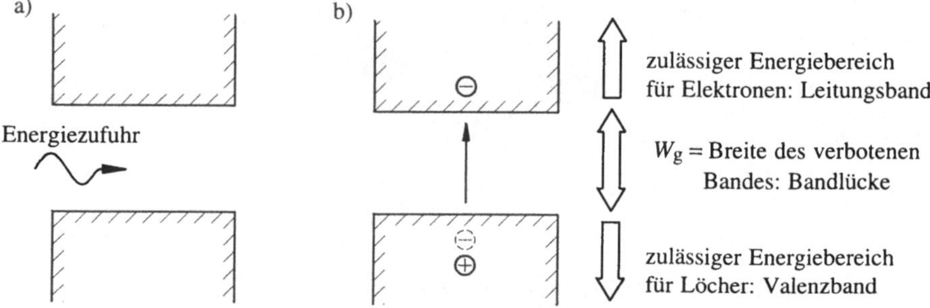

Figur 5.3   Bändermodell eines Halbleiters: a) Bei tiefer Temperatur ist das Valenzband vollständig mit Elektronen besetzt. b) Durch eine Energiezufuhr, z. B. durch ein Lichtquant, kann ein Elektron ins Leitungsband gehoben werden und damit ein Elektron-Loch-Paar erzeugt werden.

Wenn die Elektronen alle verfügbaren Plätze im Valenzband füllen, wie dies bei sehr niedriger Temperatur der Fall ist, kann kein Stromtransport stattfinden; der Halbleiter verhält sich wie ein Isolator. Bei höheren Temperaturen werden eine gewisse Anzahl Elektronen dermassen grosse Energien aufweisen, dass sie ins Leitungsband übertreten, wo eine grosse Anzahl unbesetzter Plätze vorhanden ist und wo, z. B. unter Einfluss eines elektrischen Feldes oder eines Gradienten der Trägerkonzentration, ein Elektronenstrom stattfinden kann. Tritt ein Elektron vom Valenzband zum Leitungsband über, dann hinterlässt es ein "Loch" im Valenzband. Andere Elektronen im Valenzband können dieses Loch auffüllen und ihrerseits wieder ein Loch hinterlassen. Somit kann sich auch dieses Loch bewegen. Im Valenzband findet daher eine Löcherwanderung statt. Im reinen, idealen Halbleiter ist die bei Raumtemperatur (absolute Temperatur $T = 300$ K) vorhandene Elektronendichte n und Löcherdichte p ausserordentlich klein. Im Gleichgewichtsfall, d.h. wenn der Halbleiter neutral ist, ist $n = p = n_i$. Die Intrinsicdichte n_i ist im Wesentlichen abhängig von der Temperatur T und der Bandlücke W_g.

Es gilt $$n_i^2 = N_L\, N_V\, e^{-W_g/(k\,T)}$$ (5.1)

mit N_L: effektive Zustandsdichte im Leitungsband
N_D: effektive Zustandsdichte im Valenzband

k : Boltzmannsche Konstante, $k = 1.38 \cdot 10^{-23}$ Ws/K
T : absolute Temperatur

Die effektiven Zustandsdichten N_L und N_V sind ein Mass für die verfügbaren Elektronen- bzw. Löcherplätze im Bereich der Bandkanten. Es kann gezeigt werden, dass N_L ungefähr gleich der Anzahl der Elektronenplätze pro Volumeneinheit im Energieintervall $\Delta W \approx 1.2\,k\,T$ (genauer $\Delta W = (3\sqrt{\pi}/4)^{2/3}\,k\,T$) über dem Leitungsbandminimum W_L (Leitungsbandkante) ist, wie in Figur 5.4 dargestellt. Analog gelten die Ausführungen auch für die effektive Zustandsdichte der Löcher N_V. Die Intrinsicdichte n_i ist bei $T = 300$ K für

Silizium: $n_i = 1.45 \cdot 10^{10} \text{cm}^{-3}$

und GaAs: $n_i = 1.79 \cdot 10^6 \text{ cm}^{-3}$

Namentlich bei GaAs ist die Intrinsicdichte so niedrig, dass sich das reine Material bei Raumtemperatur wie ein hochwertiger Isolator verhält.

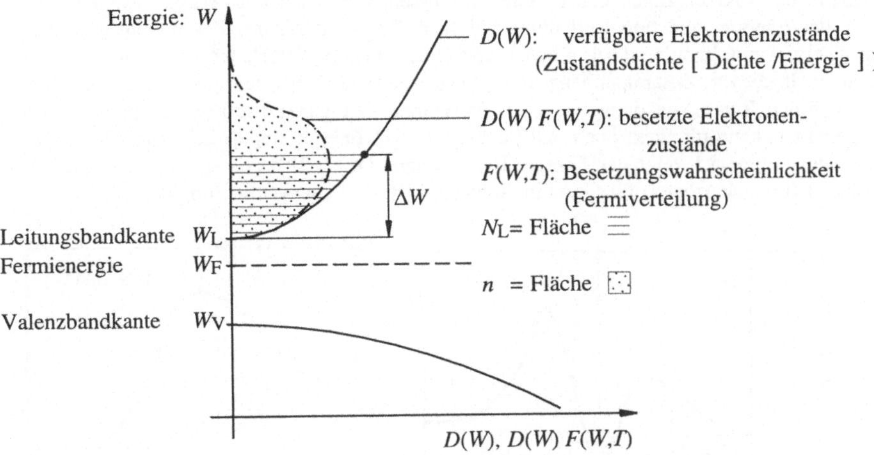

Figur 5.4   Zur Erklärung des Begriffs der effektiven Zustandsdichte.

Die Trägerdichte im hochreinen Halbleiter kann gemäss (5.1) mit einer Temperaturerhöhung vergrössert werden. Viel gezielter kann eine Trägerzunahme jedoch mit einer Energiezufuhr in Form von Licht erreicht werden. Um ein Elektron vom Valenzband ins Leitungsband zu heben, ist eine Energie von mindestens W_g erforderlich.

Die Energie eines Lichtquants ist $$W_{lq} = h\,f$$ (5.2)

mit h: Plancksche Konstante, $h = 6.63 \cdot 10^{-34}$ VAs^2
f : Frequenz des Lichtquants, $f = c_0/\lambda$
c_0: Lichtgeschwindigkeit im Vakuum $c_0 = 3 \cdot 10^8$ m/s
λ: Wellenlänge des Lichtquants

Die Wellenlänge λ_{min} eines Lichtquants, das gerade genügend Energie aufweist, um im Halbleiter ein Elektron vom Valenzband ins Leitungsband zu heben, ist

$$\lambda_{min} = \frac{h\,c_0}{W_g} \tag{5.3}$$

Mit der üblichen Angabe von W_g in Elektron-Volt [eV] ist

$$\boxed{\lambda_{min} = \frac{1.23977\ [\mu m\ eV]}{W_g}} \tag{5.4}$$

Die Bandlücke eines Halbleiters kann somit ganz einfach mit einer optischen Messung bestimmt werden: Der Halbleiter wird bei einer optischen Wellenlänge $\lambda > \lambda_{min}$ keine Energie absorbieren, also transparent sein. Bei $\lambda < \lambda_{min}$ wird das Licht sehr effektiv absorbiert, und im Halbleiter werden eine grosse Zahl von Ladungsträgern erzeugt, was durch eine Messung der Leitfähigkeit nachgewiesen werden kann.

Das in Figur 5.3 dargestellte Bändermodell gibt nur Auskunft über die energetischen Zustände der Elektronen, sagt aber nichts über den Elektronenimpuls aus. Der Elektronentransport sowie alle Arten von Stossvorgängen von Elektronen müssen, wie in der klassischen Mechanik, die Gesetze der Energie- und Impulserhaltung befolgen. Die Kenntnis des Zusammenhangs zwischen Energie und Impuls ist für Löcher und Elektronen im Halbleiter von fundamentaler Bedeutung. In diesem Zusammenhang unterscheidet sich das Verhalten eines einzelnen Elektrons im freien Raum von demjenigen im Festkörper. Der ganze Einfluss des periodischen Gitterpotentials kann für Elektronen und Löcher mit dem Energie-Impulsdiagramm charakterisiert werden. Figur 5.5 zeigt das Energie-Impulsdiagramm für Elektronen (im Leitungsband) und Löcher (im Valenzband) für GaAs in Abhängigkeit des Ladungsträgerimpulses p_c.

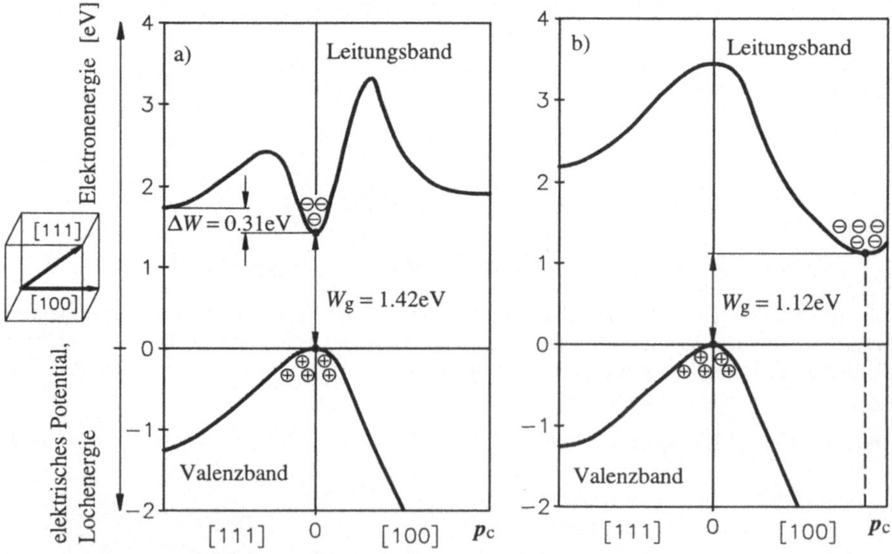

Figur 5.5   Banddiagramm von a) GaAs und b) Silizium.

In positiver vertikaler Richtung ist die Elektronenergie, in negativer vertikaler Richtung die Lochenergie aufgetragen. Die aus diesen Darstellungen zu entnehmende drei wichtigsten Informationen sind: Energielücke W_g, Effektive Masse von Elektronen und Löchern und Art des Bandübergangs (direkter Bandübergang bei GaAs, indirekter Bandübergang bei Silizium).

Der Impuls ist für zwei verschiedene Orientierungen im Kristall gezeigt: Die Richtung [100] bedeutet die Richtung einer Raumachse, die Richtung [111] ist die Richtung einer Körperdiagonalen der Einheitszelle (Darstellung mit sogenannten Millerschen Indizes).

Im Bereich des Energieminimums des Elektrons im Leitungsband kann die kinetische Energie W_{kin} als quadratische Funktion des Ladungsträgerimpulses p_c angenähert werden.

$$W_{kin} \approx \frac{1}{2} \frac{d^2 W_T}{d\,p_c^2}\, p_c^2 \tag{5.5}$$

W_T: Trägerenergie (Elektronen- oder Löcherenergie)

In der klassischen Mechanik ist

$$W_{kin} = \frac{p_c^2}{2\,m} \tag{5.6}$$

In unserem Fall verhält sich ein Elektron im Bereich des Energieminimums, wie ein klassisches Teilchen mit einer Masse m, der sogenannten "effektiven Masse m^*"

$$\frac{1}{m^*} = \frac{d^2 W_{kin}}{d\,p_c^2} \tag{5.7}$$

In gleicher Weise kann eine effektive Masse des Lochs definiert werden:

> Die effektive Masse des Elektrons bzw. Lochs ist umgekehrt proportional zur Krümmung des Leitungsbandes bzw. Valenzbandes im Bereich des Energieminimums.

Als Folge des Einflusses des Gitterpotentials ist die effektive Masse m^* nicht mehr gleich der freien Masse des Elektrons m_o. In den meisten Halbleitern ist die effektive Masse des Elektrons m_n^* erheblich kleiner als die freie Elektronenmasse. Sie unterscheidet sich auch von der effektiven Masse eines Loches m_p^*. Zudem können m_n^* und m_p^* auch richtungsabhängig (anisotrop) sein, was bewirkt, dass m^* als Tensor behandelt werden muss. Die effektive Massen m_n^* und m_p^* werden in Einheiten der freien Elektronenmasse m_o angegeben.

GaAs: $m_n^*/m_o = 0.067$ $\qquad\qquad m_o = 9.10956 \cdot 10^{-28}$ g

$\qquad\qquad m_p^*/m_o = 0.45$

Silizium: $m_n^*/m_o = 0.98$ (in longitudinaler Richtung)

$\qquad\qquad\qquad\ = 0.19$ (in transversaler Richtung)

$\qquad\quad m_p^*/m_o = 0.49$

GaAs zeichnet sich also durch eine sehr kleine effektive Elektronenmasse m_n^* aus.

Ein Blick auf Figur 5.5a zeigt, dass im GaAs die Elektronen im Leitungsbandminimum und die Löcher im Valenzbandminimum den gleichen Impuls aufweisen. Zur Erzeugung eines Elektron-Loch-Paars wird ein Energieträger benötigt, der mindestens die Energie W_g ohne eine gleichzeitige Impulsänderung abgeben kann. Ein Lichtquant (Photon) ist ein solcher Energieträger. Der Impuls eines Lichtquants mit der Energie W_g ist im Massstab von Figur 5.5 verschwindend klein. Ein Bandübergang ohne Impulsdifferenz zwischen Valenzband- und Leitungsbandminimum wird als *direkter Bandübergang* bezeichnet.

Das Banddiagramm von Silizium (Figur 5.5b) zeigt einen *indirekten Bandübergang*: Hier sind die beiden Bandminima durch einen Impuls p_C getrennt. Ein Photon könnte im Silizium allein kein Elektron-Loch-Paar erzeugen, es muss ein weiteres Teilchen am Prozess beteiligt werden, das den nötigen Impuls p_C liefert. Ein solches Teilchen resultiert meist aus Stossprozessen mit dem Gitter. Dabei tragen Gitterschwingungsquanten, sogenannte Phononen, zur Impulsbilanz bei. Die Art des Übergangs, direkter oder indirekter Bandübergang, hat einen entscheidenden Einfluss auf die Anwendung des Halbleiters in optoelektronischen Bauelementen. Lumineszenzdioden (LED) und Halbleiterlaser können nur mit Materialien mit direktem Bandübergang, z. B. GaAs, nicht aber mit Si realisiert werden. Die Absorptionskonstante von Licht ist in direkten Materialien wesentlich grösser als in indirekten, was bei der Konstruktion von Photodetektoren berücksichtigt werden muss.

5.3 Dotierung, Halbleiter im thermischen Gleichgewicht

Nach Kapitel 5.2 ist die natürliche Leitfähigkeit der üblichen Halbleiter sehr gering, da die intrinsische Trägerdichte n_i klein ist. Durch Zugabe von Fremdatomen (Dotieren) hat man die Möglichkeit, die Trägerdichte in sehr weiten Grenzen zu variieren und dadurch den Typ der Leitung, also Elektronen- oder Löcherleitung zu bestimmen. Beim Dotieren von Silizium mit Arsen, einem fünfwertigen Element, werden die Arsenatome Gitterplätze von Siliziumatomen einnehmen. Das fünfte Valenzelektron ist aber nur ganz schwach an das Arsenatom gebunden und wird sich schon bei niedrigen Temperaturen als freies Elektron bewegen. Das Arsenatom ist ein Donator und wird bei Abgabe des fünften Elektrons zu einem positiv geladenen, am Ort gebundenen Ion. In gleicher Weise wirkt eine Dotierung mit einem dreiwertigen Atom, z. B. Bor, in Silizium als Akzeptor, d.h. das Boratom bindet ein Elektron und wird zu einem negativ geladenen Ion. Das Defektelektron wird ebenfalls schon bei niedriger Temperatur zu einem frei beweglichen Loch. Im Fall von GaAs kann eine n-Dotierung (Donatordotierung) mit Silizium erreicht werden. Silizium nimmt bei nicht zu hohen Konzentrationen Galliumplätze ein und hat an diesen Plätzen ein Elektron "zuviel", welches leicht ins Leitungsband abgegeben werden kann. Silizium ist der meist verwendete Donator in GaAs. Als Akzeptor wird meist Beryllium (Be) oder zweiwertiges Zink (Zn) verwendet. Die Donator- und Akzeptorniveaus liegen bei Silizium um mindestens 40 meV von den Bandkanten entfernt im Bereich der Energielücke. In GaAs sind die Donator- und Akzeptorniveaus nur ca. 6 meV von der Bandkante entfernt. Damit ist im GaAs die Dotierung auch bei sehr tiefen Temperaturen elektrisch aktiv, während bei Silizium bei Temperaturen von $T < 50$ K ein "Ausfrieren" der Träger stattfindet, d.h. die Donatoren (Akzeptoren) sind nur noch teilweise ionisiert.

Die Dichte der Elektronen n und der Löcher p wird bestimmt durch die Dichte der möglichen Zustände $D(W)$ im Valenz- und Leitungsband sowie durch die Besetzungswahrscheinlichkeit $F(W)$ der Fermiverteilung

$$n = \int\limits_{W_L}^{\infty} D(W)\, F(W)\, \mathrm{d}W \tag{5.8}$$

$$p = \int\limits_0^{W_V} D(W)\,(\,1 - F(W)\,)\;\mathrm{d}W \tag{5.9}$$

mit der Fermiverteilung $F(W)$

$$F(W) = \frac{1}{1 + \mathrm{e}^{(\,W - W_F\,)/kT}} \tag{5.10}$$

Die Fermienergie W_F entspricht der Energie W, bei der eine Besetzungswahrscheinlichkeit von 0.5 auftritt. Die Fermienergie ist eine Referenzenergie, die in einem im thermodynamischen Gleichgewicht befindlichen System ortsunabhängig ist. Sie hat dadurch den Charakter eines chemischen (Gleichgewichts-) Potentials. In einem homogenen Halbleiter stellt sich W_F so ein, dass die Ladungsneutralität erhalten bleibt. Figur 5.6 zeigt das Bändermodell, die Zustandsdichte $D(W)$, die Fermiverteilung $F(W)$ und die daraus resultierende Ladungsträgerverteilung

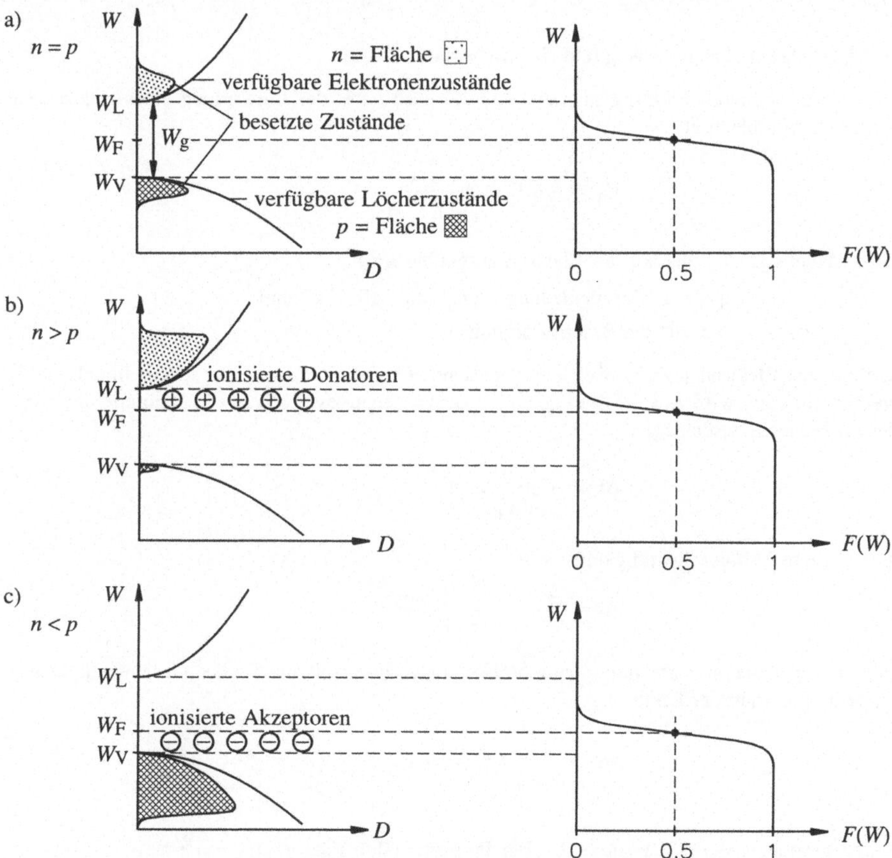

Figur 5.6   Schematische Darstellung der Zustandsdichte, der Ladungsträgerverteilung und der Fermiverteilung des a) undotierten (intrinsischen), b) n-dotierten, c) p-dotierten Halbleiters im thermischen Gleichgewicht.

$n(W)$ und $p(W)$ für den intrinsischen, den n-dotierten und den p-dotierten Halbleiter. Im Gleichgewichtszustand ist sowohl der dotierte als auch der intrinsische Halbleiter ladungsneutral.

Es gilt daher: $\qquad n + N_A = p + N_D$ $\qquad\qquad\qquad\qquad\qquad\qquad$ (5.11)

$\qquad$ mit $\qquad n$: Elektronendichte

$\qquad\qquad\qquad p$: Löcherdichte

$\qquad\qquad\qquad N_A$: Akzeptorendichte (Dichte der ionisierten Akzeptoren)

$\qquad\qquad\qquad N_D$: Donatorendichte (Dichte der ionisierten Donatoren)

Im relativ niedrig dotierten Halbleiter (N_A, $N_D \ll N_L$, N_V) gilt das Massenwirkungsgesetz (5.1), das aus (5.8), (5.9), (5.10) folgt (ohne detaillierte Herleitung)

$$n\,p = n_i^2 = N_L\,N_V\,e^{-W_g/(k\,T)} \qquad\qquad\qquad (5.12)$$

5.4 Driftstrom, Trägerbeweglichkeit und Streuprozesse

Ein frei bewegliches Elektron im Leitungsband wird unter der Einwirkung eines elektrischen Feldes E beschleunigt

$$F_n = -q\,E = m_n^* \frac{d^2x}{d\,t^2} \qquad\qquad\qquad (5.13)$$

dabei sind F_n die auf das Elektron ausgeübte Kraft,

$\qquad$ q die Elektronenladung, $q = 1.602 \cdot 10^{-19}$ C und

$\qquad d^2x/dt^2$ die Beschleunigung.

Erfährt das Elektron jeweils nach einer mittleren Flugzeit τ Stösse, die seinen Impuls völlig verändern, dann wird es im Mittel den Weg Δx zwischen zwei Stössen in Richtung des angelegten Feldes E zurücklegen

$$\Delta x = -\frac{1}{2}\frac{q}{m_n^*} E\,\tau^2 \qquad\qquad\qquad (5.14)$$

Die mittlere Driftgeschwindigkeit v_D ist

$$v_D = \frac{\Delta x}{\tau} = -\frac{1}{2}\frac{q}{m_n^*}\tau\,E$$

Bei einer genaueren Betrachtung unter Verwendung einer Boltzmannschen Geschwindigkeitsverteilung entfällt der Faktor 1/2

$$v_D = -\frac{q}{m_n^*}\tau\,E = \mu_n\,E \qquad\qquad\qquad (5.15)$$

v_D ist proportional zur Feldstärke E. Der Proportionalitätsfaktor $\mu_n = \dfrac{q}{m_n^*}\tau$ ist die Elektronenbeweglichkeit oder -mobilität. In gleicher Weise wird die Löcherbeweglichkeit μ_p definiert.

Die durch Diffusion erzeugte Elektronenstromdichte J_n und Löcherstromdichte J_p ist

$$J_n = q\,\mu_n\,n\,E \tag{5.16}$$

$$J_p = q\,\mu_p\,p\,E \tag{5.17}$$

Bei allen bekannten Halbleitern ist μ_n grösser als μ_p. Die Mobilitäten bestimmen als wichtigsten Faktor die Schaltgeschwindigkeit oder die maximal mögliche Betriebsfrequenz von Halbleiterbauelementen. Die folgende Tabelle zeigt die Elektronen- und Löchermobilitäten und die Bandlücke W_g für einige hochreine Halbleiter:

Halbleiter	μ_n $[\mathrm{cm^2/Vs}]$	μ_p $[\mathrm{cm^2/Vs}]$	W_g $[\mathrm{eV}]$
Ge	3900	1900	0.66
Si	1500	450	1.11
GaAs	8500	400	1.42
InP	4600	150	1.34
$\mathrm{Ga_{0.47}In_{0.53}As}$	8900		0.71
$\mathrm{Ga_{0.27}In_{0.5}P_{0.4}As_{0.6}}$	7000		0.88
InSb	80000	1250	0.17

Es zeigt sich, dass die höchsten Elektronenbeweglichkeiten bei Halbleitern mit sehr niedriger Bandlücke W_g auftreten. Um Halbleiterbauelemente in einem vernünftigen Temperaturbereich betreiben zu können, sollte die Bandlücke $W_g > 0.7\mathrm{eV}$ sein. Halbleiterbauelemente mit niedrigerer Bandlücke müssen im Betrieb gekühlt werden.

Die in der Tabelle angegebenen Werte der Mobilitäten gelten für reine, undotierte Materialien. Mit dem Einbringen von Dotierungen erfahren die Ladungsträger zusätzliche Stösse an den ionisierten Störstellen. Die Beweglichkeiten werden daher im dotierten Material reduziert. Figur 5.7 zeigt die Mobilität als Funktion der Störstellendichte für Silizium und GaAs.

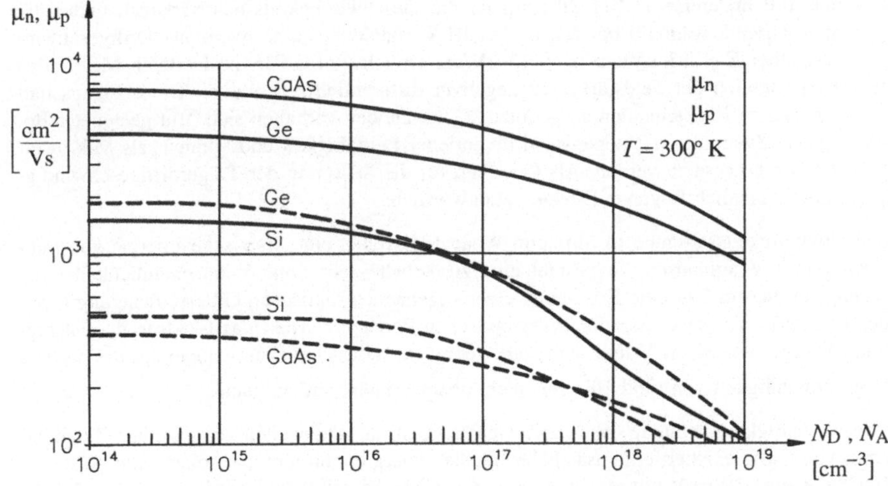

Figur 5.7   Elektronen- und Löcherbeweglichkeiten als Funktion der Störstellendichte für Ge, Si und GaAs [1].

Bei hohen elektrischen Feldstärken bleibt die Proportionalität zwischen der Trägergeschwindigkeit v_D und der Feldstärke nicht mehr erhalten: Es tritt eine Sättigung der Driftgeschwindigkeit ein. Figur 5.8 zeigt die Driftgeschwindigkeit v_D als Funktion der Feldstärke E für Elektronen in undotiertem Ge, Silizium, GaAs und InP.

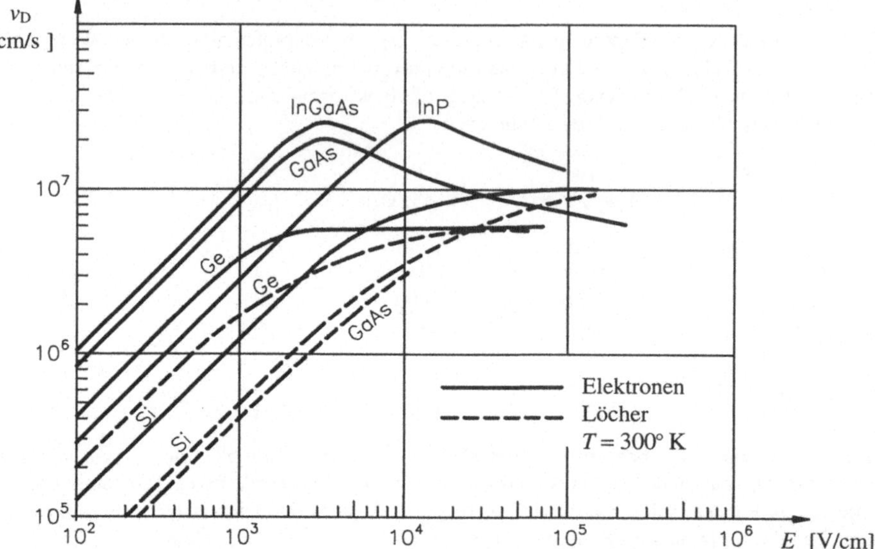

Figur 5.8   Driftgeschwindigkeit v_D der Elektronen und Löcher als Funktion der elektrischen Feldstärke E in undotiertem Ge, Si, GaAs, InP und InGaAs bei $T = 300°$K.

Offensichtlich verläuft die Geschwindigkeitssättigung unterschiedlich für Si einerseits und GaAs und InP andererseits. Bei Silizium ist die Geschwindigkeits-Feldstärkencharakteristik monoton wachsend, während bei den beiden III-V Halbleitern eine maximale Driftgeschwindigkeit v_{max} bei $E = 3.3$ kV/cm bzw. 13 kV/cm erreicht wird. Für die letzteren Materialien existiert ein Bereich der Feldstärke mit negativer differentieller Mobilität. Diese Eigenschaft wird in speziellen Bauelementen ausgenützt: Gunn-Dioden verhalten sich mit geeigneter Beschaltung wie Zweipole mit negativer differentieller Leitfähigkeit und können als Mikrowellenoszillatoren eingesetzt werden. Als Ursachen für die Sättigung der Trägerdriftgeschwindigkeit sind hauptsächlich folgende Effekte verantwortlich:

1. Geschwindigkeitssättigung in Silizium: Wenn Elektronen eine kinetische Energie von mindestens 63 meV aufweisen, so besteht eine zusätzliche sehr hohe Wahrscheinlichkeit einer Streuung, in diesem Fall eine Erzeugung einer sogenannten optischen Gitterschwingung (optisches Phonon). Mit der Generation eines optischen Phonons verliert das Elektron die entsprechende Energie von 63 meV und wird stark gebremst, sodass bei Raumtemperatur die mittlere Driftgeschwindigkeit von rund 10^7 cm/s nicht überschritten werden kann.

2. Geschwindigkeitssättigung in GaAs: Gemäss dem in Figur 5.5a dargestellten Banddiagramm von GaAs existiert ein zusätzliches lokales Energieminimum, ein sogenanntes "satellite valley", das um 310 meV höher liegt als das Zentraltal. Dieses Satellitental weist eine sehr viel kleinere Krümmung auf als das Zentraltal; die dazugehörige effektive Masse der Elektronen ist daher um ein Vielfaches grösser und die Beweglichkeit entsprechend kleiner

($\mu_e \approx 200\ cm^2/Vs$). Ein Elektron, welches in das Satellitental gestreut wird, bleibt für eine relativ lange Zeit (einige ns) dort gefangen. Bei sehr hohen Feldstärken wird die Population im Satellitental immer grösser und die Beweglichkeit nähert sich dem entsprechenden tiefen Wert. Bei kleinem Feld entspricht μ_e der Beweglichkeit im Zentraltal, bei grossem Feld dem Wert im Satellitental. Im Zwischenbereich der Feldstärke kann daher μ_e einen negativen differentiellen Wert annehmen.

5.5 Diffusionsstrom, Transportgleichungen

Besteht in einem Halbleiter ein Gradient in der Dichte der Elektronen oder Löcher, dann setzt, falls keine anderen Kräfte vorhanden sind, ein Teilchenstrom in Gegenrichtung zum Konzentrationsgradienten ein. Die resultierenden elektrischen Stromdichten J_{nD} und J_{pD} sind

$$J_{nD} = q\,D_n\,\nabla n \tag{5.18}$$

$$J_{pD} = -q\,D_p\,\nabla p \tag{5.19}$$

mit $\quad D_n$: Elektronen-Diffusionskonstante
$\quad\quad\quad D_p$: Löcher-Diffusionskonstante

Bei kleinen Teilchengeschwindigkeiten gilt die Einsteinsche Beziehung

$$D_{n,p} = \frac{k\,T}{q}\,\mu_{n,p} = U_T\,\mu_{n,p} \tag{5.20}$$

mit der Temperaturspannung $U_T = k\,T/q$
(bei $T = 300$ K ist $U_T \approx 26$ mV)

Bei einer Abweichung vom thermodynamischen Gleichgewicht kann die Stromdichte allgemeiner angeschrieben werden. Sie enthält in diesem Fall gemäss (5.16), (5.18) und (5.19) einen Drift- und einen Diffusionsanteil. Es gelten somit die

$$\boxed{\begin{array}{l} \text{Transportgleichungen} \\[4pt] J_n = q\,\mu_n\,n\,E + q\,D_n\,\nabla n \\[4pt] J_p = q\,\mu_p\,p\,E - q\,D_p\,\nabla p \end{array}} \tag{5.21}$$

Die Transportgleichungen (5.21) können durch geeignete Definition zweier Potentiale, Φ_n für die Elektronen und Φ_p für die Löcher, vereinfacht werden

$$\boxed{\begin{array}{l} J_n = -q\,\mu_n\,n\,\nabla\Phi_n \\[4pt] J_p = -q\,\mu_p\,p\,\nabla\Phi_p \end{array}} \tag{5.22}$$

Φ_n und Φ_p sind die sogenannten elektrochemischen Potentiale oder die Quasi-Fermipotentiale der Elektronen und der Löcher. Im thermodynamischen Gleichgewicht sind die beiden Potentiale ortsunabhängig und es gilt

$$\Phi_n = \Phi_p = -\frac{W_F}{q} \tag{5.23}$$

Dabei ist W_F die in Abschnitt 5.3 eingeführte Fermienergie. Im thermodynamischen Gleichgewicht bestehen folgende Beziehungen zwischen der Fermienergie und den Trägerdichten

$$n = N_L\, e^{-(W_L - W_F)/(k\,T)}$$

$$p = N_V\, e^{-(W_F - W_V)/(k\,T)}$$

(5.24)

Mit $W_L - W_V = W_g$ folgt aus (5.24) unmittelbar (5.1). Man kann nun zeigen, dass (5.24) für das thermodynamische Ungleichgewicht erweitert werden kann

$$n = N_L\, e^{(\Phi_L - \Phi_n)\,q/(k\,T)}$$

$$p = N_V\, e^{(\Phi_p - \Phi_V)\,q/(k\,T)}$$

(5.25)

mit Φ_L: Leitungsbandkantenpotential, $\Phi_L = -W_L/q$

und Φ_V: Valenzbandkantenpotential, $\Phi_V = -W_V/q$

Die Gleichungen (5.22) und (5.25) sind die wichtigsten Resultate der sogenannten Boltzmann-Approximation. Sie sind gültig, solange die Quasi-Fermipotentiale im Bereich der Bandlücke liegen. Sie können aber mit einer Modifikation der effektiven Zustandsdichte N_L und N_V auch

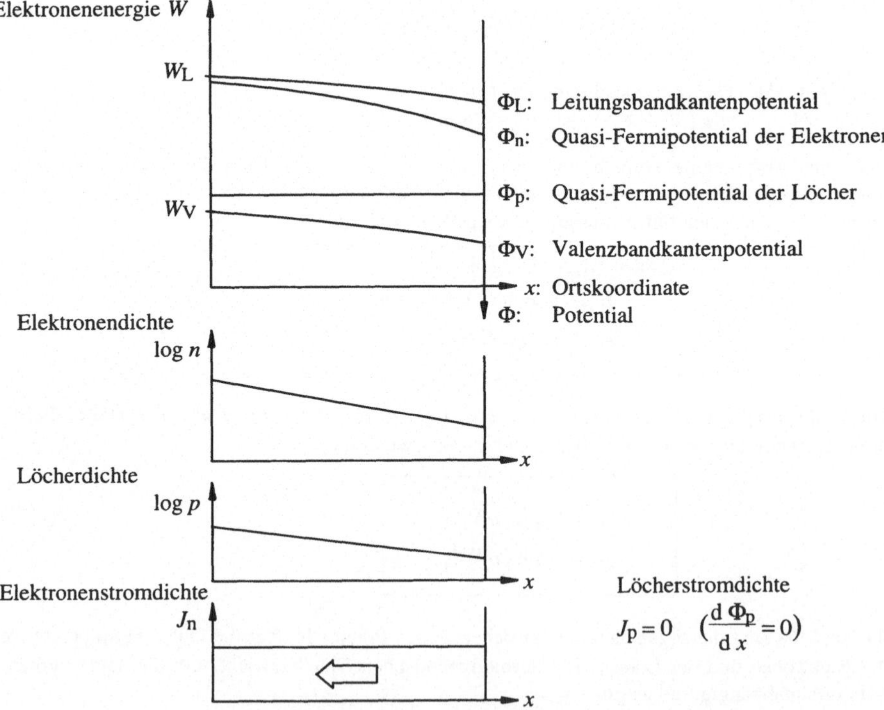

Figur 5.9   Hypothetischer Bandverlauf in einem Halbleiter im thermodynamischen Ungleichgewicht zur Illustration der Gleichungen (5.22) und (5.25).

für den sogenannten entarteten Halbleiter, d.h. wenn Φ_n und Φ_p im Leitungs- bzw. im Valenzband liegen, verwendet werden. Figur 5.9 zeigt schematisch eine rein hypothetische Bandverteilung im Inneren eines Halbleiters im thermodynamischen Ungleichgewicht.

5. 6 Rekombination, Generation, Kontinuitätsgleichung

Der Gleichgewichtszustand zwischen Elektronen- und Löcherdichte ist durch die Gleichung (5.12) gegeben

$$p\,n = n_i^2$$

Bei einem Ungleichgewicht, z. B. einem Überschuss von Elektronen in einem p-dotierten Halbleiter, tritt Rekombination ein, d. h. ein Elektron-Loch-Paar neutralisiert sich unter Erhaltung der Energie und des Impulses. Figur 5.10 zeigt schematisch diesen Rekombinationsvorgang.

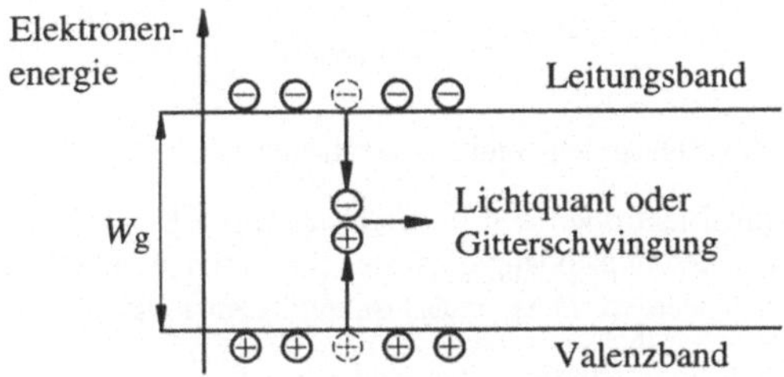

Figur 5.10   Rekombinationsvorgang: Ein rekombinierendes Elektron-Loch-Paar erzeugt ein Lichtquant oder eine Gitterschwingung.

Wenn das rekombinierende Elektron-Loch-Paar einen verschwindenden resultierenden Gesamtimpuls hat, entsteht mit grosser Wahrscheinlichkeit ein Lichtquant. Wie in Figur 5.5 gezeigt worden ist, weist GaAs einen direkten Bandübergang und damit keinen (oder nur einen sehr kleinen) Gesamtimpuls für ein Elektron-Loch-Paar auf. Daher wird in GaAs eine Rekombination zu einer Emission eines Lichtquants führen. Die Energie des Lichtquants entspricht dann der Energie der Bandlücke W_g, und es gilt für die Wellenlänge λ der emittierten Strahlung (analog zur Absorption (5.3))

$$\lambda = \frac{1.23977\ \mu m\ eV}{W_g} \tag{5.26}$$

In Halbleitern mit indirektem Bandübergang wird wegen des nicht verschwindenden Gesamtimpulses bei einer Rekombination eine Gitterschwingung (Phonon) angeregt. Makroskopisch wirkt sich das so aus, dass die Energie des Elektron-Loch-Paars in Wärme umgewandelt wird. Bei relativ geringer Abweichung von den Gleichgewichtskonzentrationen gilt für die Rekombinationsraten der Elektronen $R_n = -\mathrm{d}n/\mathrm{d}t$ und der Löcher $R_p = -\mathrm{d}p/\mathrm{d}t$

$$\text{im p-dotierten Material:} \quad R_n = -\mathrm{d}n/\mathrm{d}t = (n - n_{po})/\tau_n \tag{5.27}$$
$$\text{im n-dotierten Material:} \quad R_p = -\mathrm{d}p/\mathrm{d}t = (p - p_{no})/\tau_p$$

n_{po} und p_{no} sind die Minoritätsträgerdichten der Elektronen und Löcher im thermodynamischen Gleichgewicht. τ_n und τ_p sind die mittleren Minoritätsträgerlebensdauern der Elektronen und Löcher.

τ_n und τ_p sind stark abhängig von der Dotierung und haben folgende typische Bereiche

> Silizium: τ_n, τ_p = 100 µs .... 100 ps
> GaAs: τ_n, τ_p = 10 ns .... 0.1 ps

Wenn die Minoritätsträgerdichte unter dem Gleichgewichtswert liegt, z. B. $n < n_{po}$, dann wird sich eine thermische *Trägergeneration* einstellen, wobei (5.27) gültig bleibt. Eine Trägergeneration kann aber auch mit anderen Mitteln wie mit Einstrahlung von Licht, Röntgenstrahlung usw. erreicht werden.

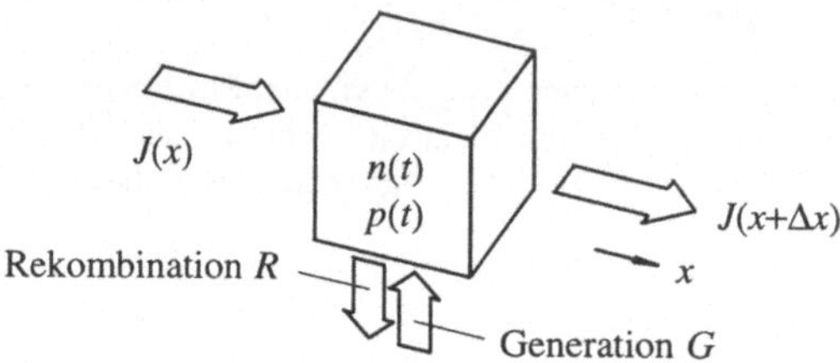

Figur 5.11   Kontinuität des Elektronen- und Löcherstroms.

In einem Elementarvolumen mit Elektronen und Löchern kann, mit Kenntnis der Generations- und Rekombinationsraten sowie der Ortsabhängigkeit der Stromdichte, eine Trägerbilanz oder *Kontinuitätsgleichung* aufgestellt werden. Diese lautet im eindimensionalen Fall (Figur 5.11)

$$\frac{dn}{dt} = G_n - R_n + \frac{1}{q}\frac{dj_n}{dx} \tag{5.28}$$

$$\frac{dp}{dt} = G_p - R_p - \frac{1}{q}\frac{dj_p}{dx}$$

mit G_n und G_p : Generationsraten der Elektronen und Löcher

5.7 Minoritätsträgerinjektion

Als Beispiel für die Anwendung der Diffusionsgleichung und der Kontinuitätsgleichung wird der in Halbleiterbauelementen häufig auftretende Fall der Minoritätsträgerinjektion, dargestellt in Figur 5.12, betrachtet.

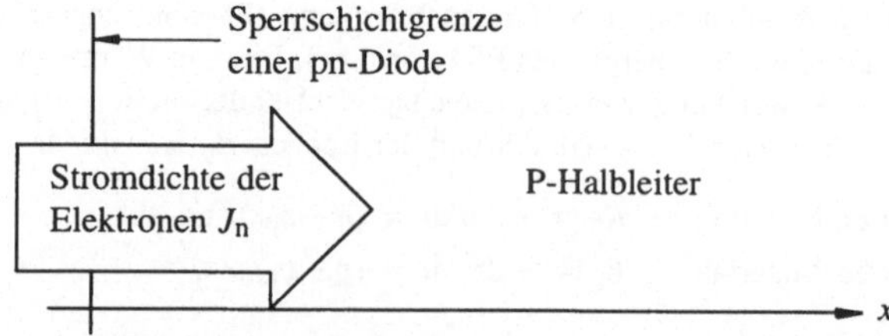

Figur 5.12   Minoritätsträgerinjektion: Eine Elektronenstromdichte J_n wird in ein
              p-dotiertes Gebiet injiziert.

Wird beispielsweise in ein p-dotiertes Gebiet durch eine ebene Grenzfläche ein Elektronen-strom mit einer Stromdichte J_n injiziert, dann wird sich im p-Gebiet eine Elektronendichte $n(x)$ einstellen, die abhängig von der Distanz zur Grenzfläche ist und die nicht mehr der Gleichge-wichtskonzentration $n = n_i^2/N_A$ entspricht. Für diesen eindimensionalen Fall mit einem Überschuss an Elektronen (Minoritätsträgern) gelten (5.27) und (5.28).

Im stationären Fall gilt für die Minoritätsträgerdichte der Elektronen n_p unter Vernachlässi-gung der Trägergeneration ($G_n = 0$)

$$\frac{dn_p}{dt} = 0 = -R_n + \frac{1}{q}\frac{dj_n}{dx} \tag{5.29}$$

mit $\qquad\qquad R_n = \frac{n_p - n_{po}}{\tau_n}$

Nach (5.22) ist der Diffusionsstrom der Elektronen

$$J_n = q\, D_n \frac{dn_p}{dx} \tag{5.30}$$

Damit finden wir die folgende Differentialgleichung für die Minoritätsträgerdichte

$$\frac{n_p - n_{po}}{\tau_n} = D_n \frac{d^2 n_p}{dx^2} \tag{5.31}$$

Für die Randbedingungen $\quad n_p = n_p(0) \qquad$ für $\quad x = 0$
$$n_p = n_{po} \qquad \text{für} \quad x \to \infty$$
ergibt sich die Minoritätsträgerdichte aus der Lösung der Differentialgleichung (5.31)

$$n_p = n_{po} + (\,n_p(\,0\,) - n_p\,)\,e^{-x/L_n} \tag{5.32}$$

Diese mit x exponentiell abfallende Minoritätsträgerdichte ist in Figur 5.13 dargestellt.

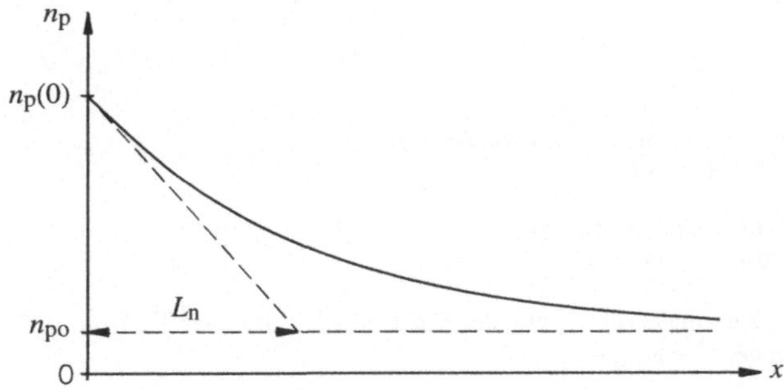

Figur 5.13   Minoritätsträgerdichte als Funktion des Ortes.

Der Parameter L_n wird Elektronen-Diffusionslänge genannt und ist wie folgt definiert

$$L_n = \sqrt{\tau_n D_n} \tag{5.33}$$

Im undotierten Material kann die Diffusionslänge, d.h. die Eindringtiefe der Minoritätsträger, sehr gross werden. Im intrinsischen Silizium mit einer Trägerlebensdauer von $\tau_n = 100\ \mu s$ und einer Diffusionskonstanten $D_n = 40\ cm^2/s$ beträgt $L_n \approx 630\ \mu m$. In typischen Bauelementen treten aber bedeutend kürzere Lebensdauern und Diffusionslängen auf. Für Silizium ist $L_n < 10\ \mu m$ und für GaAs $L_n < 2\ \mu m$.

Mit (5.30) wurde vorausgesetzt, dass der Elektronenstrom nur durch Diffusion hervorgerufen wird und dass das elektrische Feld $E = 0$ sei. Diese Voraussetzung ist bei den meisten Bauelementen mit Gebieten grosser Minoritätsträgerdichten weitgehend zutreffend, z. B. in der Basiszone von Bipolartransistoren, in den Bahngebieten von Dioden und in den aktiven Zonen von PIN-Dioden, Lumineszenzdioden und Laser-Dioden.

5. 8 Technische Anwendung verschiedener Halbleiter

Die folgende Zusammenstellung zeigt den heutigen Stand der Anwendungen verschiedener Halbleitermaterialien in der Höchstfrequenztechnik und der Optoelektronik.

Halbleiter	HF- und OE-Anwendungen
Germanium	Photodetektoren
Silizium	PN-Dioden, PIN-Dioden, Schottky-Dioden, Bipolartransistoren, MOSFETs, Photodetektoren: PIN, APD
Gallium - Arsenid + Al	GaAs-FETs (= MESFETs), HEMTs, Schottky-Dioden, PIN-Dioden Lumineszenzdioden (LED), Laserdioden, Photodetektoren (PIN), Hetero-Bipolartransistoren
Indium-Phosphid + Ga, As	Lumineszenzdioden, Laserdioden, Photodetektoren: PIN, APD, Hetero-Bipolartransistoren *, HEMTs *, MISFETs *
	* in Forschung und Entwicklung (Stand 1998)

Literatur

[1] S.M. Sze: *Physics of Semiconductor Devices*.
New York: Wiley, 1981.

[2] S.M. Sze: *Semiconductor Devices*, Physics and Technology.
New York: Wiley, 1985.

[3] R. Müller: "Grundlagen der Halbleiter-Elektronik", *Halbleiter-Elektronik*. Band 1,
Berlin: Springer Verlag, 1987.

[4] W. Kellner, H. Kniekamp: "GaAs-Feldeffekttransistoren", *Halbleiter-Elektronik*. Band 16,
Berlin: Springer Verlag, 1989.

[5] F.Y. Wang: *Introduction to Solid State Electronics*.
Amsterdam: North-Holland , 1989.

6 Halbleiterdioden der Hochfrequenztechnik

Ein Blick in den Aufbau der heute gebräuchlichen Halbleiterbauelemente zeigt, dass diese ausnahmslos pn-Kontakte und Schottky-Kontakte beinhalten. Die Übergänge zwischen verschieden dotierten Halbleitern sowie zwischen Metallen und Halbleitern sind somit Grundelemente aller Halbleiterbauelemente, von Leistungshalbleitern über Mikrowellenkomponenten bis zu optoelektronischen Komponenten.

Die gleichrichtende Eigenschaft von Metall-Halbleiterkontakten ist sehr früh entdeckt worden. Karl Ferdinand Braun berichtete schon 1874 über diesen Effekt von Metallelektroden auf Bleisulfid- (Bleiglanz-) Kristallen. Die sogenannten Punktkontaktdioden fanden bald Anwendungen und können als die ersten technischen Halbleiterbauelemente bezeichnet werden. Als Detektoren im Millimeterwellengebiet werden sie noch heute eingesetzt, allerdings mit besser geeigneten Halbleiterkristallen, wie Silizium und Gallium-Arsenid.

In diesem Kapitel werden die physikalischen Grundlagen des pn-Kontaktes und des Metall-Halbleiterkontaktes beschrieben. Aufbauend auf diesen Grundstrukturen werden die für die Mikrowellentechnik wichtigen Dioden wie PIN-Diode, Varaktordiode und Speicher-Diode eingeführt.

6.1 Die pn-Diode

Eine pn-Diode ist ein kristallographisch perfekter Übergang von einem n-dotierten zu einem p-dotierten Halbleiter. In einem Gedankenexperiment betrachten wir die beiden Materialien getrennt und stellen fest, dass im p-dotierten Halbleiter die Fermienergie nahe der Valenzbandkante und im n-dotierten Material nahe der Leitungsbandkante liegt (siehe Kapitel 5.3).

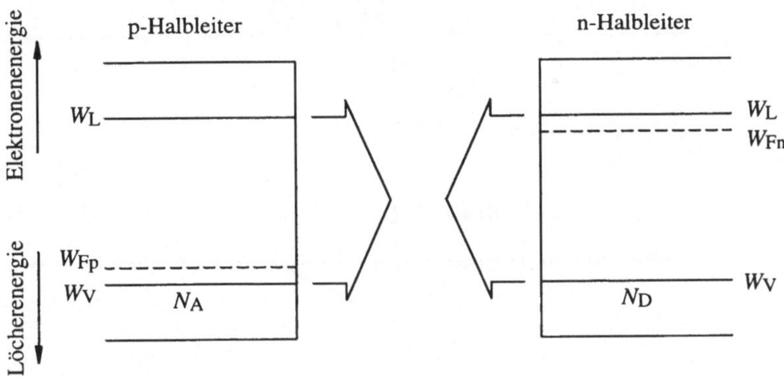

Figur 6.1   Energieniveaus von getrennten p- und n-dotierten Halbleitern.

Figur 6.1 zeigt die Lage der Fermienergie in zwei getrennten p- und n-dotierten Halbleiterblöcken. Werden die beiden Materialien nun in engen, idealen Kontakt gebracht, dann wird im ersten Augenblick die grosse Elektronendichte auf der n-Seite einer verschwindend kleinen Elektronendichte auf der p-Seite gegenüberstehen. Dieser grosse Dichtegradient bewirkt einen Diffusionsstrom von Elektronen in das p-Gebiet und gleichermassen von Löchern in das n-Gebiet. Mit dem Abfliessen von Elektronen und Löchern verbleiben im Bereich des Übergangs die ionisierten Atomrümpfe als unbewegliche Raumladung. Diese Raumladung mit unterschiedlichem Vorzeichen beidseits der Kontaktfläche bewirkt eine Potentialdifferenz und damit ein elektrisches Feld, welches der Diffusionskraft entgegenwirkt. Der Fluss von Elektronen und Löchern kommt dann zum Erliegen, wenn die Diffusionskraft auf die beweglichen Träger durch die entgegenwirkende Feldkraft aufgehoben wird. Der Aufbau der Raumladungszonen bewirkt gleichzeitig eine Verschiebung der Energiebänder: Die n-Seite, mit positiver Raumladung, kommt potentialmässig höher zu liegen, d. h. die im Banddiagramm dargestellte Elektronenenergie ist in der n-Zone niedriger als in der p-Zone. Gemäss Abschnitt 5.5 ist die Fermienergie in einem System im thermodynamischen Gleichgewicht ortsunabhängig. In unserem Fall wird das Gleichgewicht dann erreicht sein, wenn sich die Niveaus auf beiden Seiten des Kontaktes so weit verschoben haben, dass die Fermienergie konstant wird. Das Verhalten des pn-Kontaktes im thermischen Gleichgewicht ist in Figur 6.2 dargestellt.

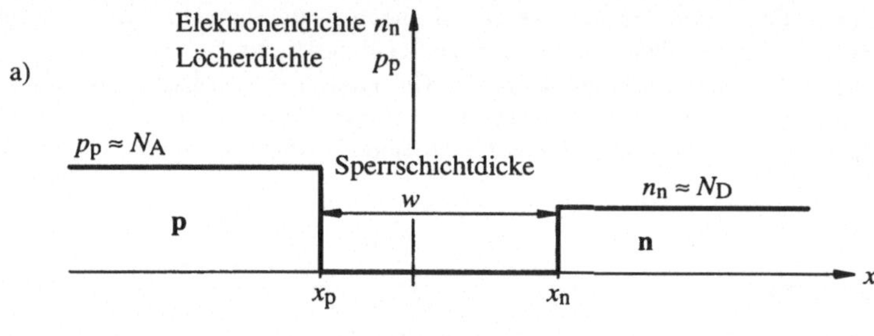

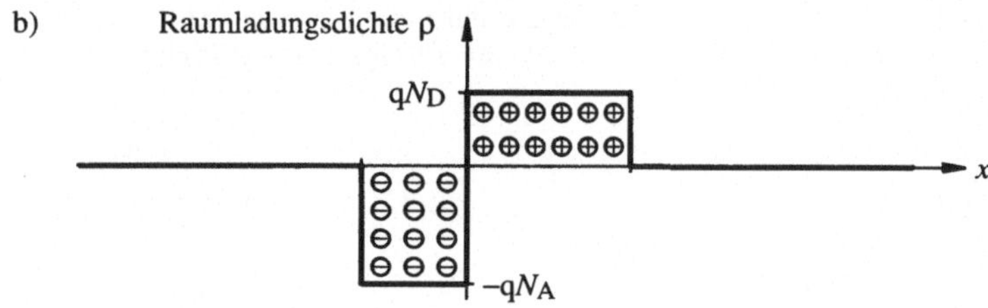

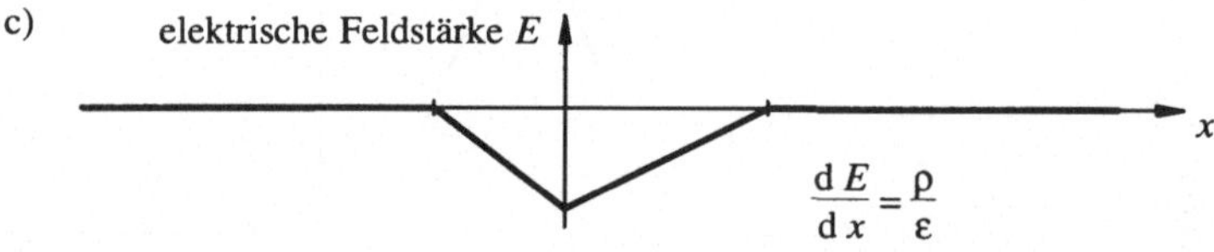

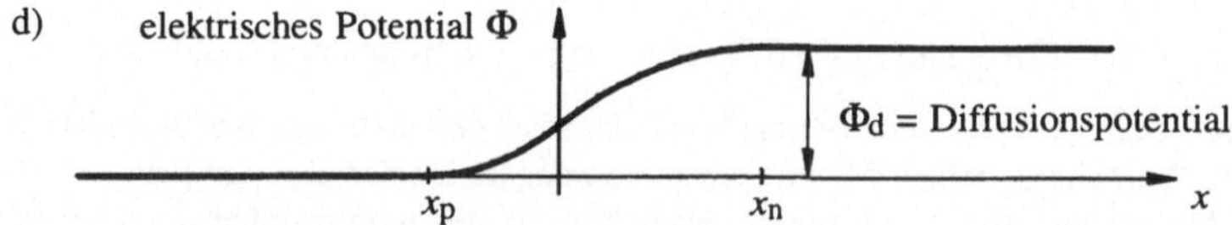

Figur 6.2   pn-Kontakt im thermischen Gleichgewicht.
a) Verteilung der Elektronendichte n_n und der Löcherdichte p_p,
b) Raumladungsdichte ρ der ionisierten Donatoren und Akzeptoren beidseits der Kontaktfläche,   c) elektrisches Feld E und d) elektrisches Potential Φ.

Das elektrische Potential über dem Kontakt, das sogenannte Diffusionspotential Φ_d, entspricht daher dem Unterschied der Fermipotentiale der getrennten p- und n-Halbleiter

$$\Phi_d = \frac{W_{Fn} - W_{Fp}}{q} \tag{6.1}$$

Nach (5.24) ist im p-Gebiet mit der Akzeptorendichte $N_A \approx p$

$$W_{Fp} = W_V - kT \ln(N_A/N_V) \tag{6.2}$$

und im n-Gebiet mit $N_D \approx n$

$$W_{Fn} = W_L + kT \ln(N_D/N_L) \tag{6.3}$$

Mit der Bandlückenenergie $W_g = W_L - W_V$ finden wir mit (6.2) und (6.3) in (6.1) eingesetzt

$$\Phi_d = \left| \frac{W_g}{q} \right| + \frac{kT}{q} \ln\left(\frac{N_A\, N_D}{N_V\, N_L} \right) \tag{6.4}$$

Für Halbleiter mit einer Dotierungsdichte nahe der effektiven Zustandsdichte, d.h. $N_D \approx N_L$ und $N_A \approx N_V$, entspricht Φ_d dem Betrag des Quotienten aus Bandlücke und Elektronenladung. Für eine Reduktion der Dotierung N_A oder N_D um einen Faktor 10 wird die Diffusionsspannung Φ_d um 2.3 kT/q reduziert; bei Raumtemperatur $T = 290$ K ist dies 60 mV.

Genau betrachtet ist auch Gleichung (6.4) nur für den nichtentarteten Fall, d.h. $N_D < N_L$ und $N_A < N_V$ gültig. Werden die effektiven Zustandsdichten N_V und N_L dotierungsabhängig gemacht, kann der Gültigkeitsbereich auf den entarteten Zustand erweitert werden.

6.1.1 Die Strom-Spannungscharakteristik der idealen pn-Diode

Im vorigen Abschnitt wurde gezeigt, dass im pn-Kontakt im Gleichgewichtszustand das Potential der n-Zone um das Diffusionspotential Φ_d höher liegt als dasjenige der p-Zone. Diese Potentialschwelle wirkt der Diffusionskraft entgegen, die sich wegen der grossen Konzentrationsunterschiede der beweglichen Träger beidseits des Kontaktes einstellt. Es ist somit zu erwarten, dass ein Diffusionsstrom einsetzt, wenn diese Potentialschwelle durch Anlegen einer äusseren Spannung reduziert wird. Dies ist der Fall, wenn die Diode in Flussrichtung gepolt wird. Wird dagegen das Kontaktpotential von aussen erhöht, dann wird das elektrische Feld in einem Gebiet, das frei von beweglichen Ladungsträgern ist, verstärkt, sodass das höhere Feld nur einen sehr kleinen Strom, den Sperrstrom, bewirken kann. Als erstes soll die Strom-Spannungscharakteristik des pn-Kontaktes betrachtet werden.

Wird in einem pn-Kontakt das Diffusionspotential mit einer von aussen angelegten Spannung um u_D reduziert, dann reduziert sich die Dicke der Raumladungszone so, dass darüber nur noch die Spannung $\Phi_d - u_D$ abfällt. Tief in den Bahngebieten der p- und n-Zone bleiben die Trägerdichten unverändert, es gilt für die Löcher-Majoritätsdichte p_p im p-Gebiet

$$p_p\, n_{po} = n_i^2 \tag{6.5}$$

und für die Elektronen-Majoritätsdichte n_n im n-Gebiet

$$n_n\, p_{no} = n_i^2 \tag{6.6}$$

Wie im Gleichgewichtsfall ist die Majoritätsträgerdichte bis zum Sperrschichtrand konstant und ungefähr gleich der Donator- bzw. Akzeptorendichte

$$n_\mathrm{n} \approx N_\mathrm{D} , \qquad p_\mathrm{p} \approx N_\mathrm{A} \tag{6.7}$$

Dieser Zustand ist in Figur 6.3 dargestellt.

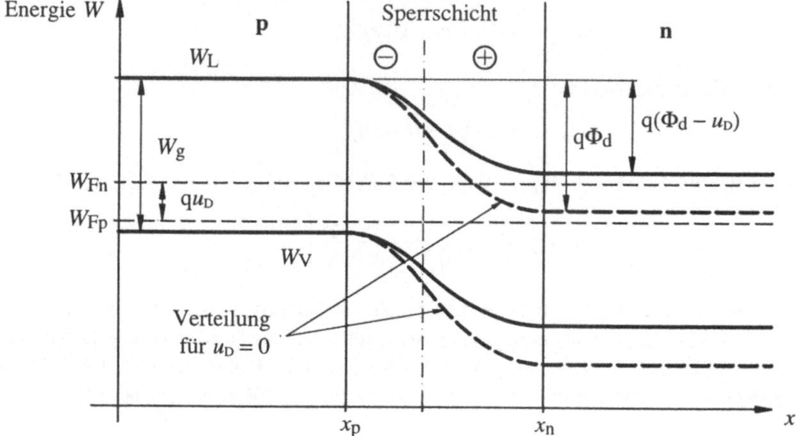

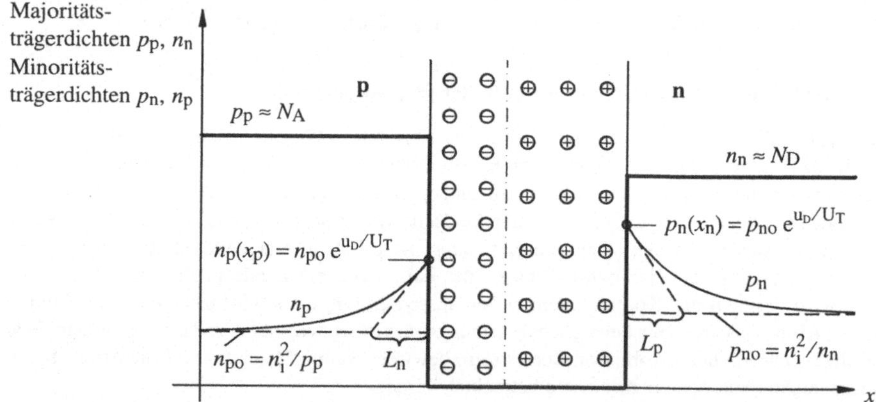

Figur 6.3   Energieverteilung und Trägerdichten in der in Flussrichtung vorgespannten Diode.

Von besonderem Interesse ist nun das Verhalten der Minoritätsträger im feldfreien Gebiet nahe dem Rand der Raumladungszone. Die Majoritätsträger des n-Gebietes, die Elektronen, können die Potentialschwelle bei genügender kinetischer Energie überwinden und auf die p-Seite gelangen. Es ist naheliegend, dass sie beim Durchqueren der Sperrschicht durch Stossprozesse etwas an Energie verlieren. Man kann aber zeigen, dass dieser Energieverlust, verglichen mit der Potentialdifferenz über der Sperrschicht, klein ist.

Mit guter Näherung gilt daher:

> Am Sperrschichtrand haben die Minoritätsträger die gleiche
> elektro-chemische Energie (Fermienergie) wie die Majoritätsträger
> auf der Gegenseite der Sperrschicht.

Gegenüber dem Gleichgewichtsfall hat sich die Fermienergie der Elektronen am Sperrschichtrand im p-Gebiet um qu_D erhöht und ist nicht mehr identisch mit der Fermienergie der Löcher. In diesem Ungleichgewichtsfall nennt man die Fermienergien der Ladungsträger die Quasi-Fermienergien der Elektronen W_{Fn} und der Löcher und W_{Fp}. Elektronen und Löcher haben somit nahe der Sperrschicht unterschiedliche Quasi-Fermienergien.

Nach (5.1) gilt auch für den Ungleichgewichtsfall

$$n = N_L \, e^{-(W_L - W_{Fn})/kT} \tag{6.8}$$

$$p = N_V \, e^{-(W_{Fp} - W_V)/kT} \tag{6.9}$$

Eine Erhöhung der Quasi-Fermienergie der Elektronen um qu_D hat eine Erhöhung der Elektronendichte am Sperrschichtrand $n_p(x_p)$ gegenüber der Gleichgewichtsdichte n_{po} zur Folge

$$n_{po} = N_L \, e^{-(W_L - W_F)/kT} \tag{6.10}$$

$$n_p(x_p) = N_L \, e^{-(W_L - W_{Fn})/kT} = n_{po} \, e^{u_D q/kT} \tag{6.11}$$

Für die Löcher kann die gleiche Betrachtung gemacht werden. Daher gilt für beide Minoritätsdichten

$$n_p(x_p) = n_{po} \, e^{u_D q/kT} \tag{6.12}$$

$$p_n(x_n) = p_{no} \, e^{u_D q/kT} \tag{6.13}$$

Die Vorspannung der Diode um die Spannung u_D in Flussrichtung bewirkt also eine Erhöhung der Minoritätsträgerdichten an den Sperrschichträndern um den Faktor $e^{u_D q/kT}$ gegenüber den Minoritätsträgerdichten des Gleichgewichtszustandes. Analog zu (6.4) führt eine Erhöhung der Diodenspannung von 60 mV bei Normaltemperatur zu einer Erhöhung der Minoritätsträgerdichten um einen Faktor 10.

Nach dieser Bestimmung der Minoritätsträgerdichten am Sperrschichtrand können die Minoritätsträgerströme und damit der Gesamtstrom ermittelt werden. Dazu greifen wir zu einem Resultat aus Abschnitt 5.7. Die Verhältnisse im p-Gebiet der Diode entsprechen genau den in Abschnitt 5.7 getroffenen Annahmen: Am Rande eines p-dotierten Gebietes wird ein Elektronenstrom so eingespeist, dass am Ort $x = 0$ die Minoritätsträgerdichte $n(0)$ auftritt. Damit wird sich im p-Gebiet der Diode in gleicher Weise eine exponentiell abfallende Minoritätsträgerdichte einstellen, mit einem Gradienten von $n_p(x)$ bei $x = x_p$ von

$$\frac{dn_p}{dx} = \frac{n_p(x_p) - n_{po}}{L_n} \tag{6.14}$$

dabei ist L_n die Diffusionslänge der Elektronen.

Bei $x = x_\mathrm{p}$ beträgt die Elektronendiffusionsstromdichte

$$J_\mathrm{n} = q \; D_\mathrm{n} \frac{\mathrm{d}n_\mathrm{p}}{\mathrm{d}x} = q \; (n_{\mathrm{p}(x_\mathrm{p})} - n_\mathrm{po}) \frac{D_\mathrm{n}}{L_\mathrm{n}} \tag{6.15}$$

und bei $x = x_\mathrm{n}$ die Löcherdiffusionsstromdichte

$$J_\mathrm{p} = - q \, D_\mathrm{p} \frac{\mathrm{d}p_\mathrm{n}}{\mathrm{d}x} = q \; (p_{\mathrm{n}(x_\mathrm{n})} - p_\mathrm{no}) \frac{D_\mathrm{p}}{L_\mathrm{n}} \tag{6.16}$$

Die Gleichungen (6.15) und (6.16) zusammen mit (6.12), (6.13) und (6.14) liefern die bekannte Beziehung für die Stromdichte der idealen pn-Diode

$$J = J_\mathrm{p} + J_\mathrm{n} = q \left(\frac{p_\mathrm{no} \, D_\mathrm{p}}{L_\mathrm{p}} + \frac{n_\mathrm{po} \, D_\mathrm{n}}{L_\mathrm{n}} \right) (e^{\,u_\mathrm{D}\, q / kT} - 1) \tag{6.17}$$

oder $\qquad\qquad J = J_\mathrm{o} \, (e^{\,u_\mathrm{D}\, q / kT} - 1)$

mit der Sättigungsstromdichte J_o

$$J_\mathrm{o} = q \left(\frac{p_\mathrm{no} \, D_\mathrm{p}}{L_\mathrm{p}} + \frac{n_\mathrm{po} \, D_\mathrm{n}}{L_\mathrm{n}} \right)$$

oder $\qquad\qquad J_\mathrm{o} = q \, n_\mathrm{i}^2 \left(\frac{D_\mathrm{p}}{N_\mathrm{D} \, L_\mathrm{p}} + \frac{D_\mathrm{n}}{N_\mathrm{A} \, L_\mathrm{n}} \right)$

$D_\mathrm{p}, D_\mathrm{n}$: Diffusionskonstanten der Löcher bzw. Elektronen

$L_\mathrm{p}, L_\mathrm{n}$: Diffusionslängen der Löcher bzw. Elektronen

Gleichung (6.17) wurde für eine positive Diodenspannung u_D hergeleitet. Alle Betrachtungen gelten gleichermassen für $u_\mathrm{D} > 0$ wie auch für $u_\mathrm{D} < 0$. So ist (6.17) auch für die in Sperrichtung gepolte Diode gültig.

Figur 6.4 zeigt die normierte Strom-Spannungscharakteristik in logarithmischer Darstellung für die ideale und eine reale Siliziumdiode. Im Flussbereich zeigen sich Abweichungen gegenüber der idealen Diode in Form eines zusätzlichen Stromes, verursacht durch Generation-Rekombination bei sehr kleinen Strömen. Bei hohen Strömen bleibt der wirkliche Diodenstrom hinter dem idealen zurück. Dieser Effekt wird durch Hochstrominjektion verursacht. Hier ist die Voraussetzung der kleinen Minoritätsträgerdichten nicht mehr erfüllt, was ein erster Grund für diese Abweichung ist. Weiter können bei hohen Strömen die Spannungsabfälle in den Bahngebieten und in den äusseren Kontakten nicht vernachlässigt werden.

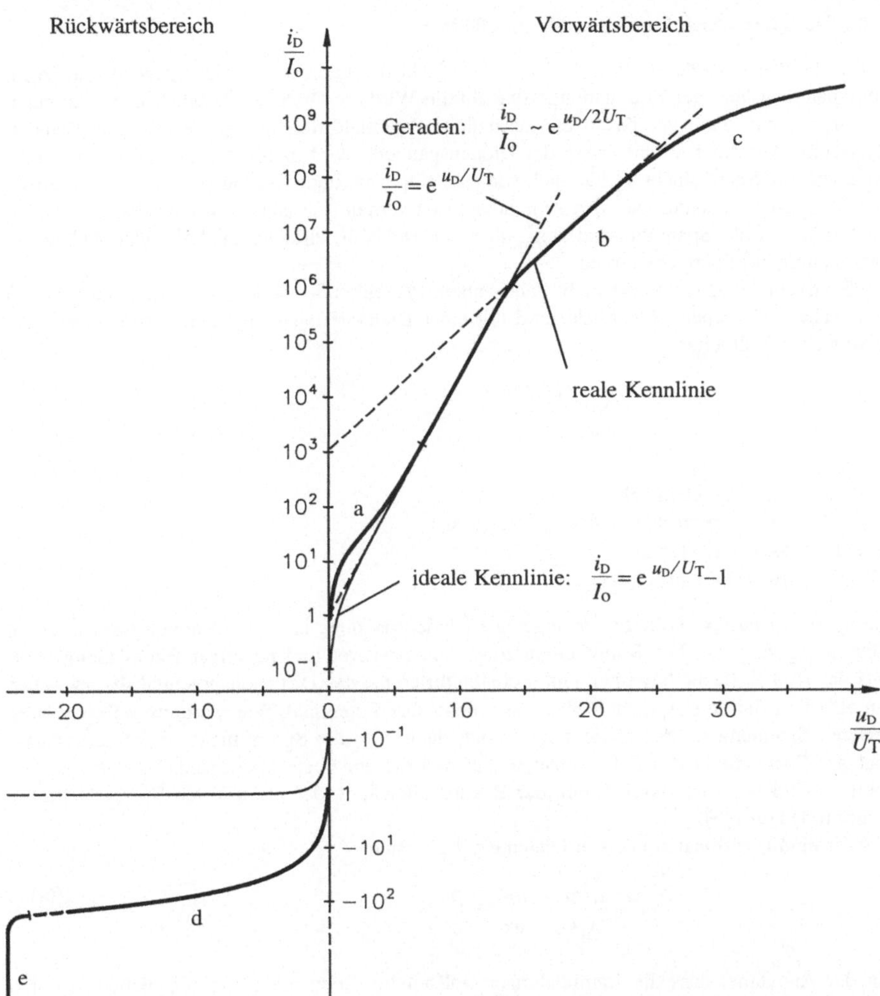

Figur 6.4   Strom-Spannungscharakteristik der idealen und einer realen Diode in
logarithmischer Darstellung.
Abweichungen von der idealen Charakteristik:
a) Generation-Rekombination in der Sperrschicht und in den Randgebieten,
b) Hochstrominjektion,
c) Seriewiderstand,
d) Leckstrom durch Generation-Rekombination und
e) Durchbruch bei hohem elektrischen Feld in der Sperrschicht.

6.1.2 Die Sperrschichtkapazität der pn-Diode

In Abschnitt 6.1 wurde gezeigt, dass im pn-Kontakt im thermischen Gleichgewicht die Diffusionsspannung über der Raumladungszone abfällt. Wird die Diode zusätzlich von aussen negativ vorgespannt, dann verursacht die zusätzliche Potentialdifferenz eine vergrösserte Raumladungszone. Mit einer Veränderung der Diodenspannung wird damit die Ladung in der Diode verändert; die Sperrschicht verhält sich wie eine Kapazität und wird naheliegenderweise Sperrschichtkapazität genannt. Die Sperrschichtkapazität verhält sich ähnlich wie ein Parallelplattenkondensator: Eine Spannungsänderung über der Diode bewirkt einen Auf- oder Abbau der Raumladung am Sperrschichtrand.

Die Sperrschichtkapazität entspricht daher einem Plattenkondensator mit einem Plattenabstand entsprechend der Sperrschichtdicke und mit einer Dielektrizitätskonstanten entsprechend dem verwendeten Halbleiter

$$C_\mathrm{s} = \frac{\varepsilon_0\,\varepsilon_\mathrm{r}\,A}{w} \tag{6.18}$$

mit

$$\begin{aligned}
&A\text{:} && \text{Diodenfläche} \\
&w\text{:} && \text{Sperrschichtdicke, } w = |\,x_\mathrm{p} - x_\mathrm{n}\,| \\
\text{und} \quad &\varepsilon_\mathrm{r} = 11.9 \text{ für Si}, \\
&\varepsilon_\mathrm{r} = 13.1 \text{ für GaAs}
\end{aligned}$$

Die Sperrschichtdicke w hat ohne angelegte Diodenspannung einen bestimmten Betrag, wie in Figur 6.2 gezeigt ist. Die Raumladungszonen mit positiver und negativer Raumladung beidseits der Kontaktfläche bewirken eine Potentialdifferenz, das Diffusionspotential Φ_d, zwischen den Rändern der Sperrschicht. Wird die vorhandene Potentialdifferenz durch Anlegen einer äusseren Spannung u_D in Sperrichtung erhöht, dann wird die Sperrschicht vergrössert, sodass über der Sperrschicht das Diffusionspotential und die angelegte Sperrspannung abfallen. Die Sperrschichtdicke wird durch Lösen der Poisson-Gleichung der idealisierten Sperrschichtzone bestimmt (Figur 6.5).

Aus der eindimensionalen Poisson-Gleichung ergibt sich

$$-\frac{\mathrm{d}^2\Phi}{\mathrm{d}x^2} = \frac{\mathrm{d}E}{\mathrm{d}x} = \frac{\rho}{\varepsilon} \tag{6.19}$$

Mit der Annahme, dass die Raumladungen vollständig durch die Dotierungsdichten N_A und N_D bestimmt sind, gilt

$$\text{im p-Gebiet:} \qquad \frac{\mathrm{d}E}{\mathrm{d}x} = -\frac{q\,N_\mathrm{A}}{\varepsilon} \tag{6.20}$$

$$\text{im n-Gebiet:} \qquad \frac{\mathrm{d}E}{\mathrm{d}x} = \frac{q\,N_\mathrm{D}}{\varepsilon} \tag{6.21}$$

Für ortsunabhängige Dotierungen N_A und N_D erhält man durch Integration dieser Gleichungen

$$E(x) = E(0) - \frac{q\,N_\mathrm{A}}{\varepsilon}\,x \qquad (x < 0) \tag{6.22}$$

$$E(x) = E(0) + \frac{q\,N_\mathrm{D}}{\varepsilon}\,x \qquad (x > 0) \tag{6.23}$$

Der Verlauf der Raumladung der Feldstärke ist in Figur 6.5a und b dargestellt.

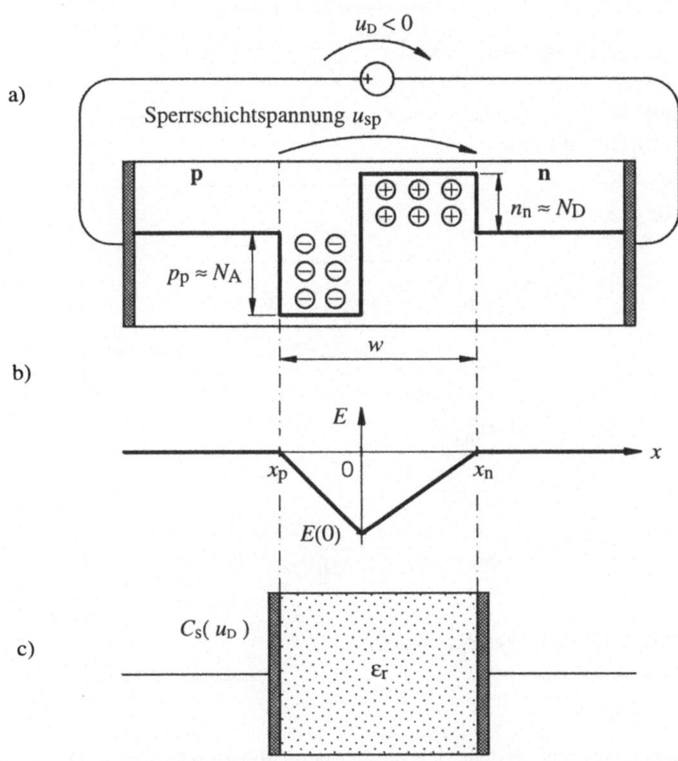

Figur 6.5   In Sperrichtung vorgespannte pn-Diode: a) Verteilung der Raumladung als Funktion des Abstandes x von der Kontaktfläche für konstante Dotierungen N_A und N_D, b) Feldstärkenverlauf $E(x)$ und c) steuerbarer Kondensator als Ersatzbild der in Sperrichtung vorgespannten Diode.

An den Sperrschichträndern $x = x_p, x_n$, ist die Feldstärke $E(x_p) = E(x_n) = 0$. Daraus folgt

$$x_p = \frac{E(0)\,\varepsilon}{q\,N_A} \tag{6.24}$$

$$x_n = -\frac{E(0)\,\varepsilon}{q\,N_D} \tag{6.25}$$

Eine weitere Integration von (6.22), (6.23) liefert das Sperrschichtpotential $u_{sp} = \Phi_d - u_D$

$$u_{sp} = \frac{x_p\,E(0)}{2} - \frac{x_n\,E(0)}{2} \tag{6.26}$$

Aus (6.22) bis (6.26) finden wir für die Sperrschichtdicke w

$$w = |x_\mathrm{p} - x_\mathrm{n}| = \sqrt{\frac{2\,\varepsilon\,u_\mathrm{sp}}{q}\left(\frac{1}{N_\mathrm{A}} + \frac{1}{N_\mathrm{D}}\right)} \qquad (6.27)$$

Mit (6.18) kann nun die Sperrschichtkapazität C_s als Funktion der Diodenspannung u_D und der Diodenfläche A ausgedrückt werden:

Sperrschichtkapazität C_s:

$$C_\mathrm{s} = A\,\sqrt{\frac{\varepsilon\,q}{2\,(\Phi_\mathrm{d} - u_\mathrm{D})}\;\frac{1}{1/N_\mathrm{A} + 1/N_\mathrm{D}}} \qquad (6.28)$$

oder

$$C_\mathrm{s} = C_\mathrm{o}\left(1 - \frac{u_\mathrm{D}}{\Phi_\mathrm{d}}\right)^{-1/2}$$

mit

$$C_\mathrm{so} = A\left(\frac{\varepsilon\,q}{2\,\Phi_\mathrm{d}\,(1/N_\mathrm{A} + 1/N_\mathrm{D})}\right)^{1/2}$$

für konstante Dotierungen N_A und N_D .

Wie Figur 6.5c veranschaulicht, verhält sich die in Sperrichtung vorgespannte Diode als eine von der Diodenvorspannung gesteuerte Kapazität. Dieser Effekt wird in der Kapazitäts- oder Varaktordiode ausgenützt (Abschnitt 6.3).

6.1.3 Die Diffusionskapazität der pn-Diode

Die Strom-Spannungscharakteristik der pn-Diode wird mit (6.17) beschrieben. Die in Flussrichtung betriebene Diode zeigt für $u_\mathrm{D} > kT/q$ folgenden Kleinsignalleitwert

$$G_\mathrm{D} = \frac{di_\mathrm{D}}{du_\mathrm{D}} \approx \frac{q}{kT}\,i_\mathrm{D} \qquad (6.29)$$

Nach Abschnitt 6.1.1 bewirkt eine Erhöhung der Spannung der in Flussrichtung betriebenen Diode neben einer Stromzunahme auch eine Zunahme der Minoritätsträgerzahl in den Bahngebieten. Bei einer abrupten Spannungszunahme kann die Minoritätsträgerdichte nur mit einer gewissen Verzögerung folgen. Diese Trägheit macht sich elektrisch wie eine Kapazität bemerkbar. Die Analyse der Kleinsignaladmittanz [1] liefert folgende Beziehung

$$\underline{Y}_\mathrm{D} = \frac{di_\mathrm{D}}{u_\mathrm{D}} = G_\mathrm{D}\,\sqrt{1 + j\,\omega\,\tau} \qquad (6.30)$$

mit τ: mittlere Lebensdauer der Elektronen und Löcher

Gleichung (6.30) kann für praktische Anwendungen mit genügender Genauigkeit mit der Annahme $\omega\,\tau \ll 1$ angenähert werden

$$
\boxed{
\begin{array}{l}
\text{Diffusionsadmittanz } \underline{Y}_D : \\[2mm]
\qquad\qquad \underline{Y}_D \;\approx\; G_D + j\,\omega\,C_D \\[3mm]
\text{mit} \qquad\qquad G_D \;\approx\; \dfrac{q}{kT}\,i_D \qquad C_D \;\approx\; \dfrac{G_D\,\tau}{2}
\end{array}
} \tag{6.31}
$$

Figur 6.6 zeigt ein Kleinsignalersatzschaltbild der pn-Diode, bestehend aus Diffusionsadmittanz $\underline{Y}_D$, Sperrschichtkapazität C_s und dem parasitären Zuleitungswiderstand R_s (Bahnwiderstand).

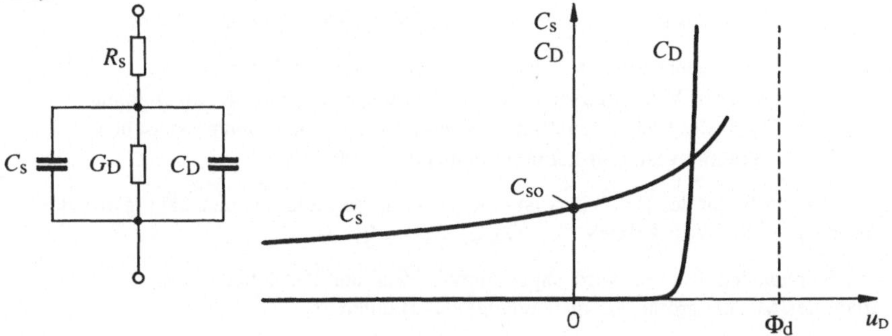

Figur 6.6   Kleinsignalersatzschaltbild der pn-Diode, Sperrschichtkapazität C_s und Diffusionskapazität C_D als Funktion der Diodenspannung u_D.

Weiterhin ist der qualitative Verlauf der Sperrschicht- und Diffusionskapazität als Funktion der Diodenvorspannung dargestellt. In Bauelementen der Hochfrequenztechnik kann die Diffusionsadmittanz den Frequenzgang bzw. die Schalteigenschaften erheblich beeinträchtigen.

Man wird deshalb versuchen, die Trägerlebensdauer möglichst klein zu halten. Die Schottky-Diode, die im nächsten Abschnitt behandelt wird, weist eine praktisch verschwindend kleine Diffusionskapazität auf und ist daher besser als nichtlineares resistives Bauelement geeignet als die pn-Diode.

6.2 Die Schottky-Diode

Wie einleitend erwähnt, stellt die Schottky-Diode, ein Metall-Halbleiterkontakt, das erste seit Beginn dieses Jahrhunderts technisch eingesetzte Halbleiterbauelement dar.

Die Erklärung für die gleichrichtenden Eigenschaften, die der pn-Diode sehr ähnlich sind, wurde aber erst 1938 von W. Schottky gefunden. Das von Schottky vorgeschlagene Modell hat in der Folge einige Verfeinerungen erfahren; es ist aber in den Grundzügen noch immer gültig. Als hervorstechende Eigenschaft und Unterschied zur pn-Diode zeigt die Schottky-Diode praktisch keine Diffusionskapazität. Damit ist sie, in Flussrichtung betrieben, bis zu Frequenzen über 1 THz ein annähernd resistives, nichtlineares Bauelement. Diese Eigenschaft wird in vielen Anwendungen der Hochfrequenz- und Gigabittechnik ausgenützt wie in Mischern, Detektoren, Abtastschaltungen (Sampler) usw.

Zur Erklärung der Funktionsweise gehen wir ähnlich vor wie im Fall des pn-Kontaktes. Als erstes werden die Energiebänder von Metall und Halbleiter vor und nach der Kontaktierung betrachtet. Aus dem Potentialverlauf in der Umgebung des Kontaktes können dann die Gleichstromcharakteristik und die Sperrschichtkapazität ermittelt werden. Figur 6.7a zeigt die verschiedenen Energieniveaus im Metall und im Halbleiter vor und nach der Kontaktierung. Im n-dotierten Halbleiter bildet sich eine positive Raumladung als Folge der Anpassung des Vakuumniveaus an der Halbleiteroberfläche. Dabei wurden folgende Energiedifferenzen gegenüber der Energie des freien Elektrons im Vakuum eingeführt:

$q\Phi_m$:   Austrittsarbeit des Metalls; entspricht der Differenz
zwischen Vakuumniveau W_{vm} und Ferminiveau W_F in Metall
(Φ_m ist das Austrittspotential von Metall zu Vakuum)

$q\Phi_s$:   Austrittsarbeit des Halbleiters; entspricht der Differenz
zwischen Vakuumniveau W_{vn} und Ferminiveau W_F im Halbleiter
(Φ_s ist das Austrittspotential von Halbleiter zu Vakuum)

qX_s :   Elektronenaffinität des Halbleiters; entspricht der Differenz
zwischen Vakuumniveau W_{vn} und Leitungsbandkante W_L im Halbleiter
(X_s ist das Elektronenaffinitätspotential = Potentialdifferenz zwischen
Vakuumniveau und Leitungsbandkante im Halbleiter)

Die Elektronenaffinität des Halbleiters ist eine Materialkonstante, die unabhängig von der Dotierung ist: Si: $X_s = 4.05$ eV   GaAs: $X_s = 4.07$ eV

Für den betrachteten Kontakt wird angenommen, dass der Halbleiter n-dotiert und die Austrittsarbeit des Metalls grösser sei als diejenige des Halbleiters

$$q\Phi_m > q\Phi_s$$

Werden die beiden Materialien auf atomare Distanz gebracht, dann müssen im thermischen Gleichgewicht die Ferminiveaus auf gleicher Höhe liegen. Würden in diesem Zustand alle Energiebänder flach verlaufen, dann würden über die niedrige Halbleiterbarriere mehr Elektronen austreten und in den Energietopf des Metalls fallen als Elektronen in Gegenrichtung vom Metall zum Halbleiter übertreten. Dieser Vorgang läuft so lange ab, bis sich im Halbleiter eine positive Raumladung aufgebaut hat, sodass an der Trennfläche die Vakuumniveaus angeglichen sind. Zwischen Halbleiter und Metall wird also ein Ladungsaustausch stattfinden, bis das Vakuumniveau am Übergang kontinuierlich wird. Figur 6.7b zeigt den Potentialverlauf des Schottky-Kontaktes im thermischen Gleichgewicht.
Die Potentialverbiegung Φ_B im Halbleiter beträgt

$$\Phi_B = \Phi_m - X_s \tag{6.32}$$

Φ_B ist die Barrierenhöhe des Schottky-Kontaktes. Diese Barriere bewirkt eine Sperrschicht im Halbleiter, genau wie bei einem pn-Kontakt. Nach diesem idealen Modell eines Schottky-Kontaktes ist die Barrierenhöhe Φ_B nur durch die Differenz zwischen der Austrittsarbeit des Metalls und der Elektronenaffinität des Halbleiters bestimmt. Bei realen Kontakten zeigt es sich, dass Φ_B für Silizium und Gallium-Arsenid wesentlich weniger von Φ_m der verschiedenen Metalle abhängt als die einfache Theorie voraussagt. Der Grund für diese Abweichung liegt in den Eigenschaften der freien Oberflächen der Halbleiter. In der Übergangszone vom Halbleiter zum Metall können sich, abhängig vom Potential, Oberflächenladungen bilden. Diese haben zur Folge, dass die Barrierenhöhe Φ_B meist kleiner wird als das Schottky-Modell voraussagt.

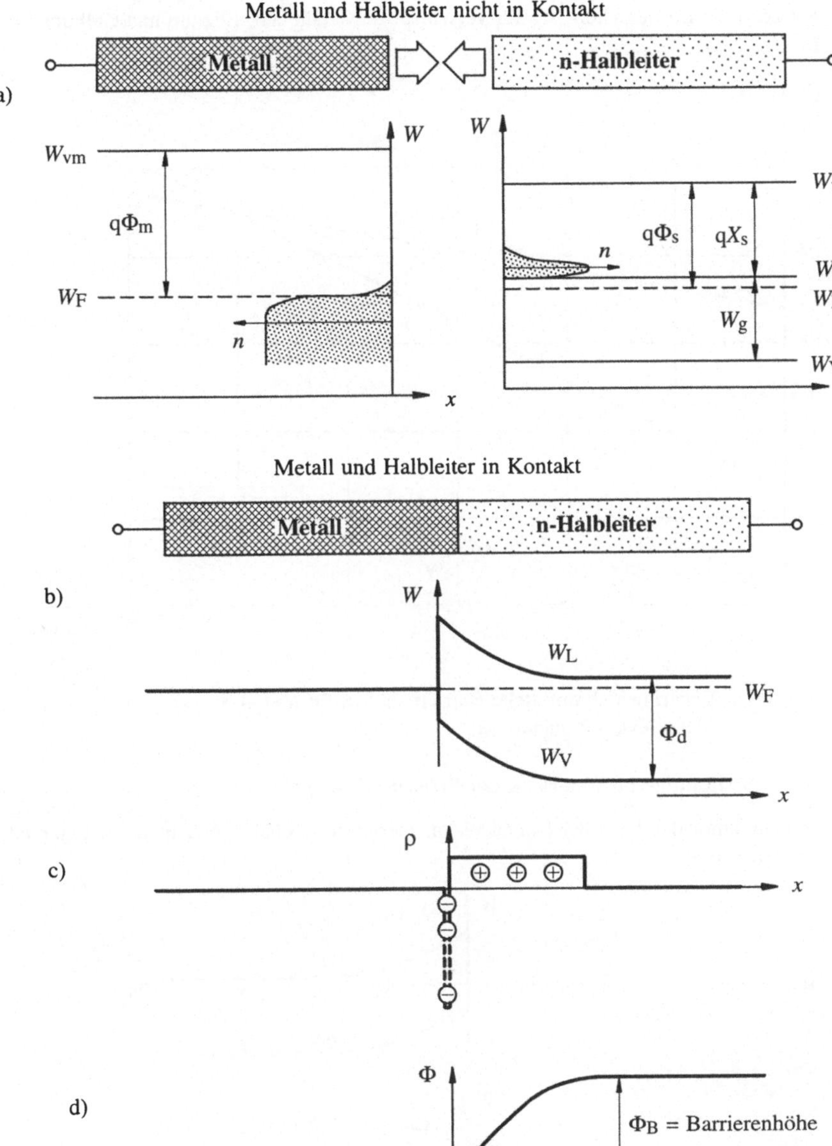

Figur 6.7   Verhalten des Schottky-Kontaktes:
a) Banddiagramm vor der Kontaktierung von Metall und Halbleiter.
b), c) und d) Banddiagramm, Ladungsverteilung und Potentialverlauf nach
der Kontaktierung von Metall und Halbleiter.

Figur 6.8 zeigt die Barrierenhöhe Φ_B für verschiedene Metalle auf Silizium und Gallium-Arsenid [2].

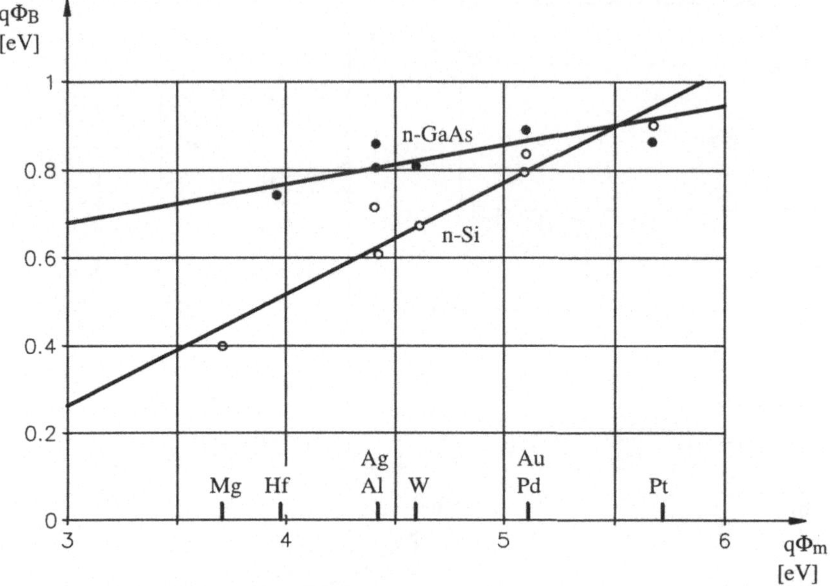

Figur 6.8   Experimentell ermittelte Barrierenhöhen für Metall-Silizium und
              Metall-GaAs-Kontakte [2].

6.2.1 Strom-Spannungscharakteristik der Schottky-Diode

Das Banddiagramm des Schottky-Kontaktes im thermischen Gleichgewicht ist in Figur 6.9a nochmals dargestellt.

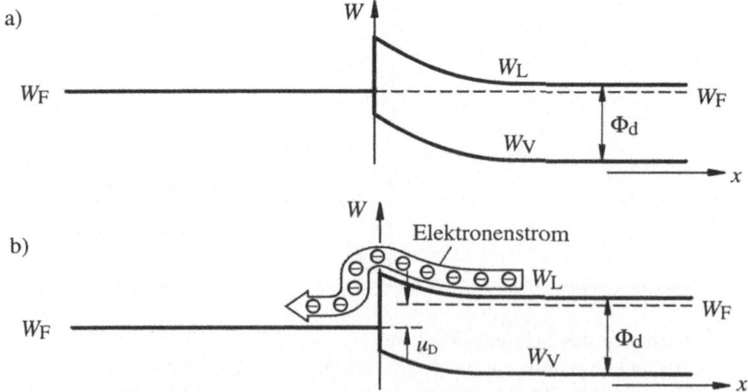

Figur 6.9   Banddiagramm des Schottky-Kontaktes: a) im stromlosen Zustand,
              b) mit Vorspannung in Flussrichtung.

Da die Elektronen beidseits der Barriere eine Boltzmannsche Energieverteilung aufweisen, können Elektronen hoher Energie die Barriere überwinden und vom Metall in den Halbleiter gelangen oder auch den umgekehrten Weg einschlagen. Im Gleichgewichtszustand heben sich die beiden Elektronenströme auf. Wird aber durch eine von aussen angelegte Spannung die Fermienergie im Metall abgesenkt (also eine positive Spannung zwischen Metall und Halbleiter angelegt), dann wird die Barrierenhöhe auf der Seite des Halbleiters reduziert, bleibt aber im Metall unverändert. Es ist naheliegend, dass dabei der Elektronenstrom vom Metall in den Halbleiter nicht verändert wird. Auf der Halbleiterseite ist die Barrierenenergie abgesenkt und damit für mehr Elektronen überschreitbar. Dieser Vorgang entspricht dem Trägertransportmechanismus der pn-Diode nur teilweise. Im Unterschied zum pn-Kontakt gilt für den Schottky-Kontakt:

1. In beiden Richtungen treten nur Elektronenströme auf. In der in Flussrichtung betriebenen Diode ist der dominierende Strom der Elektronenstrom vom Halbleiter zum Metall. Im Halbleiter erscheint kein Minoritätsträgerstrom, der im Fall der pn-Diode für die Diffusionskapazität verantwortlich ist. Damit entfällt der Trägheitseffekt der Diffusion in der Schottky-Diode.

2. In der pn-Diode wird der Stromtransport durch die Diffusion der Minoritätsträger in den Bahngebieten bestimmt. In der Schottky-Diode mit einem dominierenden Elektronenstrom vom Halbleiter zum Metall, werden nur diejenigen Elektronen die Barriere überwinden können, welche mindestens eine der Barrierenhöhe entsprechende Energie und Geschwindigkeit in Richtung zum Metall aufweisen. Angekommen auf dem höchsten Punkt der Energiebarriere, fallen die Elektronen über die Energiestufe ins Metall und bewegen sich rasch von der Kontaktebene weg. Der Diodenstrom ist somit nur bestimmt durch die Energie- und Geschwindigkeitsverteilung der Elektronen im Halbleiter. Dieser Prozess der Emission von Ladungsträgern mit thermischer Geschwindigkeitsverteilung über eine Potentialbarriere heisst *thermische Emission*. Die von thermischer Emission getragene Diodenstromdichte $J(u_\mathrm{D})$ wird mit folgender Beziehung beschrieben (Herleitung: siehe [1]):

$$J = \mathrm{J_0}\,(e^{\,q\,u_\mathrm{D}/kT} - 1)$$

$$\mathrm{J_0} = A^*\,T^2\,e^{-q\,\Phi_\mathrm{B}/kT}$$

$\mathrm{J_0}$: Sättigungsstromdichte

A^*: Richardsonsche Konstante

Φ_B: Barrierenhöhe

(6.33)

Für die Richardsonsche Konstante besteht folgende Beziehung:

$$A^* = \frac{4\,\pi\,m_\mathrm{n}^*\,q\,k^2}{h^3}$$

(6.34)

mit m_n^*: effektive Masse des Elektrons

   k: Boltzmann-Konstante

   h: Plancksche Konstante

Die Richardsonsche Konstante für Elektronen in Silizium und Gallium-Arsenid ist

$$\text{Si:} \quad A^* = 110 \text{ A/cm}^2/\text{ K}^2$$
$$\text{GaAs:} \quad A^* = 8 \text{ A/cm}^2/\text{ K}^2$$

Für eine Silizium-Schottky-Diode mit einer typischen Barrierenhöhe von $\Phi_B = 0.7$ V beträgt die Sättigungsstromdichte bei $T = 300$ K

$$J_0(\text{Schottky}) = 20 \text{ μA/cm}^2$$

Die Sättigungsstromdichte einer pn-Diode liegt um Grössenordnungen unter diesem Wert. Für eine typische Silizium pn-Diode ist

$$J_0(\text{pn–Diode}) = 1 \text{ pA/cm}^2$$

Gleichung (6.33) beschreibt die Strom-Spannungscharakteristik der idealen Schottky-Diode. In realen Dioden findet man gewisse Abweichungen; namentlich liegt der Strom der in Flussrichtung gepolten Diode unter dem von (6.33) vorausgesagten Wert. Gleichung (6.33) kann mit einem empirisch bestimmten Korrekturfaktor, dem sogenannten Idealitätsfaktor n, dem realen Verhalten angepasst werden

$$J = J_0 \, (e^{\,q\,u_D/n\,kT} - 1) \tag{6.35}$$

Für gute Schottky-Dioden gilt $1.02 < n < 1.2$.

6.2.2 Die Sperrschichtkapazität der Schottky-Diode

Wie schon erwähnt, ist die Diffusionskapazität bei der Schottky-Diode praktisch vernachlässigbar. Die Sperrschichtkapazität dagegen tritt genau wie in der pn-Diode in Erscheinung. Sie kann wie im Abschnitt 6.1.2 berechnet werden. Die Schottky-Diode verhält sich dabei wie eine auf der p-Seite extrem hoch dotierte pn-Diode. Die Sperrschicht dehnt sich nur in die n-Zone aus. Für eine konstant dotierte n-Zone sind Sperrschichtdicke w und Sperrschichtkapazität C_S

$$w = \sqrt{\frac{2\,\varepsilon}{q\,N_D}\,(\Phi_B - u_D)} \tag{6.36}$$

$$C_S = A\,\sqrt{\frac{q\,\varepsilon\,N_D}{2\,(\Phi_B - u_D)}} \tag{6.37}$$

Dabei ist A die Diodenfläche.

Diese Kapazität kann entsprechend (6.28) dargestellt werden

$$C_S = C_{S0}\left(1 - \frac{u_D}{\Phi_B}\right)^{-1/2} \tag{6.38}$$

C_{S0} ist die Sperrschichtkapazität bei einer Vorspannung von $u_D = 0$. Typische Parameter einer Silizium oder Gallium-Arsenid Hochfrequenzdiode sind: $N_D = 2 \cdot 10^{17}/\text{cm}^3$, $\Phi_B = 0.7$ V, $\varepsilon_r(\text{Si}) = 11.9$, $\varepsilon_r(\text{GaAs}) = 13.1$. Damit ist $C_{S0}/A \approx 1.5$ fF/μm^2.

6.2.3 Aufbau und Ersatzschaltung

Figur 6.10 zeigt den Aufbau einer Mikrowellen-Schottky-Diode.

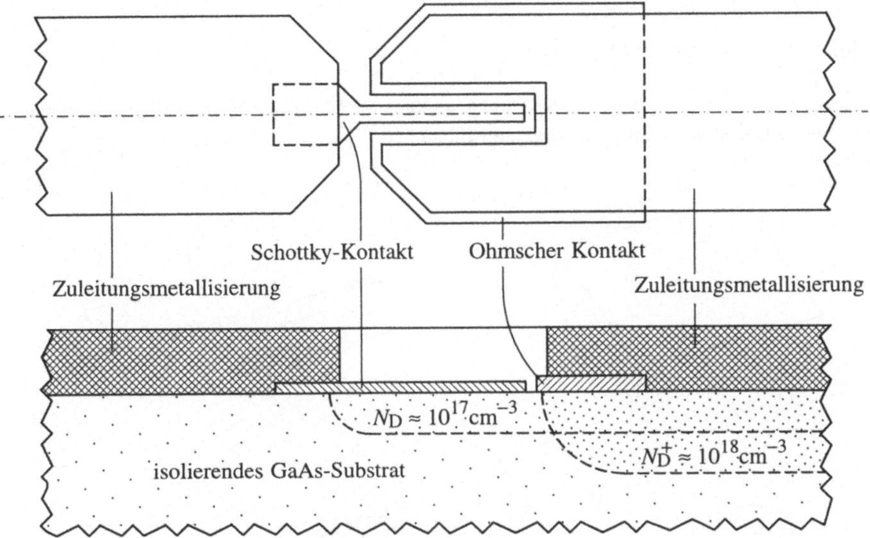

Figur 6.10   Aufbau einer Schottky-Diode.

Als Metalle für den Schottky-Kontakt werden heute Gold (Au), Aluminium (Al), Wolfram (W), Titan (Ti) und Titan/Wolfram (TiW) verwendet. Der Ohmsche Kontakt ist prinzipiell ebenfalls ein Schottky-Kontakt. Dabei wird der Halbleiter hoch dotiert, was eine sehr dünne Sperrschicht zur Folge hat. Eine sehr schmale Potentialbarriere kann von den Elektronen dank des sogenannten Tunneleffektes durchschritten werden, sodass der Kontakt keine gleichrichtenden Eigenschaften mehr hat, sondern nur einen gewissen Ohmschen Kontaktwiderstand aufweist. Das Kleinsignal-Ersatzschaltbild einer Schottky-Diode ist in Figur 6.11 dargestellt.

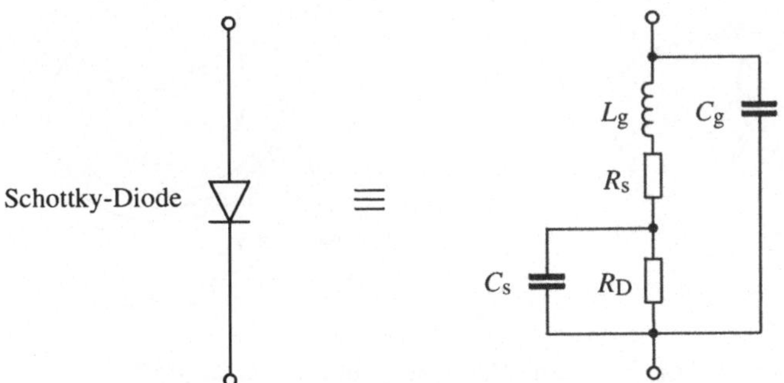

Figur 6.11   Kleinsignalersatzschaltbild der Schottky-Diode. Diodenelemente R_D, C_s Zuleitungswiderstand R_s und Gehäuseelemente L_g, C_g.

Die inneren Diodenelemente sind

R_S: Zuleitungs- und Kontaktwiderstand

C_S: Sperrschichtkapazität

R_D: Diodenwiderstand $R_\mathrm{D} = \mathrm{d}u_\mathrm{D}/\mathrm{d}i_\mathrm{D}$

Figur 6.12 zeigt einige gebräuchliche Diodengehäuse für Mikrowellen- und Gigabitanwendungen sowie einen Dioden-Chip für direkten Einbau.

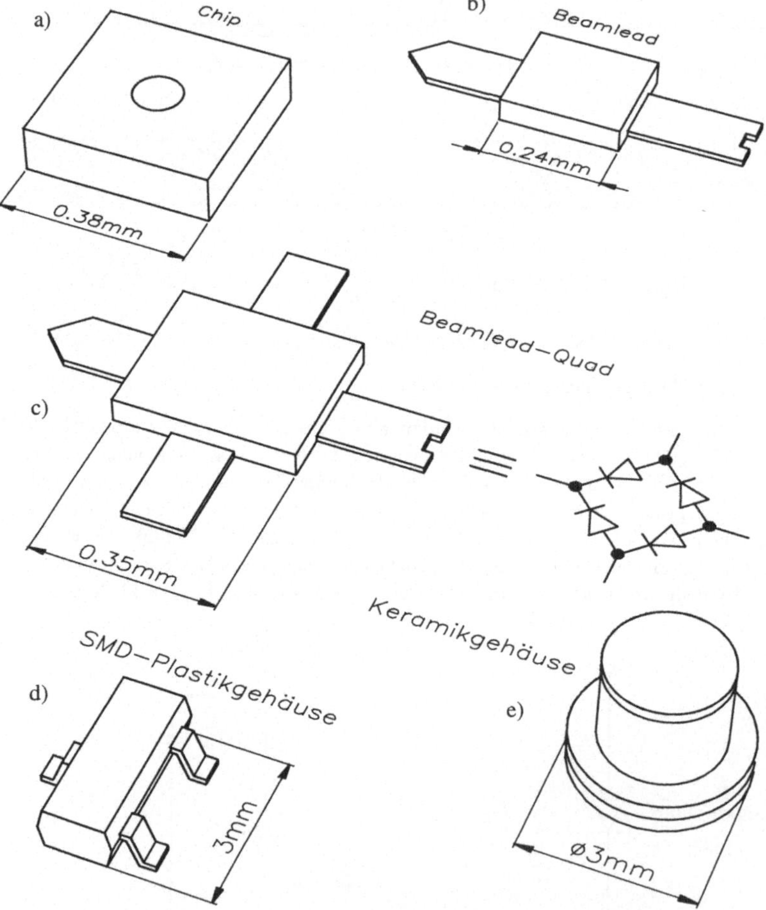

Figur 6.12   Bauformen von Dioden: a) Chip,   b), c) Beamleads, d) SMD
(Surface Mounted Device) und e) in Keramikgehäuse.

Der Diodenwiderstand der idealen in Flussrichtung gepolten Diode $(u_D \gg kT/q)$ ist nach (6.29)

$$R_D = \frac{1}{G_D} = \frac{du_D}{di_D} \approx \frac{kT}{q}\frac{1}{i_D} \qquad (6.39)$$

Bei $T = 290$ K ist $kT/q \approx 26$ mV. Schon bei relativ kleinen Diodenströmen i_D wird die Diode sehr niederohmig, sodass der Zuleitungswiderstand nicht vernachlässigt werden kann.

In Sperrichtung sind die Sperrschichtkapazität C_S und der Zuleitungswiderstand R_S die dominierenden Elemente. Der für Hochfrequenzanwendungen wichtige Gütefaktor der Schottky-Diode ist die Grenzfrequenz (cut-off frequency) f_{co}. Sie ist definiert als

$$f_{co} = \frac{1}{2\,\pi\,R_S\,C_S} \qquad (6.40)$$

Die Grenzfrequenz f_{co} wird meist für eine Diodenspannung von 0 spezifiziert. Für eine mit neuen Prozessmethoden hergestellte Diode mit einer Fläche von $5\ \mu\text{m}^2$ ist $C_S \approx 8$ fF und $R_S \approx 8\ \Omega$. Die Grenzfrequenz erreicht damit die Grössenordnung von $f_{co} \approx 2500$ GHz.

Das elektrische Verhalten der Diode wird meist durch zusätzliche passive Elemente, herrührend vom Diodengehäuse, beeinflusst. Im einfachsten Fall können diese parasitären Elemente mit einer Zuleitungsinduktivität L_g und einer Gehäusekapazität C_g gemäss Figur 6.11 dargestellt werden.

6. 3 Die Varaktordiode

Die Varaktordiode ist eine pn- oder Schottky-Diode, deren Aufbau für die Anwendung als variable, spannungsgesteuerte Kapazität optimiert ist. Sie wird für folgende Funktionen eingesetzt :

1. Elektronische Abstimmung von Resonanzkreisen für durchstimmbare Filter und Oszillatoren.
2. Frequenzvervielfachung (Erzeugung von höheren Harmonischen).
3. Frequenzmischung und parametrische Verstärkung.

Die erste Anwendung ist die bedeutendste. Es steht heute kein anderes Bauelement zur Verfügung, welches diese Funktion erfüllen könnte und ähnlich niedrige Kosten und geringes Volumen aufweist. Zudem ist die Varaktordiode mit anderen Halbleiterbauelementen, wie Bipolartransistoren oder GaAs-Feldeffekt-Transistoren, integrierbar und damit in monolithisch integrierten Schaltungen einsetzbar. Für die Frequenzvervielfachung und -mischung werden heute Schottky-Dioden bevorzugt, und als Ersatz für parametrische Verstärker (für extrem rauscharme Verstärkung) stehen GaAs-Feldeffekt-Transistoren (MESFETs und HEMTs) zur Verfügung.

Nach (6.28) gilt für die Sperrschichtkapazität als Funktion der Diodenspannung u_D für konstante Dotierung im n- und p-Gebiet (abrupte Dotierung):

$$C_S = C_{so}\left(1 - \frac{u_D}{\Phi_d}\right)^{-1/2}$$

Varaktordioden werden entweder als p-seitig sehr hoch dotierte Dioden oder als Schottky-Dioden realisiert. In beiden Fällen ist die Sperrschichtkapazität nur durch die Ausdehnung der Sperrschicht in der n-Zone bestimmt.

Figur 6.13 zeigt die Sperrschichtkapazität C_S und den Diodenstrom i_D als Funktion der Diodenspannung u_D.

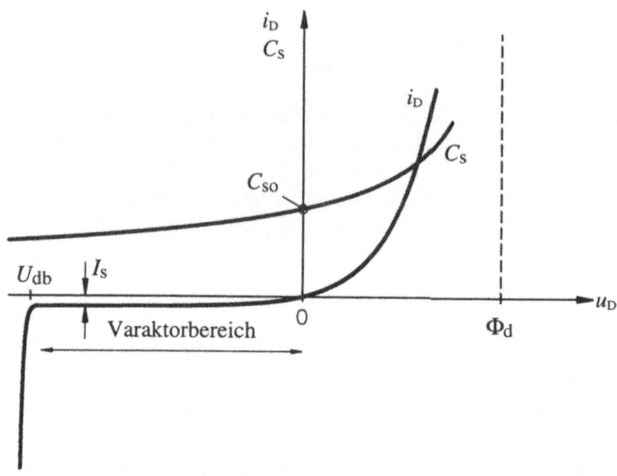

Figur 6.13   Sperrschichtkapazität C_S und Diodenstrom i_D als Funktion der
Diodenspannung u_D.

Der nutzbare Spannungsbereich für den Einsatz als variable Kapazität beschränkt sich auf den Bereich mit minimalem Diodenstrom:

$$0 > u_D > U_{db}$$

mit der Durchbruchspannung U_{db}.

Die Durchbruchspannung U_{db} wird durch die Durchbruchfeldstärke in der Sperrschicht bestimmt. Begrenzt durch die Durchbruchspannung kann mit abrupt dotierten Dioden ein maximaler Bereich von

$$\frac{C_{smax}}{C_{smin}} = \frac{C_s(u_D = 0)}{C_s(u_D = U_{db})} = \frac{C_{so}}{C_s(u_D = U_{db})} \approx 4$$

erreicht werden. Mit anderen Dotierungsprofilen kann die Spannungsabhängigkeit der Sperrschichtkapazität verändert werden. Von besonderem Interesse ist die sogenannte hyperabrupt dotierte Diode mit einer Dotierung $N_D(x)$:

$$N_D(x) = N_{Do}\left(\frac{x}{x_0}\right)^m \tag{6.41}$$

Die hyperabrupte Dotierung mit m < 0 bewirkt einen grösseren Bereich der Sperrschichtkapazität C_s. Es kann damit ein Verhältnis $C_{smax}/C_{smin} \approx 10$ erreicht werden. Man kann zeigen, dass eine Dotierung gemäss (6.41) zur folgenden Charakteristik $C_s(u_D)$ führt [2].

$$C_s(u_D) = C_{so}\left(1 - \frac{u_D}{\Phi_d}\right)^{\frac{-1}{m+2}} \qquad \text{gilt für } m > -2 \tag{6.42}$$

Figur 6.14 zeigt schematisch den Verlauf von $C_S(u_D)$ für verschiedene Dotierungsprofile.

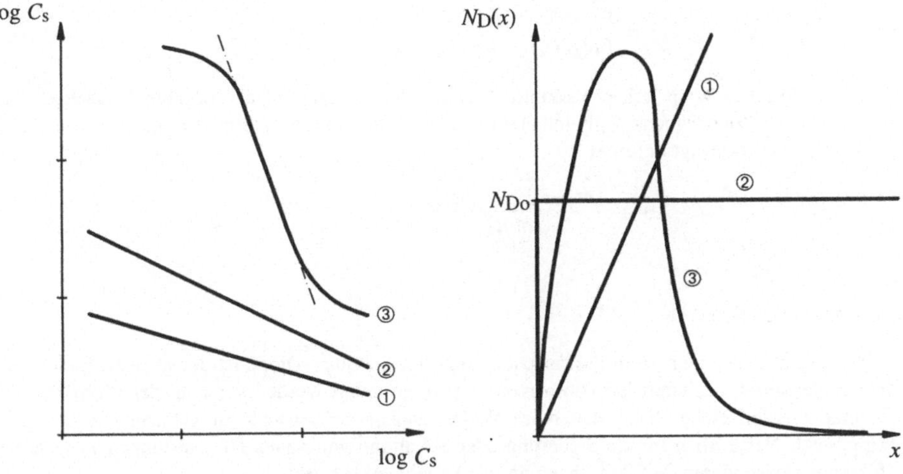

Figur 6.14   Spannungsabhängigkeit der Sperrschichtkapazität C_S für verschiedene Dotierungsprofile: ① linear zunehmend dotiert $m = 1$, ② abrupt dotiert $m = 0$ und ③ hyperabrupt dotiert, z. B. $m > -5$.

6.3.1 Ersatzschaltbild und Grenzfrequenz

Figur 6.15 zeigt das Ersatzschaltbild der Varaktordiode, das dem Ersatzschaltbild der Schottky-Diode (Figur 6.11) ohne Diodenwiderstand R_D entspricht.

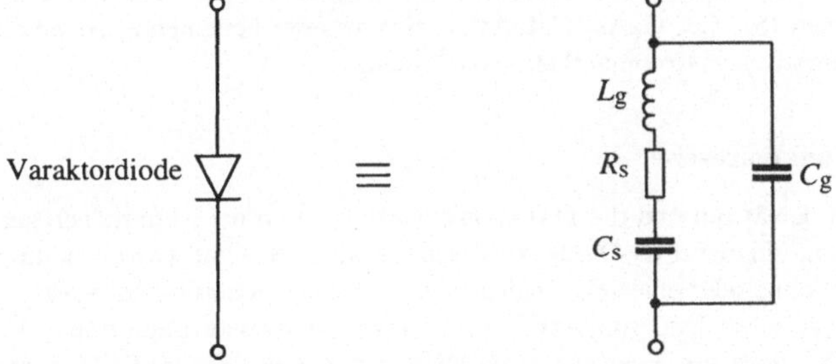

Figur 6.15   Ersatzschaltbild der Varaktordiode mit den Gehäuseelementen L_g und C_g.

Die Grenzfrequenz ist definiert wie (6.40), ohne Berücksichtigung der Gehäuseelemente:

$$f_{co} = \frac{1}{2\,\pi\,R_s\,C_s(u_D)} \tag{6.43}$$

In Datenblättern wird die Grenzfrequenz meist für eine Diodenspannung $u_D = 0$ oder $u_D = -4$ V spezifiziert.

Die Güte Q bei einer Frequenz f ist

$$Q = \frac{\text{Re}(Z(f))}{\text{Im}(Z(f))} = \frac{f_{co}}{f} \tag{6.44}$$

Q und f_{co} geben noch keine Auskunft über die Anwendbarkeit als variable Kapazität. Die dynamische Grenzfrequenz f_{cd} beinhaltet die maximale und die minimale Kapazität C_{smax} und C_{smin} und ist wie folgt definiert

$$f_{cd} = \frac{1/C_{smin} - 1/C_{smax}}{2\,\pi\,R_s} \tag{6.45}$$

6. 4 Die PIN-Diode

Eine wesentliche Eigenschaft der pn-Diode und der Schottky-Diode ist der grosse Bereich des Diodenleitwerts, der über den Diodenvorstrom i_D gesteuert werden kann. In der Mikrowellentechnik werden elektronisch steuerbare Widerstände oder Schalter für verschiedene Zwecke eingesetzt. Namentlich für die Steuerung oder Schaltung von hohen HF-Leistungen werden die folgenden besonderen Anforderungen an das Schaltelement gestellt:

- grosser Bereich des steuerbaren Leitwertes
- lineares Verhalten für das HF-Signal im leitenden Zustand
- kleine Kapazität im gesperrten Zustand
- hohe Durchbruchspannung

Die PIN-Diode erfüllt diese Eigenschaften weitgehend und wird hauptsächlich in hybrid aufgebauten Schaltungen zur Schaltung hoher HF-Leistungen verwendet. Die Struktur der PIN-Diode ist dagegen für die monolithische Integration mit aktiven Halbleiterbauelementen schlecht geeignet. Zur Steuerung von kleineren HF-Leistungen werden daher vermehrt aktive Bauelemente, hauptsächlich GaAs-MESFETs eingesetzt. Die PIN-Struktur hat, realisiert in verschiedenen Materialsystemen (Si, Ge, GaAs, GaInAsP), eine weitere bedeutende Anwendung als Photodetektor in faseroptischen Kommunikationssystemen.

6. 4.1 Aufbau und Funktionsweise

In der pn-Diode wird der Strom und die Diffusionskapazität durch die Minoritätsträger in den Bahngebieten bestimmt. In der PIN-Diode wird eine weitere Schicht zwischen die p- und n-Zone eingefügt, die keine oder eine sehr niedrige (intrinsische) Dotierung aufweist.
Figur 6.16 zeigt ein typisches Dotierungsprofil und einige verwendete Bauformen. Als erstes betrachten wir die PIN-Diode mit einer negativen Diodenspannung. Wie im Fall der pn-Diode, werden sich in den drei Zonen Sperrschichten ausbilden, über denen die Diodenspannung abfällt. Da die intrinsische Zone eine sehr kleine Restdotierung aufweist, wird diese Zone schon bei einer niedrigen Diodenspannung völlig ausgeräumt sein.
Figur 6.17 zeigt den Feld- und Potentialverlauf für zwei Fälle:

1. minimale Diodenspannung, die zur Ausräumung der intrinsischen Zone führt und
2. höhere Spannung in Sperrichtung, mit Raumladung im n- und p-Gebiet.

Dabei wurde angenommen, dass eine n-Typ-Restdotierung im i-Gebiet besteht. Bei einem grossen Unterschied der Dotierungen im i-Gebiet einerseits und in den n- und p-Gebieten andererseits fällt die angelegte Diodenspannung praktisch vollständig über der i-Zone ab.

Struktur der PIN-Diode

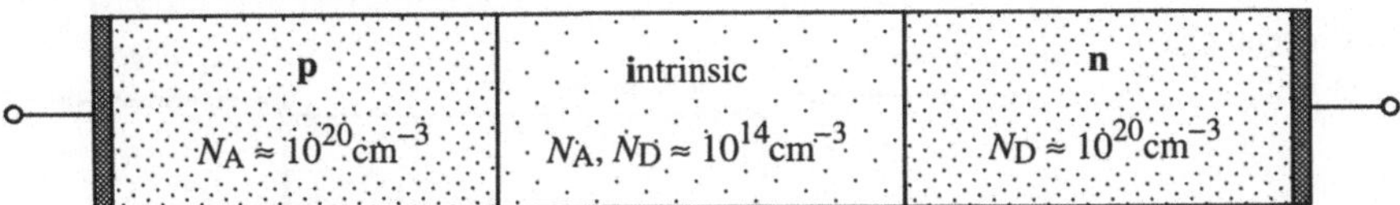

Planardiode mit langer Mittelzone

Planardiode mit kurzer Mittelzone

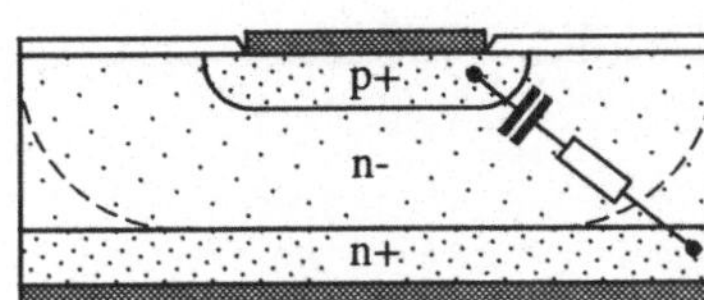

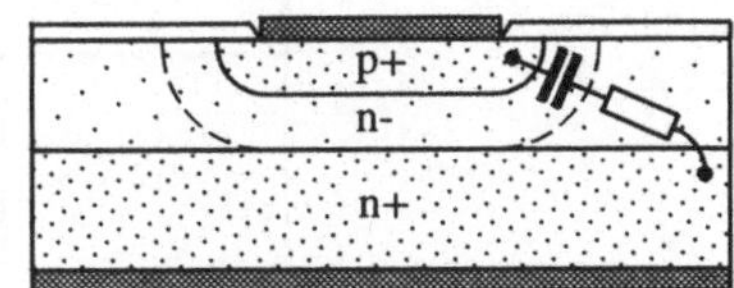

Mesadiode

"Upside - down" Mesadiode

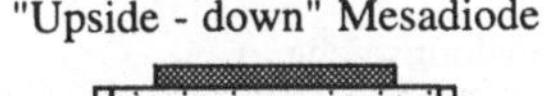

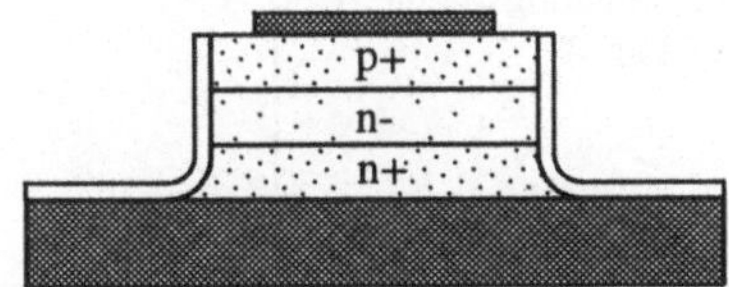

Figur 6.16   Struktur der PIN-Diode und verschiedene Bauformen, überwiegend in
Siliziumtechnik (nach [4]).

Beispiel:
Diodenspannung U_{Di} zur Ausräumung einer Silizium-PIN-Diode mit einer Dicke x_i der
i-Zone, einer Restdotierung N_{Di} in der i-Zone und hochdotierten n- und p-Zonen:

$$x_i = 10 \, \mu m, \qquad N_{Di} = 1 \cdot 10^{14}/cm^3, \qquad \varepsilon_r(Si) = 11.9, \qquad \Phi_d = 1.1 \, V$$
(Φ_d : Diffusionspotential zwischen p- und n-Zone)

Nach (6.27) mit $N_A > N_{Di}$ gilt

$$x_i = \sqrt{\frac{2 \, \varepsilon \, U_{spi} \, N_{Di}}{q}} \tag{6.46}$$

mit der Sperrschichtspannung $U_{spi} = \Phi_d - U_{Di}$. Damit ist

$$U_{spi} \approx \frac{x_i^2 \, q \, N_{Di}}{2 \, \varepsilon} \tag{6.47}$$

Eingesetzt finden wir $U_{spi} = 7.7 \, V$ und $U_{Di} = -6.6 \, V$.

Mit einer relativ geringen Sperrspannung von $U_{Di} = -6.6 \, V$ wird die ganze i-Zone ausgeräumt. Die spezifische Diodenkapazität $C_s{'}$ ist

$$C_s{'} = \frac{\varepsilon}{W_i} = 1 \, nF/cm^2$$

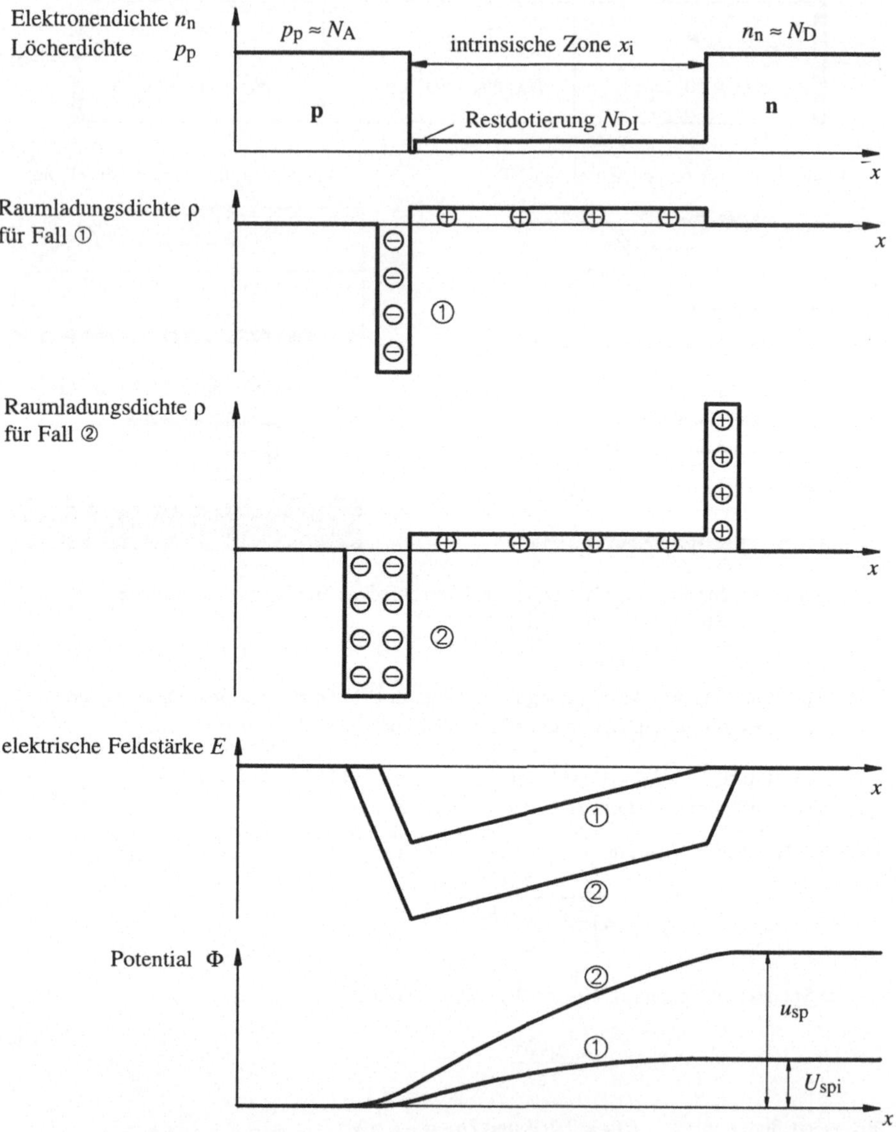

Figur 6.17   Dotierungsprofil, Raumladungsdichte ρ, elektrisches Feld E und Potential Φ als Funktion des Ortes x der in Sperrichtung vorgespannten PIN-Diode. ① Verlauf für die minimale Diodenspannung U_{spi}, die zur völligen Ausräumung der i-Zone führt. ② Verlauf für eine Sperrschichtspannung mit Raumladungszone in der n-Zone. Die Restdotierung in der i-Zone ist vom n-Typ.

Diese PIN-Diode zeigt, dank der relativ breiten ausgeräumten i-Zone, eine sehr kleine Sperrschichtkapazität. Selbst eine grossflächige Diode von $1000\,\mu m^2$ hat damit eine Kapazität von nur 0.01 pF. Wird die Diodenspannung in Sperrichtung erhöht, d.h. $u_D < U_{Di}$, dann wird die Sperrschichtkapazität nur unwesentlich weiter reduziert, da die Sperrschicht nur wenig in die hochdotierten p- und n-Zonen hineinwachsen kann.

Als zweiten Betriebszustand betrachten wir die in Flussrichtung gepolte Diode. Wird das Potential der p-Zone durch eine von aussen angelegte Diodenspannung gegenüber der n-Zone angehoben, dann werden von der p-Zone Löcher und gleichzeitig von der n-Zone Elektronen in die i-Zone injiziert. In der i-Zone entsteht damit gleichzeitig ein Überschuss an Elektronen und Löcher. Da in einem undotierten Halbleiter die Trägerlebensdauer grösser ist als in einem dotierten, werden die Diffusionslängen L_p und L_n gemäss (5.33) sehr gross und es gilt

$$L_p, L_n \gg x_i$$

In der i-Zone werden daher die Trägerdichten praktisch ortsunabhängig. Von den in die i-Zone injizierten Trägern können nur ganz wenige die Potentialbarriere zur gegenüberliegenden, hochdotierten Zone überwinden. Der grösste Teil der Träger muss daher in der i-Zone rekombinieren, und der ganze Diodenstrom entspricht dem Rekombinationsstrom der Löcher und der Elektronen

$$I_{Dp} = \frac{Q_p}{\tau_p} = \frac{q\,p\,A\,x_i}{\tau_p} \tag{6.48}$$

$$I_{Dn} = \frac{Q_n}{\tau_n} = \frac{q\,n\,A\,x_i}{\tau_n} \tag{6.49}$$

mit Q_p, Q_n: Löcher bzw. Elektronenladung in der i-Zone
       p, n: Löcher bzw. Elektronendichte in der i-Zone
       τ_p, τ_n: Löcher bzw. Elektronenlebensdauer
       A: Diodenquerschnitt

Es zeigt sich, dass in der i-Zone mit gleichzeitigem grossen Überschuss von Elektronen und Löchern die Trägerlebensdauern τ_n und τ_p sich angleichen

$$\tau_n = \tau_p = \tau$$

Nach (6.48) wird auch $n = p$, und damit ist die i-Zone neutral und $I_{Dp} = I_{Dn}$. Die Leitfähigkeit der i-Zone ist

$$\sigma = q\,(\mu_p\,p + \mu_n\,n) = 2\,q\,n\,\mu_i \tag{6.50}$$

mit der mittleren Trägermobilität $\mu_i = (\mu_n + \mu_p)/2$

Der Widerstand der i-Zone kann mit (6.48) und (6.50) als Funktion der Diodenparameter und des Diodenstroms ausgedrückt werden

$$R_i = \frac{x_i}{\sigma\,A} = \frac{x_i^2}{2\,i_D\,\mu_i\,\tau} \tag{6.51}$$

Die i-Zone wirkt wie ein stromabhängiger Widerstand in Serie zu den beiden Übergängen zu den hochdotierten Zonen. Über diesen beiden Kontakten muss ebenfalls eine Spannung abfallen, damit Träger in die i-Zone injiziert werden. Im Bereich des Diodenoperationspunktes mit $n,\ p > N_{Di}$ (Hochstrominjektion) gilt

$$i_D = I_0\, e^{\,u_D/(2\ kT/q)} \tag{6.52}$$

Gegenüber der einfachen pn-Diode nimmt also der Diodenstrom als Funktion der Spannung u_D in logarithmischer Darstellung nur mit der halben Steigung zu (Figur 6.18).

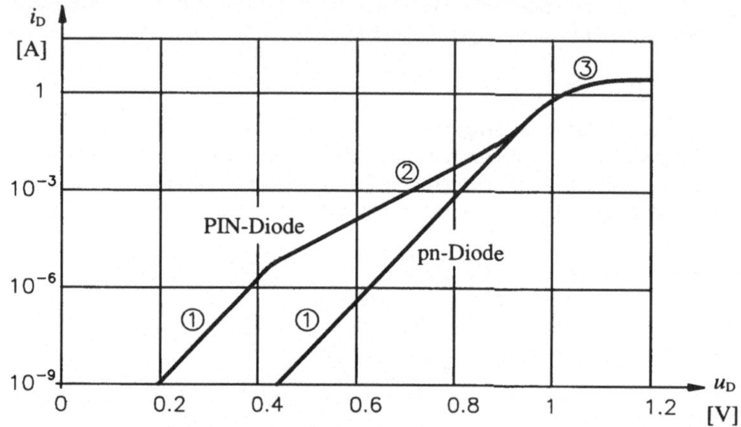

Figur 6.18　　Vergleich der Strom- und Spannungscharakteristiken der PIN- und pn-Diode. ① Bereich der niedrigen Injektion, ② Hochstrominjektion in die i-Zone und ③ Einfluss des Flusswiderstandes R_f.

Beispiel:

Silizium-PIN-Diode:	$x_i = 10\ \mu m,\ \mu_i = 800\ cm^2/Vs,\ \tau = 1\ \mu s$
Widerstand der i-Zone:	$R_i = 6.25\ mV/i_D$
Widerstand der n_i- und p_i-Kontakte:	$R_D = 2\ kT/(q\ i_D) = 52\ mV/i_D$

Der differentielle Widerstand der PIN-Diode ist in diesem Betriebsbereich hauptsächlich durch die $i_D\,(u_D)$ Charakteristik der Kontakte nach (6.52) bestimmt. Figur 6.18 zeigt eine typische Strom-Spannungscharakteristik mit einem ausgeprägten Hochstrombereich in der i-Zone (2). Wird die Diodenspannung u_D abrupt um einen kleinen Wert verändert, dann folgt die Trägerdichte relativ langsam, bestimmt durch die Trägerlebensdauer τ. Für Signalfrequenzen $f_s > 1/(2\,\pi\,\tau)$ verhält sich die PIN-Diode daher als lineares resistives Element, wobei der Widerstand vom Diodenvorstrom i_D abhängig ist. Die Trägerlebensdauer τ bestimmt die untere Signalgrenzfrequenz f_{smin}. Wird die PIN-Diode als Schalter verwendet, dann wird im Moment des Umschaltens vom leitenden zum sperrenden Zustand die Feldstärke in der i-Zone von einem niedrigen Wert zu einem hohen Wert (in umgekehrter Richtung) umschlagen. Damit werden die Träger rasch aus der i-Zone abgezogen und rekombinieren gleichzeitig. Die Umschaltzeit vom leitenden zum sperrenden Zustand ist daher bestimmt durch die Kombination von Rekombinationszeit und Trägertransitzeit durch die i-Zone.

6.4.2 Ersatzschaltbild

Figur 6.19 zeigt ein Ersatzschaltbild der PIN-Diode für den leitenden und den gesperrten Zustand, entsprechend den Schalterstellungen 1 und 2. Der Wertebereich der Ersatzelemente ist

C_s:	Sperrschichtkapazität	0.02 .... 5 pF
R_s:	Bahnwiderstand	0.05 .... 5 Ω
R_f:	Flusswiderstand	0.1 .... 10 Ω
L_g:	Zuleitungsinduktivität	0.1 .... 1 nH
C_g:	Gehäusekapazität	0 .... 1 pF
τ:	Trägerlebensdauer	Si: 5 .... 3000 ns,
		GaAs: < 5 ns

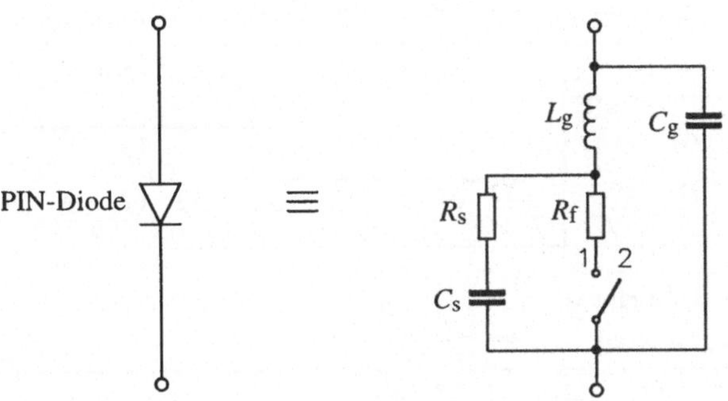

Figur 6.19   Ersatzschaltbild der PIN-Diode. Schalterstellung 1: leitender Zustand, Schalterstellung 2: sperrender Zustand.

Für die PIN-Diode kann, ähnlich wie für die Varaktordiode, eine Gütezahl in Form einer Grenzfrequenz f_{cs} wie folgt definiert werden

$$f_{cs} = \frac{1}{2\,\pi\,C_s\,\sqrt{R_b\,R_f}} \tag{6.53}$$

Diese Grenzfrequenz, die Werte bis zu 1 THz erreichen kann, darf aber nicht als maximale Anwendungsfrequenz betrachtet werden. Für übliche Anwendungen sollte $f_{cs} \geq 50 \dots 100\,f_s$ sein, mit der Signalfrequenz f_s.

6.5 Die Ladungsspeicherdiode

Die PIN-Diode zeigt als charakteristische elektronische Eigenschaften

1. eine grosse Ladungsspeicherung in Flussrichtung und
2. eine kleine Sperrschichtkapazität in Sperrrichtung.

Diese beiden Betriebszustände zeigen grosse Unterschiede im Diodenleitwert und im reaktiven Verhalten. Wird die Diode abrupt vom Flussbereich in den Sperrbereich gebracht, dann zeigt die PIN-Diode ein Verhalten, das zur Frequenzvervielfachung und zur Erzeugung von sehr kurzen Impulsen ausgenützt werden kann.
Wir betrachten im Folgenden qualitativ die physikalischen Vorgänge beim Übergang vom Fluss- in den Sperrbereich.

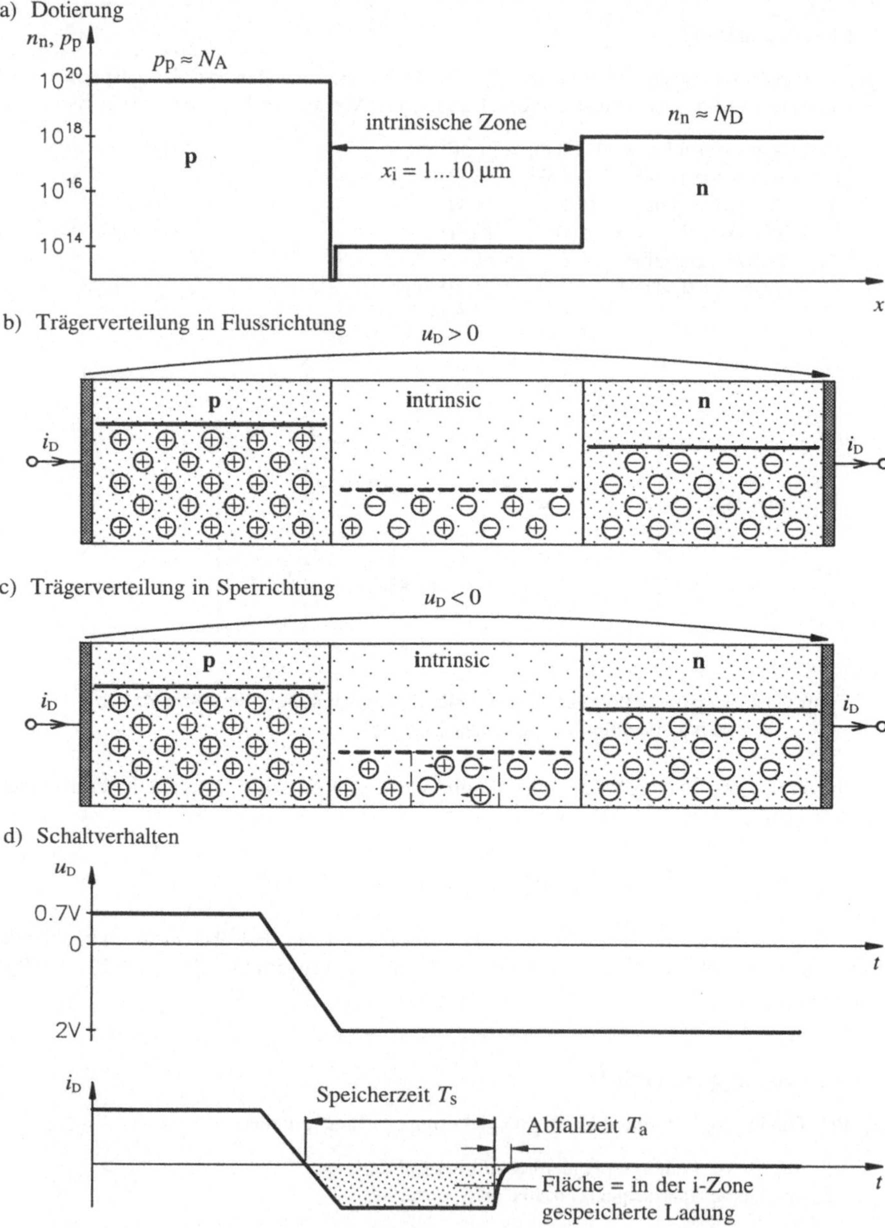

Figur 6.20 Ladungsspeicherdiode: a) typisches Dotierungsprofil, b) Trägerverteilung der PIN-Diode in Flussrichtung, c) Trägerverteilung in Sperrichtung, d) Strom- und Spannungsverlauf der abrupt geschalteten Diode.

Wenn die in Flussrichtung gespeiste PIN-Diode den stationären Betriebszustand erreicht hat, dann besteht eine grosse Überschussdichte von Elektronen und Löchern im i-Gebiet. Diese Dichten sind nach (6.48) und (6.49) durch die Trägerlebensdauer und den injizierten Strom bestimmt. Wird in diesem Zustand die angelegte Diodenspannung abrupt auf null reduziert, dann wird der Zustrom von Elektronen und Löchern eingestellt und die in der i-Zone vorhandenen Träger rekombinieren mit einer Zeitkonstanten entsprechend der Lebensdauer τ. Nach der Spannungsreduktion wird, da für eine gewisse Zeit im i-Gebiet noch ein Reservoir von Trägern vorhanden ist, ein grosser Leitwert bestehen, der mit der Rekombination der Träger verschwinden wird. Der Übergang von einer positiven Diodenspannung zur Spannung null ist also charakterisiert durch einen mit der Rekombinationszeit verschwindenden Leitwert. In einem zweiten Gedankenexperiment betrachten wir den Übergang von einer positiven zu einer stark negativen Diodenspannung. Anfänglich, d.h. mit einer Speisung in Flussrichtung, ist wiederum der Zustand mit grossen Überschussdichten im i-Gebiet etabliert. Bei einem abrupten Übergang zu einer negativen Diodenspannung stoppt der Zustrom von Trägern und gleichzeitig verursacht das negative Diodenpotential ein elektrisches Feld im i-Gebiet. Damit werden die Löcher zur p-Zone und die Elektronen zur n-Zone transportiert. Im Idealfall wird damit ein negativer Diodenstrom fliessen bis die ganze i-Zone von Trägern ausgeräumt ist. Sobald die letzten Träger die i-Zone verlassen haben, bricht der Rückwärtsstrom abrupt zusammen.
Dieser Vorgang ist in Figur 6.20 dargestellt. An diesem ganzen Vorgang für die verschiedenen Anwendungen von Interesse ist vor allem der abrupte Zusammenbruch des Diodenrückwärtsstroms nach Ablauf der Speicherzeit. Dieser Stromabfall spielt sich mit einer Abfallzeit t_r von ca. 100 ps ab und ist weitgehend unabhängig von der Abfallzeit der Diodenspannung. Die Speicherzeit t_s (Figur 6.20d) ist bestimmt durch die Trägerlaufzeit durch die i-Zone. Die Übergangszeit der Diodenspannung von Fluss- in Sperrichtung muss wesentlich kürzer sein als die Trägerlebensdauer in der i-Zone. Die meisten Ladungsspeicherdioden sind Siliziumdioden mit einer relativ grossen Trägerlebensdauer von 0.5 … 5 µs .
Wird die Diode mit einer Wechselspannung betrieben, bricht der Diodenrückwärtsstrom periodisch mit einer Abfallzeit t_r zusammen (Figur 6.21).

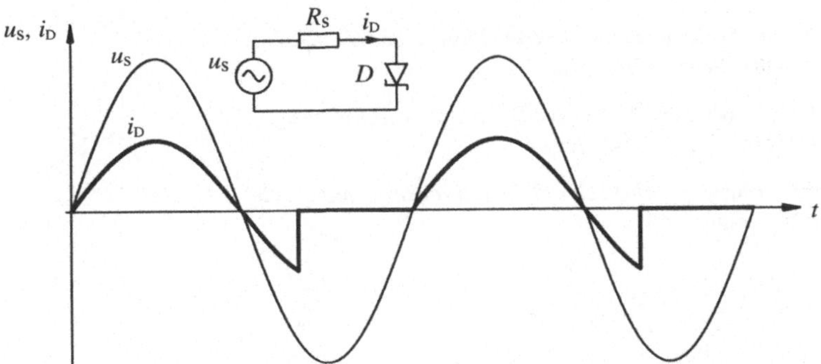

Figur 6.21   Strom- und Spannungsverlauf einer mit einer Wechselspannung gespeisten Ladungsspeicherdiode.

Dieses Verhalten hat der Diode auch zu den Bezeichnungen Speicher-Schalt-Diode, *Step recovery diode* und *Snap off diode* verholfen. Die Signalfrequenz f_s muss dabei die Bedingung

$$\frac{1}{2\pi\tau} < f_s < \frac{1}{2\pi T_s}$$ erfüllen, damit der Effekt des Stromzusammenbruchs möglichst ausge-

prägt wird. Ein Stromverlauf nach Figur 6.21 zeigt ausgeprägte Harmonische zum Grundsignal. Mit einer Ladungsspeicher-Diode können bis zu 30 Harmonische ausgenützt werden. Die Anwendungen werden in Kapitel 8 behandelt.

Figur 6.22 zeigt ein einfaches Ersatzschaltbild der Ladungsspeicherdiode.

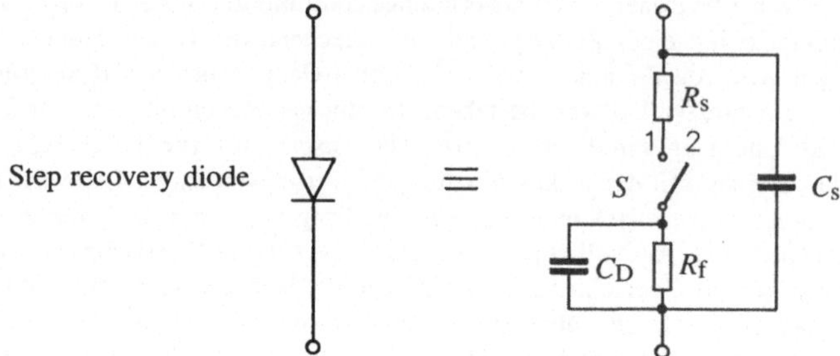

Figur 6.22   Ersatzschaltbild der Ladungsspeicherdiode ohne Gehäuseelemente. Bahnwiderstand R_s, Sperrschichtkapazität C_s, Flusswiderstand R_f und Diffusionskapazität C_D .

Bei Speisung der Diode in Flussrichtung ist der Schalter S geschlossen, in Sperrichtung geöffnet. Der Schaltzeitpunkt für S ist bestimmt durch die gespeicherte Ladung und den Verlauf des Rückwärtsstroms. Sobald die Ladung in der i-Zone abgeflossen ist, wird der Schalter S geöffnet.

Literatur

[1] S.M. Sze: *Physics of Semiconductor Devices.*
     New York: Wiley, 1981, Kap. 2, 5.

[2] S.M. Sze: *Semiconductor Devices, Physics and Technology.*
     New York: Wiley, 1985, Kap. 3, 5.1.

[3] I. Bahl, P. Bhartia: *Microwave Solid State Circuit Design.*
     New York: Wiley, 1988, Kap. 8.

[4] Zinke-Brunswig: *Lehrbuch der Hochfrequenztechnik.* Band 2,
     Berlin: Springer, 1995.

7 Rauschverhalten von passiven und aktiven Bauelementen

In der Elektronik und der Kommunikationstechnik werden verschiedene Rauschursachen und Phänomene unterschieden:

- Quantisierungsrauschen
- Übersprechen
- Verzerrungen
- elektronisches Rauschen
- usw.

In diesem Kapitel beschränken wir uns auf elektronisches Rauschen, d.h. auf Störungs- oder Rauschphänomene, die von Vorgängen in passiven und aktiven Bauelementen herrühren. Dieses Rauschen ist mit Transportphänomenen von Ladungsträgern (Elektronen und Löchern) verknüpft und wird deshalb als elektronisches Rauschen bezeichnet. So wie Nichtlinearitäten von Bauelementen eine maximale Signalleistung festlegen, die ein Bauelement oder eine Baugruppe verarbeiten kann, so setzt das elektronische Rauschen eine untere Grenze für die Signalleistung.

7.1 Grundlagen der statistischen Signalbeschreibung

Alle elektronischen Rauschphänomene haben als Ursache eine sehr grosse Anzahl voneinander unabhängiger Prozesse. Daher weisen diese Rauschquellen gewisse gut spezifizierbare Eigenschaften auf. Selbstverständlich ist es nicht möglich, irgendwelche Voraussagen über den zeitlichen Verlauf von Rauschströmen oder -spannungen zu treffen, hingegen ist die Statistik im Zeitbereich und die spektrale Leistungsdichte als Funktion der Frequenz gut definierbar. Für ein rauschendes System (z. B. eine Empfängerschaltung) können damit Aussagen gemacht werden über die Wahrscheinlichkeit, dass eine Rauschspannung einen gegebenen Grenzwert überschreitet. Es kann auch, analytisch oder experimentell, der mittlere Effektivwert einer Rauschspannung in einer gegebenen Bandbreite bestimmt werden. Elektronische Rauschquellen gehören zur Klasse der ergodischen Rauschquellen. Die statistischen Eigenschaften von ergodischen Rauschquellen sind zeitunabhängig.

Für einen *ergodischen Prozess* gilt:

Der zeitliche Mittelwert einer Beobachtung an einer Rauschquelle über eine lange Zeit ist gleich dem Mittelwert der Beobachtungen an einer grossen Zahl identischer Rauschquellen über eine sehr kurze Zeit ($\Delta t \rightarrow 0$). (Scharmittel = Zeitmittel)

Ein ergodischer Prozess, z. B. eine Rauschstromquelle, kann im Zeitbereich mit der Wahrscheinlichkeitsdichte $W(i)$ charakterisiert werden. Wdi gibt die Wahrscheinlichkeit des Auftretens des Rauschstromes i im Bereich $i \dots i{+}di$ an.

Die Verteilungsfunktion $D(i)$ besagt, mit welcher Wahrscheinlichkeit ein gegebener Rauschstrom i unterschritten wird. $D(i)$ ist daher das folgende Integral von $W(i)$:

$$D(i) = \int\limits_{-\infty}^{i} W(i') \, di' \tag{7.1}$$

Die Verteilungsfunktion $D(i)$ hat bei $i = -\infty$ den Wert 0 und bei $i = +\infty$ den Wert 1.

Figur 7.1 zeigt eine stochastische Rauschquelle mit einer Wahrscheinlichkeitsdichte $W(i)$ und der zugehörigen Verteilungsfunktion $D(i)$.

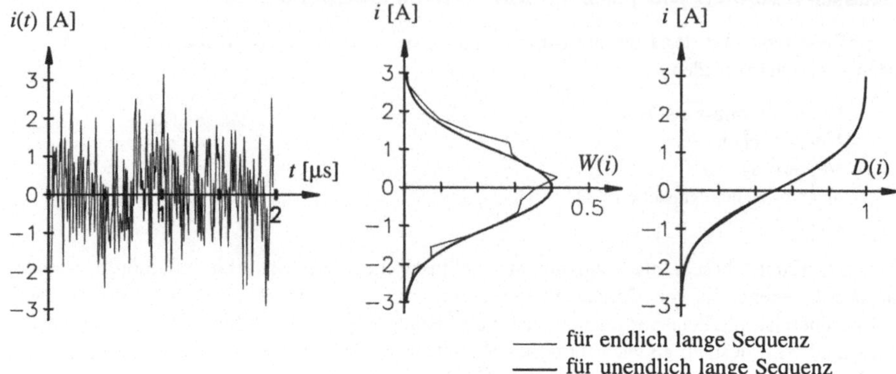

Figur 7.1   Rauschstromquelle mit stochastischer Zeitabhängigkeit $i(t)$: mit einer Wahrscheinlichkeitsdichte $W(i)$ und zugehöriger Verteilungsfunktion $D(i)$.

Die Funktionen $D(i)$ und $W(i)$ charakterisieren die statistischen Eigenschaften der Rauschquelle $i(t)$ vollkommen. Für eine grobe Beschreibung, oder wenn die Form von $D(i)$ bzw. $W(i)$ bekannt ist, genügt die Angabe der folgenden zwei Parameter:

1.   Mittelwert (Erwartungswert) $<i>$ von $i(t)$:

$$<i> = \lim_{T \to \infty} \frac{1}{T} \int_{-T/2}^{+T/2} i(t)\, \mathrm{d}t = \int_{-\infty}^{+\infty} i\, W(i)\, \mathrm{d}i \tag{7.2}$$

2.   Varianz var(i), ist die mittlere quadratische Abweichung von $i(t)$ gegenüber dem Mittelwert $<i>$:

$$\mathrm{var}\,(i) = \lim_{T \to \infty} \frac{1}{T} \int_{-T/2}^{+T/2} (i(t) - <i>)^2\, \mathrm{d}t = \int_{-\infty}^{+\infty} (i - <i>)^2\, W(i)\, \mathrm{d}i \tag{7.3}$$

Die Quadratwurzel aus der Varianz wird Streuung oder *Standardabweichung* genannt:

$$\sigma = \sqrt{\mathrm{var}(i)} \tag{7.4}$$

Die Ursache von elektronischen Rauschprozessen ist in den meisten Fällen eine grosse Zahl von Einzelvorgängen, die voneinander völlig unabhängig sind. Der zentrale Grenzwertsatz der Wahrscheinlichkeitstheorie besagt für diesen Fall, dass die resultierende Wahrscheinlichkeitsdichte $W(i)$ gleich der *Gaussschen Dichtefunktion* $G(i)$ ist:

$$W(i) = G(i) = \frac{1}{\sigma \sqrt{2\pi}}\, e^{-(i - <i>)^2/(2\sigma^2)} \tag{7.5}$$

Diese bekannte und häufig auftretende Funktion mit der zugehörigen Verteilungsfunktion $D(i)$ ist in Figur 7.2 dargestellt.

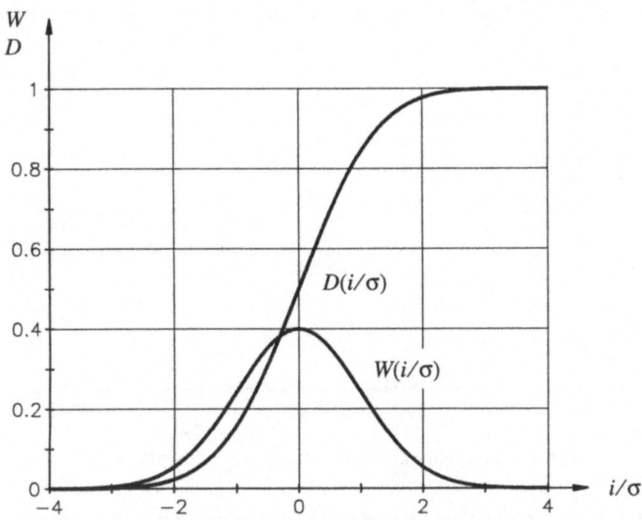

Figur 7.2   Normal- oder Gaussverteilung: Wahrscheinlichkeitsdichtefunktion $W(i/\sigma)$
und Verteilungsfunktion $D(i/\sigma)$.

Das Auftreten der Gaussschen Dichtefunktion in den elektronischen Rauschphänomenen ist als
ausgesprochener Glücksfall zu betrachten. Es zeigt sich nämlich, dass diese Funktion zu einer
sehr einfachen mathematischen Beschreibung von Rauschphänomenen führt. Beispielsweise
liefert die Überlagerung von zwei unabhängigen (unkorrelierten) Gaussschen Rauschquellen
$i_1(t)$ und $i_1(t)$ wiederum eine Gausssche Quelle mit folgendem Mittelwert und Standardabweichung:

$$< i_1 + i_2 > \; = \; < i_1 > + < i_2 > \qquad\qquad (7.6)$$

$$\sigma(i_1 + i_2) \; = \; \sqrt{\sigma^2(i_1) + \sigma^2(i_2)} \qquad\qquad (7.7)$$

Bei elektronischen Rauschquellen werden die Gleichstrom- bzw. Gleichspannungsanteile nicht
in die Rauschbetrachtung einbezogen. Eine Gausssche Rauschquelle ist daher mit der Varianz
oder der Standardabweichung vollständig beschrieben. Gemäss der Definition (7.4) ist die
Standardabweichung gleich dem Effektivwert des Wechselanteils des Rauschstroms.
Die dynamischen Eigenschaften eines stochastischen Signals werden mit der Autokorrelationsfunktion $\mathrm{AKF_i}$ erfasst. Sie gibt Auskunft über das Erinnerungsvermögen eines Rauschsignals
und ist wie folgt definiert:

$$\mathrm{AKF_i}(\tau) \; = \; \lim_{T \to \infty} \; \frac{1}{T} \int\limits_{-T/2}^{+T/2} i(t)\, i(t+\tau)\, \mathrm{d}t \qquad\qquad (7.8)$$

Die Autokorrelationsfunktion $\mathrm{AKF_i}$ hat die Dimension A^2 oder, falls sie auf eine Spannung
angewendet wird: $[\mathrm{AKF_u}] \; = \; \mathrm{V}^2$.

Figur 7.3 zeigt als Beispiel die AKF der endlich langen Sequenz des in Figur 7.1 dargestellten Rauschsignals.

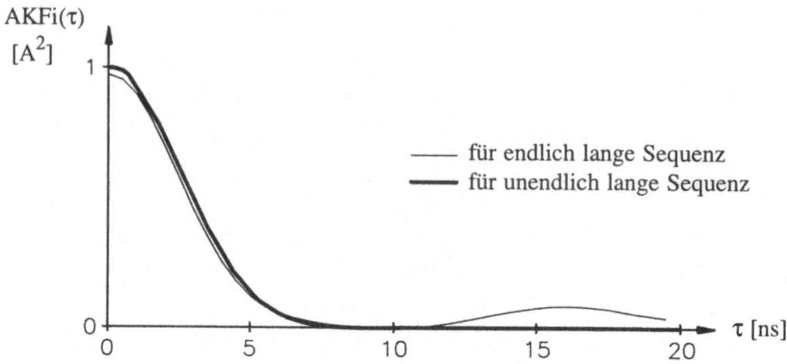

Figur 7.3   Autokorrelationsfunktion des Rauschsignals nach Figur 7.1.

Bisher sind wir in der Beschreibung von Rauschsignalen von einem im Zeitbereich beschriebenen Signal ausgegangen. In der linearen Netzwerkanalyse wird bekanntlich die Betrachtung im Frequenzbereich vorgezogen, und es ist daher zweckmässig, Rauschsignale entsprechend darzustellen. Ein Rauschstrom mit im Zeitbereich Gaussscher Amplitudenverteilung kann im Frequenzbereich mit einer mittleren spektralen "Stromquadratdichte" in Funktion der Frequenz $< i(f) >$ vollständig beschrieben werden. Eine Rauschspannung wird mit der spektralen "Spannungsquadratdichte" $< u(f) >$ beschrieben. Die spektralen Stromquadrat- und Spannungsquadratdichten werden häufig, etwas unpräzis, als spektrale Leistungsdichten bezeichnet. Die spektralen Leistungsdichten $S_i(f)$ und $S_u(f)$ sind wie folgt definiert:

$$S_i(f) = \lim_{T \to \infty} \frac{1}{T} \left| \int_{-T/2}^{+T/2} i(t)\, e^{-j2\pi f t}\, dt \right|^2 \tag{7.9}$$

$$S_u(f) = \lim_{T \to \infty} \frac{1}{T} \left| \int_{-T/2}^{+T/2} u(t)\, e^{-j2\pi f t}\, dt \right|^2 \tag{7.10}$$

mit den Dimensionen $[S_i(f)] = A^2/Hz = A^2 s$, $[S_u(f)] = V^2/Hz = V^2 s$

Das Wiener-Khintchine-Theorem stellt den Zusammenhang her zwischen der Autokorrelationsfunktion AKF(τ) und der spektralen Leistungsdichte $S(f)$:

$$AKF(\tau) = \int_{-\infty}^{+\infty} S(f)\, e^{j2\pi\tau f}\, df \tag{7.11}$$

$$S(f) = \int_{-\infty}^{+\infty} AKF(\tau)\, e^{-j2\pi f \tau}\, d\tau \tag{7.12}$$

Die Autokorrelationsfunktion AKF(τ) und die spektrale Leistungsdichte $S(f)$ sind ein Paar von Fouriertransformierten. Eine Rauschquelle mit frequenzunabhängiger spektraler Leistungsdichte wird als *weisse Rauschquelle* bezeichnet. In Realität kann eine Rauschquelle höchstens in einem endlichen Frequenzbereich weiss sein; eine Quelle mit in der Frequenz unbegrenztem weissen Rauschen hätte eine unendlich hohe Leistung.

Figur 7.4 zeigt ein typisches elektronisches Rauschspektrum.

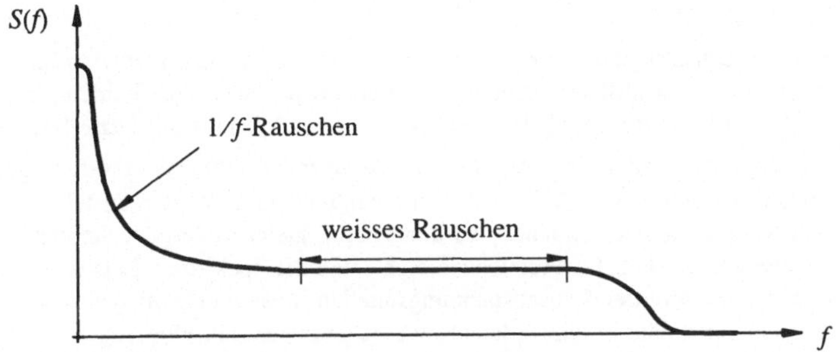

Figur 7.4   Typischer Verlauf der spektralen Leistungsdichte $S(f)$ des Rauschens.

7.2 Lineare Übertragung eines Gaussschen Rauschsignals

In linearen Systemen, die Rauschquellen enthalten, gelten die gleichen Gesetze wie für harmonische Quellen. Wie bei der Beschreibung von Rauschquellen muss aber bei einer Übertragung eines Rauschsignals eine Angabe der spektralen quadratischen Mittelwerte gemacht werden.

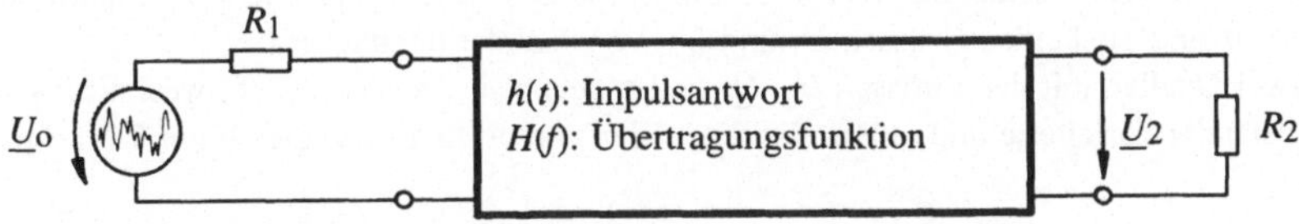

Figur 7.5   Übertragung eines Rauschsignals über ein lineares Zweitor.

Figur 7.5 zeigt ein Übertragungssystem eines Gaussschen Rauschsignals über ein lineares Zweitor mit der Übertragungsfunktion $\underline{H}(f)$. Die Übertragungsfunktion ist dabei definiert als

$$\underline{H}(f) = \frac{U_2}{U_1} \tag{7.13}$$

mit

$$\underline{U}_1 = \underline{U}_0 \frac{R_2}{R_1 + R_2} \tag{7.14}$$

Der quadratische spektrale Mittelwert der Ausgangsspannung $\underline{U}_2$ (~spektrale Leistungsdichte) ist

$$<\underline{U}_2^2> \; = \; <(\underline{U}_1 \, \underline{H}(f))^2> \; = \; <\underline{U}_1^2> \, |\underline{H}(f)|^2 \tag{7.15}$$

Bei einer linearen Übertragung eines Gaussschen Signals bleibt die Gausssche Amplitudenverteilung erhalten. Diese Aussage gilt nicht für alle Amplitudenverteilungen.

7.3 Korrelierte Rauschquellen

Werden zwei harmonische Spannungsquellen, deren Frequenzen gleich oder verschieden sein können, in Serie geschaltet, dann ist das resultierende mittlere Spannungsquadrat:

$$< \underline{U}_{\text{tot}}^2 > = < (\underline{U}_1(f_1) + \underline{U}_2(f_2))^2 > \tag{7.16}$$

$$= < \underline{U}_1^2 > + < \underline{U}_2^2 > + < 2\text{Re}(\underline{U}_1(f_1) \, \underline{U}_2^*(f_2)) >$$

Aus der linearen Wechselstromtheorie ist bekannt, dass das Produkt zweier harmonischer Grössen nur dann einen von null verschiedenen Mittelwert hat, wenn die beiden Grössen gleiche Frequenz haben. Bei unterschiedlichen Frequenzen f_1 und f_2 fällt der letzte Summand von (7.16) weg. Bei einer Betrachtung der mittleren Leistung muss daher das Produkt $\underline{U}_1 \, \underline{U}_2^*$, das den Zusammenhang zwischen den Quellen darstellt, bekannt sein. Werden anstelle von harmonischen Quellen Rauschquellen betrachtet, so können die gleichen Regeln der linearen Netzwerktheorie angewandt werden. Im Frequenzbereich seien die spektralen Leistungsdichten bekannt. Bei der Überlagerung der Rauschspannungsquellen muss unterschieden werden, ob die Quellen voneinander unabhängig sind oder ob ein Zusammenhang, eine sogenannte Korrelation vorliegt. Bei einer Frequenz f seien die spektralen Leistungsdichten $< \underline{U}_1^2 >$ und $< \underline{U}_2^2 >$. Die Korrelation der beiden Quellen kann nun als mittleres Produkt $< \underline{U}_1 \, \underline{U}_2^* >$ bei der Frequenz f angegeben werden. Der Korrelationsfaktor ρ ist gleich dem normierten Produkt:

$$\rho = \frac{< \underline{U}_1 \, \underline{U}_2^* >}{\sqrt{< \underline{U}_1^2 > < \underline{U}_2^2 >}} \tag{7.17}$$

Der Korrelationsfaktor ρ ist eine komplexe, zeitlich konstante, dimensionslose Grösse. Ist der Betrag des Korrelationsfaktors $|\rho| = 1$, dann besteht zwischen $\underline{U}_1$ und $\underline{U}_2$ Proportionalität. Mit $\rho = 0$ sind die beiden Grössen $\underline{U}_1$ und $\underline{U}_2$ voneinander unabhängig.

Sind zwei Quellen mit den Grössen $\underline{U}_1$, $\underline{U}_2$ und ρ gegeben, dann ist es oft zweckmässig, diese als vollständig korrelierte und unkorrelierte Quellen darzustellen, wie dies Figur 7.6 zeigt.

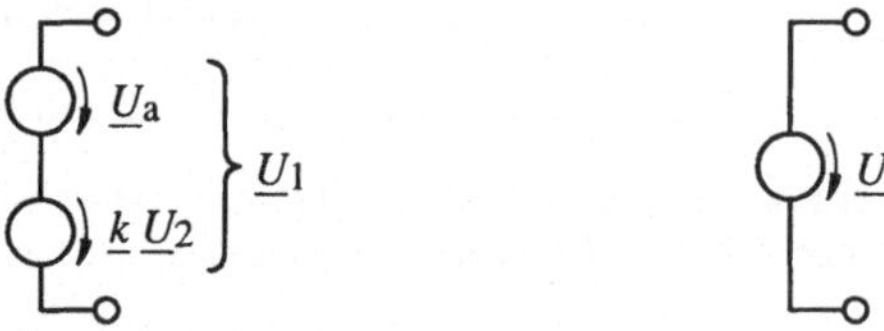

Figur 7.6　　Darstellung von zwei teilweise korrelierten Rauschquellen: Die Quelle $\underline{U}_1$ wird aufgespalten in einen mit $\underline{U}_2$ vollständig korrelierten Anteil $\underline{k}\,\underline{U}_2$ und einen unkorrelierten Anteil $\underline{U}_a$.

Die quadratischen Mittelwerte der beiden Quellen sind:

$$< \underline{U}_1^2 > = < (\underline{U}_a + \underline{k}\,\underline{U}_2)^2 > = < \underline{U}_a^2 > + |\underline{k}|^2 < \underline{U}_2^2 > \tag{7.18}$$

Für das Produkt gilt

$$< \underline{U}_1 \, \underline{U}_2^* > = < (\underline{U}_a + \underline{k}\,\underline{U}_2) \, \underline{U}_2^* > = < \underline{k}\,\underline{U}_2 \, \underline{U}_2^* > = \underline{k} < \underline{U}_2^2 > \tag{7.19}$$

Die komplexe Konstante $\underline{k}$ ist

$$\underline{k} = \varrho \sqrt{<\underline{U}_1^2>/<\underline{U}_2^2>} \qquad (7.20)$$

Beispiel einer einfachen Schaltung mit zwei teilweise korrelierten Rauschquellen nach
Figur 7.7:

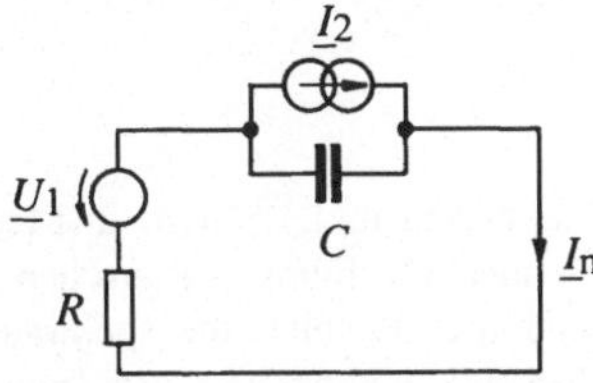

Figur 7.7   Beispiel einer einfachen Schaltung mit zwei teilweise korrelierten
Rauschquellen.

Gegeben sei das Rauschspannungsquadrat $<\underline{U}_1^2>$, das Rauschstromquadrat $<\underline{I}_2^2>$ und der
Korrelationsfaktor

$$\varrho = \frac{<\underline{U}_1 \underline{I}_2^*>}{\sqrt{<\underline{U}_1^2><\underline{I}_2^2>}} \qquad (7.21)$$

der beiden korrelierten Rauschquellen $\underline{U}_1$ und $\underline{I}_2$.

Wir bestimmen das totale Rauschstromquadrat $<\underline{I}_n^2>$:

Der von der Rauschquelle $\underline{U}_1$ verursachte Anteil an $<\underline{I}_n^2>$ ist:

$$\underline{I}_{nu} = \frac{\underline{U}_1}{R + 1/j\omega C} \qquad (7.22)$$

Der von der Rauschquelle $\underline{I}_2$ verursachte Anteil an $<\underline{I}_n^2>$ ist:

$$\underline{I}_{ni} = \frac{\underline{I}_2}{1 + j\omega RC} \qquad (7.23)$$

Damit finden wir für das totale Rauschstromquadrat $<\underline{I}_n^2>$:

$$<\underline{I}_n^2> = <\underline{I}_{nu}^2> + <\underline{I}_{ni}^2> + 2\mathrm{Re}\,[<\underline{I}_{nu}\underline{I}_{ni}^*>] \qquad (7.24)$$

$$(7.25)$$

mit $\qquad <\underline{I}_{nu}^2> = \frac{<\underline{U}_1^2>}{R^2 + 1/\omega^2 C^2}, \qquad <\underline{I}_{ni}^2> = \frac{<\underline{I}_2^2>}{1 + \omega^2 R^2 C^2}$

$$(7.26)$$

$$\underline{I}_{nu}\underline{I}_{ni}^* = \frac{\underline{U}_1}{R + 1/j\omega C} \cdot \frac{\underline{I}_2^*}{1 - j\omega RC} = \frac{\underline{U}_1 \underline{I}_2^* \, j\omega C}{1 + \omega^2 R^2 C^2} \qquad \text{und}$$

$$<\underline{U}_1 \underline{I}_2^*> = \varrho \sqrt{<\underline{U}_1^2><\underline{I}_2^2>} \qquad (7.27)$$

erhalten wir für das totale Rauschstromquadrat $<\underline{I}_n^2>$:

$$<\underline{I}_n^2> = \frac{<\underline{U}_1^2> \omega^2 C^2 + <\underline{I}_2^2> + 2\mathrm{Re}\left[\underline{\rho}\sqrt{<\underline{U}_1^2><\underline{I}_2^2>}\ j\omega C\right]}{1 + \omega^2 R^2 C^2} \qquad (7.28)$$

7.4 Thermisches Rauschen

Die thermische Bewegung von Elektronen und Löchern in Metallen und Halbleitern bewirkt ein Widerstandsrauschen, welches auch als Johnson-Rauschen bezeichnet wird. Die Theorie der Thermodynamik liefert als wichtiges Resultat die spektrale Rauschleistung P, die einen Widerstand mit der Temperatur T an eine angepasste rauschfreie Last abgibt:

verfügbare Rauschleistung: $\qquad P = kT\Delta f$ $\qquad\qquad\qquad$ (7.29)

mit $\quad T$: $\quad$ absolute Temperatur

$\qquad$ k: $\quad$ Boltzmannsche Konstante, $k = 1.38 \cdot 10^{-23}\ Ws/K$:

$\qquad \Delta f$: $\quad$ Frequenzintervall

Gleichung (7.29) besagt also, dass ein Widerstand eine vom Widerstandswert und der Frequenz unabhängige verfügbare Rauschleistung P im Frequenzintervall Δf aufweist (weisses Rauschen). Bei einer Normaltemperatur von $T = 290$ K ist die thermische Rauschleistungsdichte:

$$P(290\ \mathrm{K})/\Delta f = 4.0 \cdot 10^{-18}\mathrm{mW/Hz} = -174\ \mathrm{dBm/Hz} \qquad (7.30)$$

Diese Leistungsdichte erscheint auf den ersten Blick als ausserordentlich klein. In der Praxis aber bestimmt das thermische Rauschen und anderes Rauschen von der gleichen Grössenordnung die minimalen in der Elektronik verarbeitbaren Signalleistungen.
Eine rauschende Impedanz kann mit einem Ersatzschaltbild nach Figur 7.8 als eine rauschfreie Impedanz und eine Rauschstromquelle oder -spannungsquelle dargestellt werden.

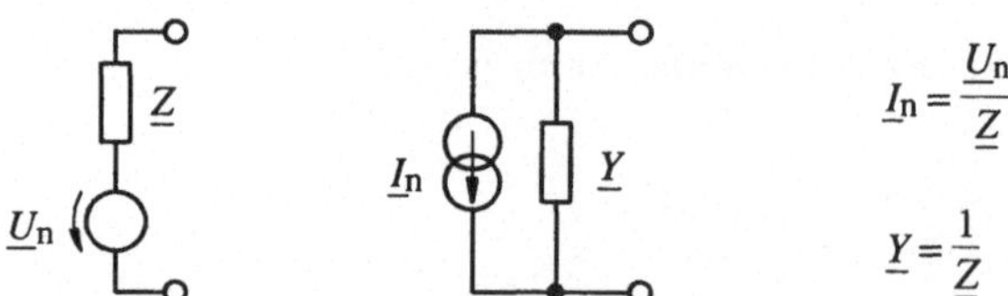

Figur 7.8 $\qquad$ Darstellung der thermisch rauschenden Impedanz als rauschfreie Impedanz und Rauschstromquelle oder Rauschspannungsquelle.

Die Ersatzquellen haben folgende Rauschstrom- bzw. Rauschspannungsquadrate:

$$<\underline{I}_n^2> = 4\,kT\,\mathrm{Re}(\underline{Y})\,\Delta f \qquad (7.31)$$

$$<\underline{U}_n^2> = 4\,kT\,\mathrm{Re}(\underline{Z})\,\Delta f \qquad (7.32)$$

Das thermische Rauschen mit der nach (7.29) genau definierten, frequenzunabhängigen spektralen Leistungsdichte und der Gaussschen Amplitudenverteilung ist bestens geeignet als Referenzrauschen. In der Theorie und in der Messtechnik werden daher Rauschleistungen von verschiedensten Ursachen meist auf einen thermischen Rauschstandard normiert, und man spricht von Rauschtemperaturen T auch bei nichtthermischen Rauschquellen. Wie bereits erwähnt, kann eine Rauschquelle mit endlicher Quellenleistung nur in einem beschränkten Frequenzbereich ein weisses Spektrum aufweisen. So dürfte (7.29) nicht für alle Frequenzen Gültigkeit haben. Nach der Theorie der Thermodynamik ist die thermische spektrale Leistung P als Funktion der Frequenz:

$$P = kT\,\Delta f\,p(f,T) = kT\,\Delta f\,\frac{\mathrm{h}f/kT}{e^{\mathrm{h}f/kT}-1} \tag{7.33}$$

Diese Beziehung besagt, dass die spektrale Leistungsdichte als Funktion der Frequenz abnimmt, sobald das elektromagnetische Energiequant $\mathrm{h}f$ vergleichbar oder grösser als die mittlere thermische Energie eines einatomigen Teilchens (Elektrons) $3\,kT/2$ ist.

Diese Abhängigkeit ist plausibel:

Damit ein Teilchen ein "Rauschenergiequant" $\mathrm{h}f$ abgeben kann, muss seine thermische Energie $3\,kT/2$ mindestens $\mathrm{h}f$ sein. Die temperatur- und frequenzabhängige Gewichtungsfunktion $p(f,T)$ ist für übliche Frequenzen der Elektronik und bei Normaltemperatur nahe eins:

f [GHz]	T [K]	p	
10	300	0.9991	
100	300	0.992	
100	77	0.969	(T: flüssiger Stickstoff)
100	4.2	0.535	(T: flüssiges Helium)
230 THz	300	$1.0 \cdot 10^{-15}$	($\lambda = 1.3\ \mu$m)

Völlig anders sind die Verhältnisse bei optischen Frequenzen, wie das letzte Beispiel zeigt. Ein abgeschlossener optischer Wellenleiter zeigt bei einer Wellenlänge von $1.3\ \mu$m ein verschwindend kleines thermisches Rauschen.

7.5 Lineare rauschende Zweitore

Aus der Theorie der Zwei- und Mehrtore ist bekannt, dass Netzwerke mit internen Quellen, z. B. mit der Y-Matrix und zugehörigen Ersatzstromquellen an jedem Tor dargestellt werden können. Dies gilt auch für rauschende Zweitore. Figur 7.9a, b zeigt mögliche Ersatzschaltungen eines rauschenden Zweitors mit der Y- und der Z-Darstellung. Die Ersatzquellen können als Rauschquellen mit der spektralen Leistungsdichte und mit dem Korrelationsfaktor beschrieben werden:

Y-Ersatzschaltbild: $\quad <\underline{I}_{n1}^2>,\quad <\underline{I}_{n2}^2>,\quad \varrho(\underline{I})$

Z-Ersatzschaltbild: $\quad <\underline{U}_{n1}^2>,\quad <\underline{U}_{n2}^2>,\quad \varrho(\underline{U})$

Für die nachfolgenden Betrachtungen des rauschenden Zweitors ist es zweckmässig, die Ersatzrauschquellen auf den Zweitoreingang zu konzentrieren, wie in Figur 7.9c gezeigt ist. Diese Darstellung entspricht der Kettenmatrixdarstellung mit internen Quellen:

$$\underline{U}_1 = \underline{A}_{11}\,\underline{U}_2 + \underline{A}_{12}\,\underline{I}_2 + \underline{U}_n \tag{7.34}$$
$$\underline{I}_1 = \underline{A}_{21}\,\underline{U}_2 + \underline{A}_{22}\,\underline{I}_2 + \underline{I}_n$$

mit dem Korrelationsfaktor $\rho = \dfrac{<\underline{U}_n \underline{I}_n^*>}{\sqrt{<\underline{U}_n^2><\underline{I}_n^2>}}$

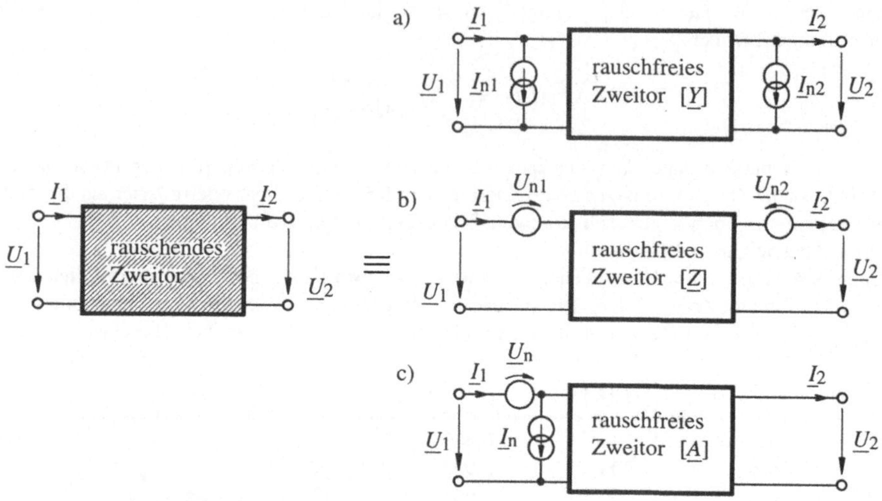

Figur 7.9   Ersatzschaltbild des rauschenden Zweitors mit a) [$\underline{Y}$]-, b) [$\underline{Z}$]- und c) [$\underline{A}$]-Darstellung.

7.5.1 Spektrale Rauschzahl und Rauschtemperatur eines Zweitors

Mit der Darstellung des rauschenden Zweitors als rauschfreies Zweitor mit zwei im Allgemeinen teilweise korrelierten Ersatzrauschquellen ist jedes lineare rauschende Zweitor charakterisierbar. In der Anwendung machen aber die Leistungsdichten und der Korrelationsfaktor der Ersatzquellen keine direkte Aussage über den Einfluss des Rauschens auf das durch das Zweitor geführte Signal. Die spektrale Rauschzahl F ist ein Mass für die Abnahme des Verhältnisses Signal- zu Rauschleistung S/N (Signal to noise) vom Eingang zum Ausgang eines Zweitors. Sie ist wie folgt definiert:

$$F(f) = \frac{P_{s1}/P_{n1}}{P_{s2}/P_{n2}} = \frac{\text{Signal– zu Rauschleistung am Eingang}}{\text{Signal– zu Rauschleistung am Ausgang}} \quad\Big|$$

(7.35)

bei der Frequenz f über
die Bandbreite Δf

Eingangsseitig wird das Verhältnis Signal- zu Rauschleistung auf das thermische Rauschen bezogen, d.h. es wird angenommen, dass die Signalquelle ein thermisches Rauschen mit einer der Normaltemperatur ($T_0 = 290$ K) entsprechenden verfügbaren Rauschleistung P_{n1} aufweist:

$$P_{n1} = kT_0\Delta f$$

(7.36)

Die Rauschzahl F ist dimensionslos und wird oft im logarithmischen Mass angegeben:

$$F(\text{dB}) = 10 \log F \tag{7.37}$$

Werden nach (7.34) alle Rauschquellen am Zweitoreingang konzentriert, ergibt sich eine einfache Interpretation der Rauschzahl (siehe Figur 7.10):

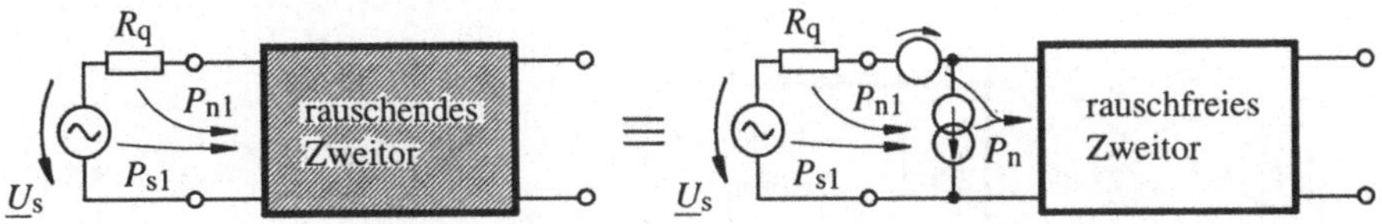

Figur 7.10   Darstellung des rauschenden Zweitors als rauschfreies Zweitor mit auf den Eingang bezogener äquivalenter Rauschleistung P_n.

Das von der Quelle angebotende Verhältnis Signal- zu Rauschleistung ist

$$\frac{P_{s1}}{P_{n1}} = \frac{P_{s1}}{kT_o\Delta f} \tag{7.38}$$

mit den Ersatzrauschquellen U_n und I_n wird das an das rauschfreie Zweitor abgegebene Verhältnis Signal- zu Rauschleistung:

$$\frac{P_{s2}}{P_{n2}} = \frac{P_{s1}}{P_{n1} + P_n} \tag{7.39}$$

P_n bedeutet die auf den Zweitoreingang bezogene Rauschleistung. Da im restlichen, rauschfreien Zweitor das Verhältnis Signal- zu Rauschleistung nicht mehr verändert wird, ist die Rauschzahl des gesamten Zweitors

$$F = 1 + \frac{P_n}{kT_o\Delta f} \tag{7.40}$$

Wird die auf den Eingang bezogene Rauschleistung in Form einer thermischen Rauschquelle mit einer *Rauschtemperatur* $T_n = P_n/(k\,\Delta f)$ dargestellt, dann wird (7.40) zu

$$F = 1 + \frac{T_n}{T_o} \tag{7.41}$$

oder $$\qquad T_n = T_o\,(F-1) \tag{7.42}$$

Gleichung (7.42) ist die Definition der auf den Eingang bezogenen Rauschtemperatur T_n.
Bei einer rechnerischen oder messtechnischen Ermittlung der Rauschzahl F oder der Eingangsrauschtemperatur T_n ist darauf zu achten, dass der Bestimmung der verschiedenen Rausch- bzw. Signalleistungen immer die gleiche Bandbreite Δf zugrunde liegt. Bei einer Messung darf Δf nur so gross gewählt werden, dass innerhalb dieser Bandbreite F nur unwesentlich variiert.

7.5.2 Die Rauschzahl als Funktion der Quellenadmittanz

Die in Figur 7.10 eingeführte äquivalente Rauschleistung P_n ist, wie leicht gezeigt werden kann, abhängig von der Quellenadmittanz $\underline{Y}_q$. Damit ist die spektrale Rauschzahl F ebenfalls eine Funktion der Quellenadmittanz. Zur Untersuchung dieser Abhängigkeit benützen wir die Rauschersatzschaltung nach Figur 7.9c, die in Figur 7.11 nochmals dargestellt ist.

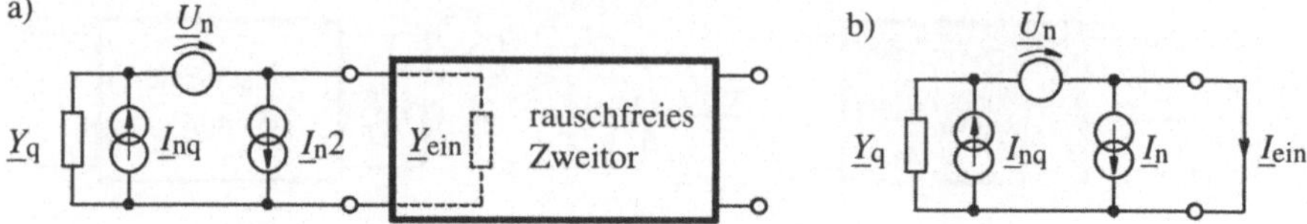

Figur 7.11   a) Rauschersatzschaltbild zur Ermittlung der Rauschzahl F in Funktion der Quellenadmittanz $\underline{Y}_q$. b) Vereinfachtes Rauschersatzschaltbild.

Wie im vorhergehenden Abschnitt benützen wir die Tatsache, dass die Rauschzahl vom rauschfrei gemachten Zweitor nicht verändert wird. Wir ersetzen daher das Zweitor durch die Eingangsadmittanz $\underline{Y}_{ein}$ und interessieren uns für die Signal- und Rauschleistungen, die an $\underline{Y}_{ein}$ abgegeben werden. Da wir zur Berechnung von F nur Leistungsverhältnisse verwenden, ist die Grösse von $\underline{Y}_{ein}$ nicht massgebend. $\underline{Y}_{ein}$ kann daher verändert werden und sogar gleich ∞ werden. Anstelle der an $\underline{Y}_{ein}$ abgegebenen Leistung tritt dann das Quadrat des in Figur 7.11 eingezeichneten Kurzschlussstroms $\underline{I}_{ein}$. Die Rauschzahl F ist somit:

$$F = \frac{<\underline{I}_{ein}^2(\underline{I}_{nq}, \underline{I}_n, \underline{U}_n)>}{<\underline{I}_{ein}^2(\underline{I}_{nq})>} \tag{7.43}$$

mit $\underline{I}_{ein}(I_{nq}, I_n, U_n) = I_{nq} - U_n \underline{Y}_q - I_n$

und $I_{ein}(I_{nq}) = I_{nq}$

Die Mittelwerte der Quadrate von $\underline{I}_k(I_{nq}, I_n, U_n)$ und $I_k(I_{nq})$ sind

$$<\underline{I}_{ein}^2(I_{nq}, I_n, U_n)> \ = \ <I_{nq}^2> + <U_n^2>|\underline{Y}_q|^2 + 2\mathrm{Re}(\underline{Y}_q <U_n I_n^*>) + <I_n^2> \tag{7.44}$$

und $I_{ein}(I_{nq}) = I_{nq}$ (7.45)

Damit finden wir für F

$$F = 1 + \frac{<U_n^2>|\underline{Y}_q|^2 + <I_n^2> + 2\,\mathrm{Re}[\,\underline{Y}_q <U_n I_n^*>\,]}{<I_{nq}^2>} \tag{7.46}$$

Die Funktion $F(\underline{Y}_q)$ nach (7.46) ist recht unübersichtlich. Mit etwas rechnerischem Aufwand kann dieser Ausdruck in folgende Form gebracht werden:

$$\boxed{\ F = F_{min} + \frac{R_n}{G_q}\,|\underline{Y}_q - \underline{Y}_{qo}|^2\ } \tag{7.47}$$

mit F_{min} :   minimale Rauschzahl
    $\underline{Y}_{qo} = G_q + j\,B_q$:   optimale Quellenadmittanz bezüglich Rauschzahl
    R_n :   "Rauschwiderstand",
                                      Konstante mit der Dimension eines Widerstandes,
                                      die die Zunahme der Rauschzahl für $\underline{Y}_q \neq \underline{Y}_{qo}$ angibt.

Figur 7.12 zeigt ein Beispiel der Rauschzahl F in Funktion der Quellenadmittanz $\underline{Y}_q$.

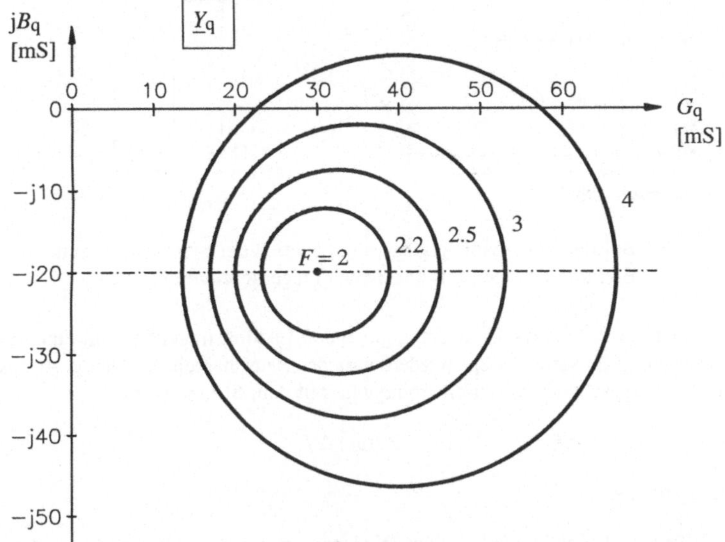

Figur 7.12   Darstellung der Rauschzahl F in der Ebene der Quellenadmittanz $\underline{Y}_q$
          für $F_{min} = 2$, $R_n = 100\,\Omega$ und $\underline{Y}_{qo} = (30 - j\,20)$ mS.

Die Orte konstanter Rauschzahl in der $\underline{Y}_q$-Ebene sind Kreise mit dem Zentrum auf einer Parallelen zur reellen Achse. In einem rauscharmen System wird man bestrebt sein, die Quelle so anzupassen, dass die Quellenadmittanz $\underline{Y}_q$ zu $\underline{Y}_{qo}$ wird.

7.6 Rauschquellen in Halbleiterbauelementen

In Halbleiterbauelementen tritt das in Abschnitt 7.3 besprochene thermische Rauschen in aktiven Teilen und in parasitären Widerständen auf. In Gebieten, wo der Strom durch wenige, aber sehr schnelle Ladungsträger getragen wird, erscheint zusätzlich eine weitere Rauschquelle: die *Schrotrauschquelle* (shot noise source).

7.6.1 Die Schrotrauschquelle in Halbleiterdioden

Die Strom-Spannungscharakteristik von p-n-Kontakten und Schottky-Kontakten wird mit der bekannten exponentiellen Charakteristik beschrieben:

$$i_D = I_{Do}\,(e^{u_D/(k\,T/q)} - 1) \tag{7.48}$$

Im Bereich der Sperrschicht wird der Strom durch eine relativ kleine Anzahl Elektronen und/oder Löcher getragen, die die Sperrschicht mit grosser Geschwindigkeit durchqueren. In einer (sehr groben) Vereinfachung kann angenommen werden, dass die Träger in der Sperrschicht eine konstante Geschwindigkeit, die maximale Driftgeschwindigkeit v_m, aufweisen. Ein einzelner Ladungsträger in der Sperrschicht bewirkt also einen Stromimpuls wie in Figur 7.13 dargestellt.

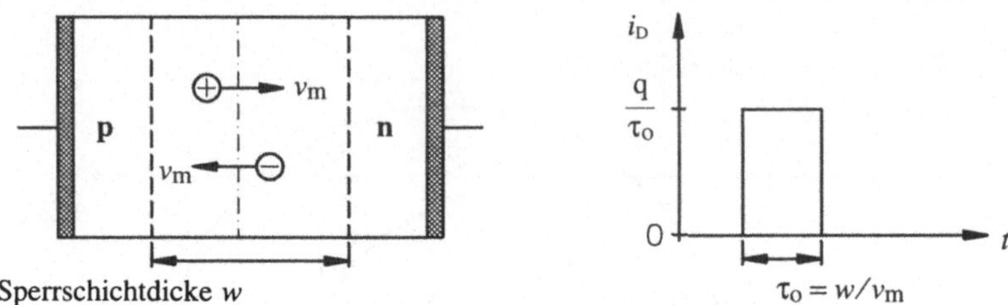

Figur 7.13   Beitrag eines Ladungsträgers im Bereich der Sperrschicht zum Diodenstrom. Einfaches Modell mit konstanter Trägergeschwindigkeit v_m.

Die Gesamtheit der die Sperrschicht durchquerenden Ladungsträger bewirkt einen fluktuierenden Gleichstrom i_D. Es kann gezeigt werden, dass der Rauschanteil des Diodenstroms mit einer zur Diode parallelgeschalteten Rauschstromquelle mit dem Stromquadrat

$$< i_n^2 > \; = \; 2\,q\,(\,i_D + 2\,I_{Do}\,)\,\Delta f \tag{7.49}$$

dargestellt werden kann [1].

Gemäss (7.49) rauscht die Diode bei einer Diodenspannung $u_D = 0$ mit $< i_n^2 > \; = \; 4\,q\,I_{Do}\Delta f$. Für $u_D = 0$ ist der Diodenleitwert $G_d = I_{Do}/(\,\text{k}\,T/\text{q}\,)$. Damit ist

$$< i_n^2 > \; = \; 4\,kT\,G_D\,\Delta f \tag{7.50}$$

Für $u_D = 0$ zeigt die Diode reines thermisches Rauschen.

Wird die Diode in Flussrichtung mit $u_D \ll kT/\text{q}$ betrieben, dann ist

$$< i_n^2 > \; = \; 2\,q\,i_D\,\Delta f \tag{7.51}$$

und der zugehörige Diodenleitwert ist

$$G_D \; = \; \frac{i_D}{kT/\text{q}}. \tag{7.52}$$

Das äquivalente Rauschstromquadrat wird dann zu

$$< i_n^2 > \; = \; 2\,kT\,G_D\,\Delta f \tag{7.53}$$

Damit rauscht die ideale in Flussrichtung betriebene Diode nur mit der halben spektralen Leistungsdichte eines Widerstandes. Dies erscheint etwas ungewöhnlich. Die Reduktion der Rauschleistungsdichte ist darauf zurückzuführen, dass der Rauschstrom und die Leitfähigkeit der Halbleiterdiode miteinander korreliert sind.

7.6.2 Funkelrauschen (1/f-Rauschen)

Bei den meisten Halbleiterbauelementen wird bei sehr tiefen Frequenzen ein Ansteigen der Rauschzahl festgestellt. Dieser Anstieg erfolgt mit einer 1/f-Abhängigkeit. Der Frequenzverlauf der Rauschzahl lässt sich annähernd darstellen mit

$$F = F_0 \left(\frac{f_c}{f} + 1 \right) \tag{7.54}$$

Figur 7.14 zeigt den Verlauf dieser Näherungsfunktion.

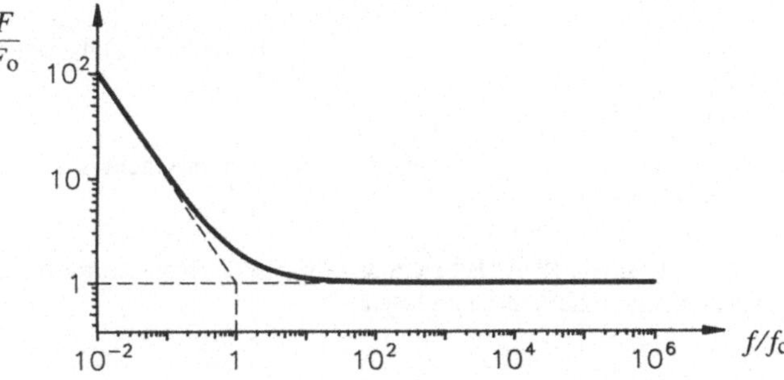

Figur 7.14   Funkelrauschen: Rauschzahl in Funktion der Frequenz.

Dieses Rauschverhalten wird als Funkelrauschen (Flicker noise) oder als 1/f-Rauschen bezeichnet. Die Ursachen dieses Phänomens sind nicht befriedigend erklärt, es ist häufig nicht klar, ob es sich um Volumen- oder Oberflächeneffekte handelt. Man stellt aber fest, dass mit zunehmender Perfektion der Halbleitertechnologie (kristallographische Perfektion, Passivierung der Oberflächen) die 1/f-Rauscheffekte abnehmen. Die definierte Eckfrequenz f_0 ist für Silizium-Bipolartransistoren im Bereich 100 Hz bis 1 kHz, für Feldeffekttransistoren 100 Hz bis 10 MHz und für GaAs Feldeffekttransistoren bis zu 100 MHz.

7.7 Auswirkungen des Rauschens auf Signale

Die Verschlechterung der Signalqualität durch Rauscheinflüsse an allen Orten eines Übertragungskanals wird am Empfängerausgang bei analogen und digitalen Signalen eine Qualitätseinbusse zur Folge haben. Bei analogen Übertragungssystemen werden die Rauscheinflüsse durch das Verhältnis Signal- zu Rauschleistung S/N in Dezibel (dB) charakterisiert. Für eine gewünschte Übertragungsqualität von Fernseh- und Audiosignalen sind die folgenden Werte von Signal- zu Rauschleistung S/N erforderlich:

Übertragungsqualität		S/N [dB]
Fernsehen:	sehr gute Qualität	48 ... 52
	gute Qualität	44 ... 48
	brauchbare Qualität	40 ... 44
Rundfunk		> 56
Silbenverständlichkeit:	Abnahme 2%	40
	Abnahme 5%	30
	Abnahme 15%	20

Für die Angabe der Übertragungsqualität von NRZ (Non return to zero)-intensitätsmodulierten digitalen Signalen wird die Grösse: BER (Bit error rate) benützt. Sie ist die Wahrscheinlichkeit dafür, dass das Rauschsignal höher ist als das halbe Nutzsignal.
Wie Figur 7.15 zeigt, erscheint die Grösse BER im Wahrscheinlichkeitsdichtediagramm als eine Fläche.

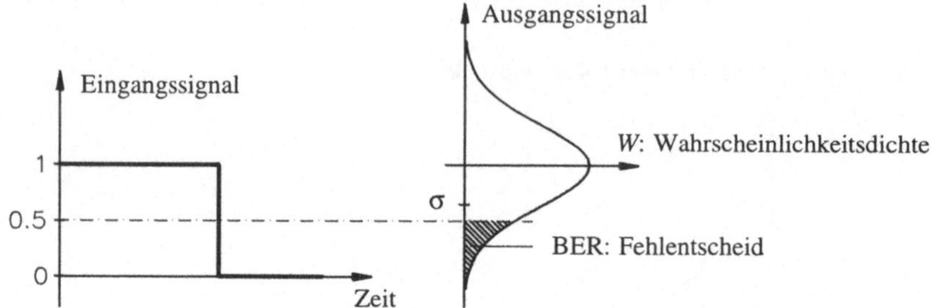

Figur 7.15   Bestimmung von BER (Bit error rate) für NRZ (Non return to zero)-
              intensitätsmodulierte digitale Signale.

Die folgende Tabelle gibt die Fehlerrate BER in Funktion von Signal- zu Rauschleistung S/N an:

BER	S/N [dB]
31 %	0
19 %	5
5.3 %	10
0.25 %	15
$3.0 \cdot 10^{-7}$	20
$1.0 \cdot 10^{-8}$	21
$1.0 \cdot 10^{-10}$	22
$1.0 \cdot 10^{-12}$	23

Literatur

[1] Zinke Brunswig, *Lehrbuch der Hochfrequenztechnik*. Band 2,
     Berlin: Springer Verlag, 1995, Kap. 8.

[2] H. Meinke, F. Gundlach, *Taschenbuch der Hochfrequenztechnik*.
     Berlin: Springer Verlag, 1992, Kap. D

[3] B. Schiek, *Messsysteme der Hochfrequenztechnik*,
     Heidelberg: Hüthig, 1984, Kap. 5

8 Detektoren und Mischer

In der Signalverarbeitung hochfrequenter Signale spielen Detektion und Mischung eine grosse Rolle. Diese Funktionen erlauben eine Frequenzumsetzung von Signalen in einem fast beliebigen Bereich, von Niederfrequenz bis zu optischen Frequenzen. Unter der *Detektion* wird die Umsetzung eines modulierten oder unmodulierten hochfrequenten Signals in ein Gleichspannungssignal (bei konstanter HF-Amplitude) oder ein niederfrequentes Signal (bei amplitudenmoduliertem HF-Signal) verstanden. Das detektierte niederfrequente Signal wird auch als Videosignal bezeichnet. Mit der *Mischung* oder *Modulation* wird ein Signal von einer gewissen Bandbreite auf der Frequenzachse verschoben. Detektion und Mischung sind nichtlineare Vorgänge. Die dazu verwendeten Bauelemente sollten daher ein *ausgeprägtes nichtlineares Verhalten* zeigen. In den meisten Fällen werden nichtlineare *resistive* Bauelemente, wie Dioden und Transistoren, eingesetzt. Grundsätzlich eignen sich auch nichtlineare reaktive Elemente, wie die Varaktordiode. Es zeigt sich aber, dass mit Dioden und Transistoren ausgeprägtere nichtlineare Charakteristiken realisiert werden können als mit nichtlinearen Reaktanzen.
Z. B. kann ein Diodenleitwert mit einer kleinen Änderung der Vorspannung um Grössenordnungen durchgesteuert werden, während bei Varaktordioden mit Aussteuerung über dem gesamten zulässigen Arbeitsbereich eine Variation der differentiellen Kapazität von höchstens eine Dekade erreicht wird.

8. 1 Detektoren

Detektoren haben die Aufgabe, ein hochfrequentes Signal in eine Gleichspannung oder einen Gleichstrom zu wandeln, wobei das Ausgangssignal zur eingespeisten hochfrequenten Leistung proportional sein soll. Aus der analogen Schaltungstechnik ist der Spitzenwertgleichrichter nach Figur 8.1 bestens bekannt. Wird in dieser Schaltung die Diode mit einem grossen Signal

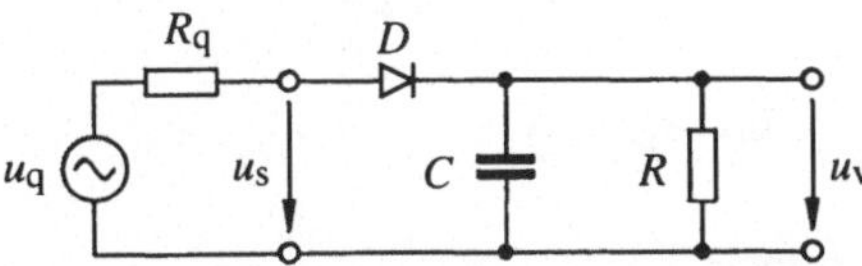

Figur 8.1   Schaltschema eines nach dem Prinzip des Spitzengleichrichters arbeitenden quadratischen Detektors.

ausgesteuert, dann kann die Diodenkennlinie mit guter Näherung als stückweise linear mit zwei Bereichen betrachtet werden. Das gleichgerichtete Ausgangssignal weist dann eine Gleichspannungskomponente auf, die linear mit der Amplitude der Eingangsspannung zusammenhängt. Für kleine Eingangssignale ($\leq$ -10 dBm) hingegen ist das Ausgangssignal proportional dem Quadrat der Eingangsspannung und somit proportional der Eingangsleistung, wie in diesem Kapitel gezeigt wird. Die Detektorschaltung gemäss Figur 8.1 arbeitet demnach, je nach Amplitude der Eingangsspannung, als linearer oder als quadratischer Detektor.
Für die meistgebrauchte Detektordiode, die Schottky-Diode, gilt für die Strom-Spannungscharakteristik (6.35):

$$i_\mathrm{D}\,(u_\mathrm{D}) = \mathrm{I}_0\,(\,\mathrm{e}^{\,q\,u_\mathrm{D}/n\,\mathrm{k}\,T} - 1\,) = \mathrm{I}_0\,(\,\mathrm{e}^{\,u_\mathrm{D}/n\,U_\mathrm{T}} - 1\,) \qquad (8.1)$$

Für kleine Aussteuerungen δi um einen Vorstrom I_DO kann diese Kennlinie mit den ersten Termen einer Taylorreihe approximiert werden:

$$i_\mathrm{D} = I_\mathrm{DO} + \delta i = I_\mathrm{DO} + \frac{\mathrm{d}\,i_\mathrm{D}}{\mathrm{d}\,u_\mathrm{D}}\,\delta u + \frac{1}{2}\frac{\mathrm{d}^2\,i_\mathrm{D}}{\mathrm{d}\,u_\mathrm{D}^2}\,\delta u^2 + \dots \Big|_{u_\mathrm{D}\,=\,U_\mathrm{DO}} \tag{8.2}$$

mit $\qquad\qquad u_\mathrm{D} = U_\mathrm{DO} + \delta u \tag{8.3}$

Mit einer unmodulierten hochfrequenten Diodenspannung

$$\delta u = U_\mathrm{s}\cos\omega t \tag{8.4}$$

wird der Diodenstrom i_D

$$i_\mathrm{D}(t) = I_\mathrm{DO} + \delta i = I_\mathrm{DO} + \frac{\mathrm{d}\,i_\mathrm{D}}{\mathrm{d}\,u_\mathrm{D}}\,U_\mathrm{s}\cos\omega t + \frac{1}{2}\frac{\mathrm{d}^2\,i_\mathrm{D}}{\mathrm{d}\,u_\mathrm{D}^2}\,U_\mathrm{s}^2\,\frac{1+\cos 2\,\omega t}{2} + \dots \Big|_{u_\mathrm{D}\,=\,U_\mathrm{o}} \tag{8.5}$$

Die Änderung δi des Diodenstroms i_D enthält den Gleichstromanteil δi_DO:

$$\delta i_\mathrm{DO} = \frac{1}{4}\frac{\mathrm{d}^2\,i_\mathrm{D}}{\mathrm{d}\,u_\mathrm{D}^2}\,U_\mathrm{s}^2 \tag{8.6}$$

Der Gleichstromanteil δi_DO ist proportional zum Quadrat der Amplitude der Diodenspannung U_s und damit proportional zur absorbierten mittleren HF-Leistung P_s des Eingangssignals. Die Leistung P_s ist bei Vernachlässigung der Terme höherer Ordnung:

$$P_\mathrm{s} = \frac{U_\mathrm{s}^2}{2\,R_\mathrm{D}} \tag{8.7}$$

R_D ist der differentielle Widerstand der Diode und lässt sich durch Differenzieren von (8.1) berechnen:

$$R_\mathrm{D} = \frac{n\,U_\mathrm{T}}{I_\mathrm{DO} + I_\mathrm{o}} \tag{8.8}$$

Der Detektorstrom δi_DO ist somit

$$\delta i_\mathrm{DO} = \frac{1}{2}\frac{\mathrm{d}^2\,i_\mathrm{D}}{\mathrm{d}\,u_\mathrm{D}^2}\,R_\mathrm{D}\,P_\mathrm{s} = \beta_\mathrm{i}\,P_\mathrm{s} \tag{8.9}$$

Der Faktor

$$\beta_\mathrm{i} = \frac{1}{2}\frac{\mathrm{d}^2\,i_\mathrm{D}}{\mathrm{d}\,u_\mathrm{D}^2}\,R_\mathrm{D} \tag{8.10}$$

ist die sogenannte Stromempfindlichkeit mit der Dimension

$$[\,\beta_i\,] = \mathrm{A/W}\ \text{oder}\ \mathrm{mA/mW}$$

Die Detektordiode kann mit dem Ersatzschaltbild Figur 8.2 dargestellt werden.

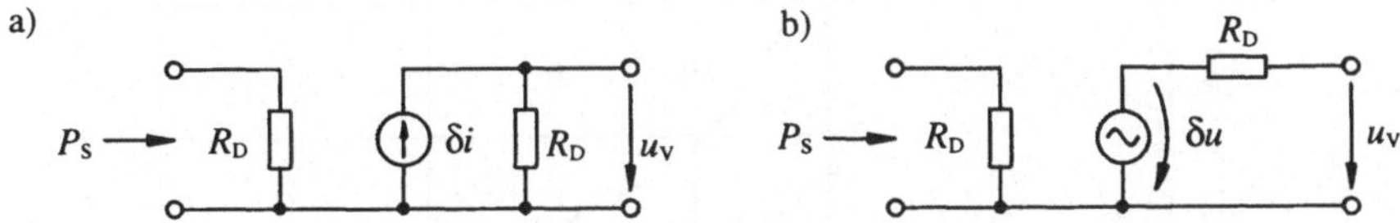

Figur 8.2   Ersatzschaltungen des quadratischen Detektors mit a) Stromquelle und
b) Spannungsquelle.

Bei ausgangsseitigem Leerlauf ist die detektierte Gleichspannung δu_{DO}

$$\delta u_{DO} = \delta i_{DO} R_D = \beta_i P_s R_D = \beta_u P_s \tag{8.11}$$

mit β_u :   Spannungsempfindlichkeit $\beta_u = \beta_i R_D$ $\hspace{2cm}$ (8.12)

Für die Schottky-Diode ist die Stromempfindlichkeit, nach (8.1), (8.8) und (8.10):

$$\beta_i = \frac{1}{2\,n\,U_T} \tag{8.13}$$

mit der Temperaturspannung U_T

$$U_T = \frac{k\,T}{q} \tag{8.14}$$

Bei Raumtemperatur $T = 290°\,K$ ist $U_T = 25\,mV$ $\hspace{3cm}$ (8.15)

Wie (8.13) zeigt, ist die Stromempfindlichkeit der Schottky-Diode unabhängig vom Vorstrom I_{DO} und der Frequenz. Die ideale Schottky-Diode (Idealitätsfaktor $n = 1$) hat nach (8.13) und (8.15) bei Raumtemperatur eine Stromempfindlichkeit $\beta_i = 20\,A/W = 20\,V^{-1}$.
In der Praxis wird anstelle der Stromempfindlichkeit β_i häufiger die Spannungsempfindlichkeit β_u angegeben. Aus (8.8), (8.12) und (8.13) erhält man für die Spannungsempfindlichkeit

$$\beta_u = \beta_i R_D = \beta_i \frac{n\,U_T}{I_{DO} + I_0} = \frac{1}{2\,(I_{DO} + I_0)} \tag{8.16}$$

Da der differentielle Diodenwiderstand R_D vom Vorstrom I_{DO} abhängt, ist die Spannungsempfindlichkeit β_u arbeitspunktabhängig.
Eine reale Diode zeigt neben der Charakteristik (8.1) noch parasitäre Elemente. Im einfachsten Fall sind dies die Sperrschichtkapazität C_S und ein Seriewiderstand R_S (siehe Kapitel 6). Werden diese parasitären Elemente in der Ermittlung der Spannungsempfindlichkeit berücksichtigt, so wird β_u frequenzabhängig.
Figur 8.3 zeigt den Verlauf der Spannungsempfindlichkeit β_u in Abhängigkeit der Frequenz f für eine typische Detektordiode.

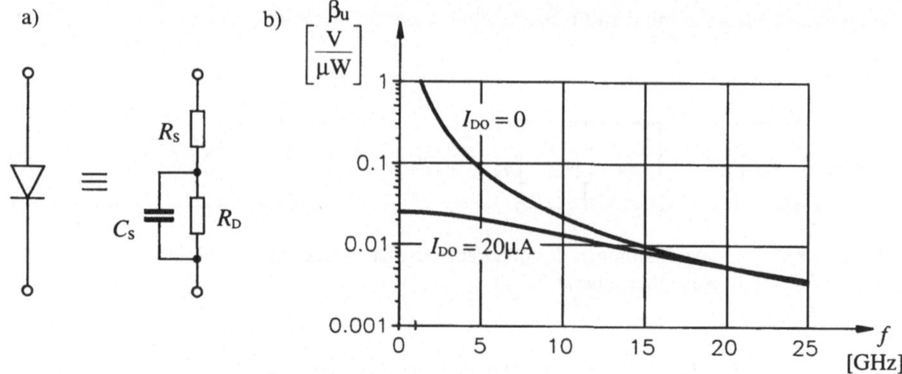

Figur 8.3   Typische Detektordiode: a) Ersatzbild der Diode b) Theoretische Spannungsempfindlichkeit β_u nach [1] für Seriewiderstand R_S = 10 Ω, Sperrschichtkapazität C_S = 0.13 pF und Sättigungsstrom I_0 = 100 nA .

Mit dem in Figur 8.3 gegebenen Ersatzschaltbild der Detektordiode kann ein Detektor-Güte-
faktor in Form einer Grenzfrequenz f_c definiert werden:

$$f_c = \frac{1}{2\pi\, R_S\, C_{so}} \tag{8.17}$$

mit R_S : Seriewiderstand
             C_{so} : Sperrschichtkapazität bei u_D = 0

Damit die Detektoreigenschaften nicht von den parasitären Elementen dominiert werden, sollte
f_c um mindestens eine Grössenordnung über der zu detektierenden Signalfrequenz liegen. Mit
GaAs-Schottky-Dioden können Grenzfrequenzen bis zu 1000 GHz erreicht werden.
Detektoren werden vorzugsweise ohne Vorstrom betrieben. In diesem Betriebszustand wird der
Diodenwiderstand sehr hoch (typisch 100 kΩ) und damit schwer anpassbar. Eine Vergrösse-
rung der Diodenfläche würde wohl den Sättigungsstrom erhöhen, aber gleichzeitig steigt dann
auch die Diodenkapazität. Mit technologischen Mitteln kann die Barrierenhöhe Φ_B reduziert
und so, nach (6.33), der Sättigungsstrom erhöht werden. Damit wird eine Reduktion von R_D
erreicht. Silizium-Schottky-Dioden sind erhältlich mit niedriger Barrierenhöhe (Low barrier),
mittlerer Barrierenhöhe (Medium barrier) und normaler Barrierenhöhe. Die Sättigungsströme
dieser drei Arten unterscheiden sich je um einen Faktor von ca. 100.

8.1.1 Detektorschaltungen

Die Spannungs- und Stromempfindlichkeiten β_u und β_i sagen nichts aus über die Anpassung
eines Detektors an eine Signalquelle. Schottky-Detektoren zeigen wohl hohe Spannungsemp-
findlichkeiten, sind aber meist hochohmig und damit nicht leicht anzupassen.
Figur 8.4 zeigt schematisch zwei Detektorschaltungen. In beiden Schaltungen wird mit Induktivitäten und Kapazitäten, die Teil der Anpassung und des Tiefpasses sein können, eine Trennung des Eingangssignals u_s vom niederfrequenten Videosignal u_v erreicht. Bei hochempfind-
lichen Detektoren wird die Anpassung auf eine relativ kleine Bandbreite ausgelegt, z. B. 10 %.
Damit werden Empfindlichkeiten β_u von bis zu 10 mV/μW bei $f \leq$ 10 GHz erreicht. Breit-
bandige Detektoren erfordern einen Kompromiss in der Anpassung.

a)

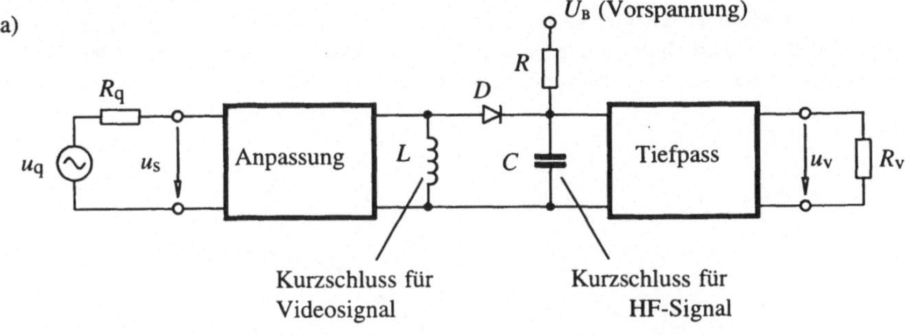

b)

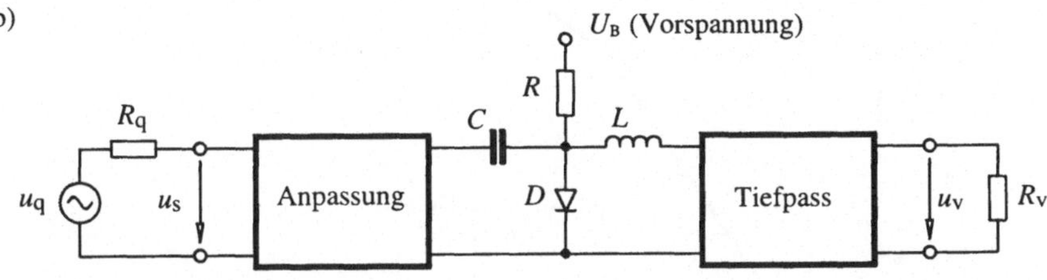

Figur 8.4   Detektorschaltungen: a) Diode in Serieschaltung und b) Diode in
Parallelschaltung.

Häufig wird eine hohe Bandbreite mittels eines Abschlusswiderstandes erzwungen, wie in
Figur 8.5 dargestellt.

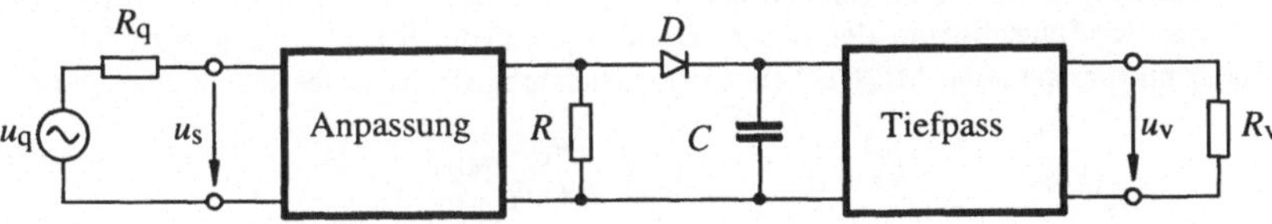

Figur 8.5   Breitbandiger Detektor.

Die Empfindlichkeit solcher breitbandiger Detektoren ist typischerweise 1 mV/µW.

8.1.2 Dynamischer Bereich von Schottky-Detektoren

Die Anwendung eines Detektors ist auf einen gewissen detektierbaren Leistungsbereich beschränkt. Für sehr niedrige Leistungen besteht eine Rauschgrenze, bei hohen Leistungen geht
die quadratische Detektion in die lineare Detektion über. Figur 8.6 zeigt schematisch den quadratischen und den linearen Detektionsbereich sowie die Rauschgrenze und die Sättigungsgren-
ze für einen typischen Detektor. Für die ideale Detektordiode können wir, unter Vernachlässi-
gung aller parasitären Elemente, eine einfache Abschätzung der Rauschgrenze vornehmen.
Nach (7.51) beträgt das Rauschstromquadrat der idealen Diode:

$$<i_n^2> = \frac{(2\ldots 4)\, k\, T}{R_D}\, \Delta f \tag{8.18}$$

Die Diode zeigt ungefähr das gleiche Rauschstromquadrat wie ein Widerstand bei der Temperatur T. Für die weitere Betrachtung nehmen wir an, dass die Diode mit sehr kleinem Vorstrom betrieben wird. Sie zeigt dann rein thermisches Rauschen mit dem konstanten Faktor 4
in (8.18).

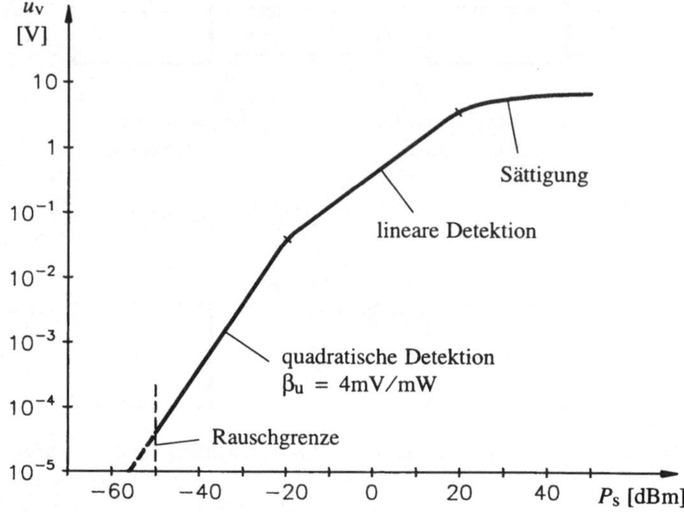

Figur 8.6   Detektionsbereich eines Schottky-Detektors.

Wir bestimmen nun die Signalleistung, die am Detektor den gleichen Effektivwert des Stromes
bewirkt wie der Rauschstrom der Diode. Diese äquivalente Signalleistung wird NEP (Noise
equivalent power) genannt. Mit NEP als Eingangsleistung ist die Detektorspannung mit (8.13):

$$U_s = \beta_i\,R_D\,\text{NEP} = \frac{R_D}{2\,n\,U_T}\,\text{NEP} \tag{8.19}$$

Der Effektivwert der Rauschspannung ist

$$U_n = \sqrt{4\,k\,T\,R_D\,\Delta f} \tag{8.20}$$

Werden Detektorspannung und Rauschspannung gleich gesetzt, dann finden wir für NEP

$$\text{NEP} = 4\,n\,U_T\,\sqrt{\frac{k\,T\,\Delta f}{R_D}} \tag{8.21}$$

Nach (8.8) ist der differentielle Widerstand R_D der idealen Diode (Idealitätsfaktor $n = 1$):

$$R_D = \frac{U_T}{I_{DO} + I_0} \tag{8.22}$$

Damit kann (8.21) geschrieben werden:

$$\text{NEP} = 4\,U_T\,\sqrt{q\,(I_{DO} + I_0)\,\Delta f} \tag{8.23}$$

(8.21) und (8.23) zeigen, dass die äquivalente Rauschleistung mit zunehmendem Diodenwiderstand bzw. abnehmendem Vorstrom I_{DO} und Sättigungsstrom I_0 abnimmt. Da bei einer hochohmigen Diode die Anpassung schwierig ist und der Einfluss der parasitären Elemente dominiert, kann die Diode nicht beliebig hochohmig betrieben werden.

Beispiel:
Ein idealer Schottky-Detektor mit Sättigungsstrom $I_0 = 100\,\text{nA}$ wird ohne Vorstrom betrieben. Bei Raumtemperatur ($T = 290°\,\text{K}$) und einer Bandbreite $\Delta f = 1\,\text{MHz}$ beträgt die äquivalente Rauschleistung NEP:

$$NEP = 12.6\,\text{pW} = -79\,\text{dBm}$$

Reale Dioden mit parasitären Elementen, die teilweise Rauschquellen aufweisen, zeigen eine erheblich grössere äquivalente Rauschleistung. Die besten erreichbaren NEP-Werte für die gegebenen Parameter liegen bei NEP = -60 dBm. In [1] ist eine ausführlichere Rauschanalyse des Schottky-Detektors zu finden mit Berücksichtigung des $1/f$-Rauschens und des Seriewiderstandes R_S.
In der Praxis wird anstelle der äquivalenten Rauschleistung NEP häufig die tangentielle Empfindlichkeit TSS (Tangential signal sensitivity) spezifiziert. TSS wird wie folgt gemessen:
Als Eingangssignal wird ein getastetes HF-Signal verwendet. Ein rauschfreier Detektor würde damit ein rechteckförmiges Videosignal auf einem KO zeigen. Im realen Detektor ist dem Rechtecksignal ein Rauschen überlagert. Die modulierte HF-Leistung wird nun so eingestellt, dass das Videosignal wie in Figur 8.7 erscheint, d.h. die Rauschspitzen der zwei Ausgangspegel sind gerade (tangentiell) in Berührung.

a)

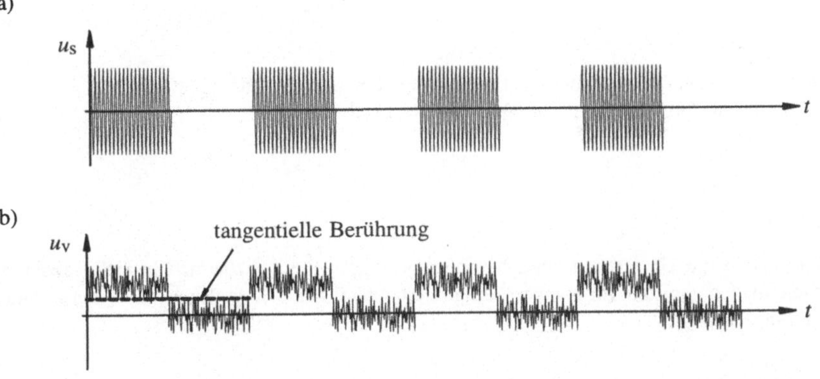

Figur 8.7   Messung der tangentiellen Empfindlichkeit TSS: a) Rechteck-moduliertes Eingangssignal und b) Videosignal.

Die entsprechende HF-Leistung ist die tangentielle Empfindlichkeit TSS. Sie liegt um etwa einen Faktor $2.5 \mathrel{\hat{=}} 4\,\text{dB}$ über dem NEP-Wert. Üblicherweise wird für diese Messung eine Videobandbreite von 1 MHz spezifiziert.

Grosssignaleffekte:
Bei einer Eingangsleistung von ca. -20 dBm geht die quadratische Detektion in die lineare Detektion über, und bei +20 dBm tritt Sättigung ein. Schottky-Dioden sind empfindlich auf Überlastung.

Figur 8.8 zeigt als Beispiel einen mit Mikrostreifen realisierten Detektor.

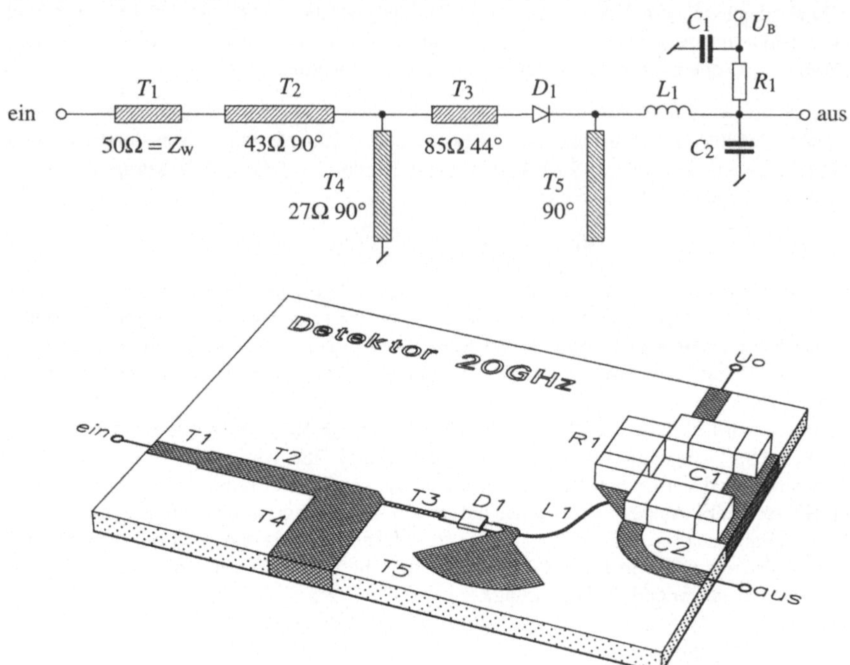

Figur 8.8   Detektorschaltung mit Frequenzbereich 10 ... 20 GHz (nach [1]):
              a) Schaltbild und b) Mikrostreifenschaltung.

8. 2 Mischer

Mischer erlauben die Umsetzung eines Signals von einem Frequenzbereich in einen anderen.
Sie werden in den meisten Empfängern eingesetzt wie Figur 8.9 an Hand eines klassischen
Radioempfängers zeigt.

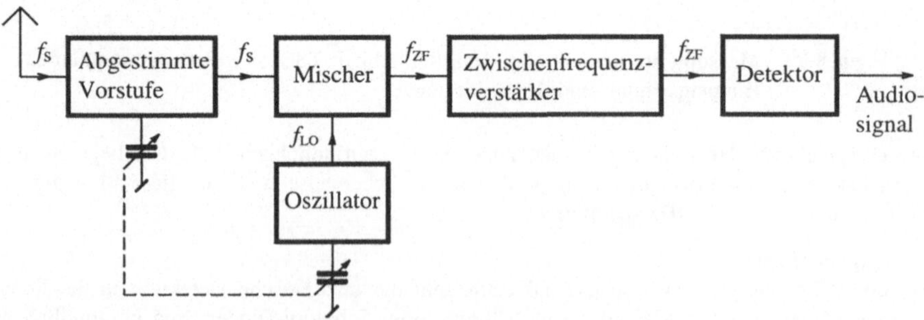

Figur 8.9   Blockschaltbild eines klassischen Radioempfängers.

Dabei wird durch den Mischer das Eingangssignal mit je nach Sender verschiedener Trägerfrequenz in ein Signal (Zwischenfrequenzsignal) mit einer festen Trägerfrequenz umgesetzt. So wird zur Selektion der Sender kein durchstimmbares Bandfilter benötigt. Dadurch können Empfänger von sehr hoher Selektivität mit wenig Aufwand realisiert werden.

Wie bei der Detektion werden nichtlineare Eigenschaften von Bauelementen zur Mischung benötigt. Dabei spielt die Schottky-Diode als Mischer für Frequenzen über 1 GHz die grösste Rolle. Wir werden daher unsere Betrachtungen des Mischers anhand einer diodenähnlichen resistiven Charakteristik vornehmen. Figur 8.10 zeigt eine ganz einfache Mischerschaltung, bestehend aus den Spannungsquellen der Signalfrequenz f_s und der Lokaloszillatorfrequenz f_{LO} sowie einem nichtlinearen resistiven Bauelement, mit dem Diodensymbol D dargestellt.

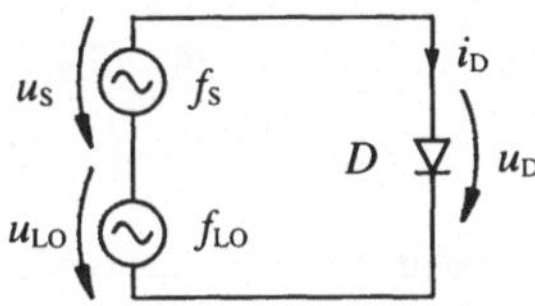

Figur 8.10   Resistiver Mischer.

Die Strom-Spannungscharakteristik des Mischerelements sei in Form einer Taylorreihe gegeben:

$$i_D = c_0 + c_1 u_D + c_2 u_D^2 + c_3 u_D^3 + c_4 u_D^4 + \ldots \tag{8.24}$$

Die totale Quellenspannung ist

$$u_D = U_{LO} \cos \omega_{LO} t + U_s \cos \omega_s t \tag{8.25}$$

(8.25) in (8.24) eingesetzt liefert den resultierenden Diodenstrom:

$$
\begin{aligned}
i_D = \quad & c_0 \tag{8.26}\\[4pt]
& + c_1 \left(U_s \cos \omega_s t + U_{LO} \cos \omega_{LO} t \right)\\[4pt]
& + c_2 \left[\frac{U_s^2}{2} \left(1 + \cos 2 \omega_s t \right) + \frac{U_s U_{LO}}{2} \left(\cos(\omega_{LO} + \omega_s) t + \cos(\omega_{LO} - \omega_s) t \right) \right.\\[4pt]
& \qquad\qquad\qquad\qquad\qquad\qquad\left. + \frac{U_{LO}^2}{2} \left(1 + \cos 2 \omega_{LO} t \right) \right]\\[4pt]
& + c_3 \left[\text{neue Terme mit}: \ 3\,\omega_{LO}, \ (2\,\omega_{LO} \pm \omega_s), \ (\omega_{LO} \pm 2\,\omega_s), \ 3\,\omega_s \right]\\[4pt]
& + c_4 \left[\text{neue Terme mit}: \ 4\,\omega_{LO}, \ (3\,\omega_{LO} \pm \omega_s), \ (2\,\omega_{LO} \pm 2\,\omega_s), \ (\omega_{LO} \pm 3\,\omega_s), \ 4\,\omega_s \right]\\[4pt]
& + c_5 \left[\text{neue Terme mit}: \ 5\,\omega_{LO}, \ (4\,\omega_{LO} \pm \omega_s), \ \ldots \right]\\[4pt]
& + \ldots
\end{aligned}
$$

Die bei jedem Koeffizienten c_j neu dazukommenden Mischproduktfrequenzen können in einer Frequenzpyramide dargestellt werden:

Koeffizient			Frequenz		
c_0				0	
c_1			f_{LO}		f_s
c_2		$2f_{LO}$	$f_{LO} \pm f_s$	$2f_s$	
c_3	$3f_{LO}$	$2f_{LO} \pm f_s$	$f_{LO} \pm 2f_s$	$3f_s$	
c_4	$4f_{LO}$	$3f_{LO} \pm f_s$	$2f_{LO} \pm 2f_s$	$f_{LO} \pm 3f_s$	$4f_s$
c_5	$5f_{LO}$ $\quad$ $4f_{LO} \pm f_s$	$3f_{LO} \pm 2f_s$	$2f_{LO} \pm 3f_s$	$f_{LO} \pm 4f_s$ $\;\dots$	

Figur 8.11 zeigt ein Beispiel eines Spektrums $I_D(f)$ für ein Bauelement mit den Koeffizienten $c_0 \dots c_4$.

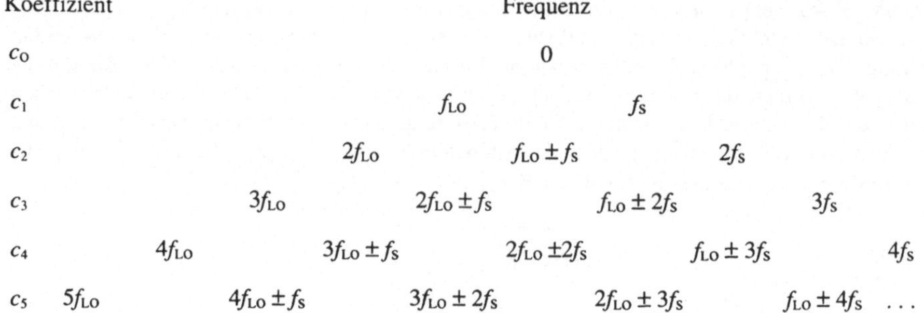

Figur 8.11   Mischspektrum mit Mischprodukten bis zu 4. Ordnung

Im Allgemeinen treten unendlich viele Mischprodukte auf, wie Figur 8.12 veranschaulicht.

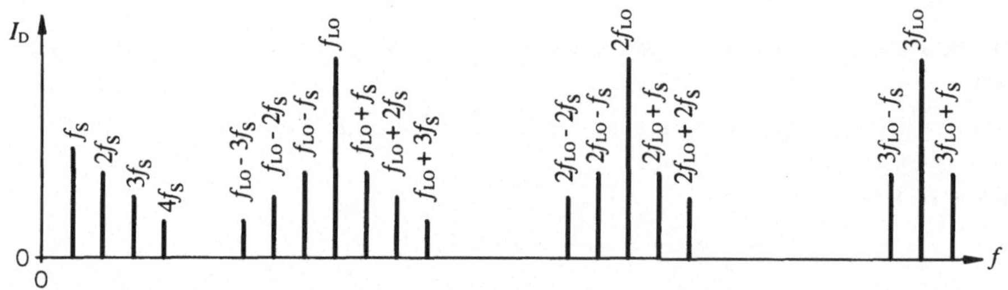

Figur 8.12   Mischspektrum bei hohem Signalpegel.

Meist ist aber das Auftreten vieler Mischprodukte nicht erwünscht; die ganze Kunst des Mischerentwurfs besteht darin, das gewünschte Mischprodukt mit möglichst gutem Wirkungsgrad bei gleichzeitiger Unterdrückung der unerwünschten Produkte zu erhalten. Es ist grundsätzlich möglich, auch nur mit dem Koeffizienten c_2 jedes Mischprodukt zu erzeugen, wenn das nichtlineare Element mit einer reflektierenden Last verbunden ist.

Eine wesentliche Verdünnung des Spektrums ergibt sich, wenn von den beiden Signalen mit den Frequenzen f_s und f_{LO} nur eines so stark ist, dass es die Diode nichtlinear aussteuert.

Das grosse Signal mit der festen Frequenz f_{LO} wird dann *Oszillator* oder *Lokaloszillatorsignal*

(LO-Signal) genannt. Das Mischprodukt, Zwischenfrequenzsignal (ZF-Signal) genannt mit der Frequenz f_{ZF}, kann dann die Mischfrequenzen

$$f_{ZF} = f_{LO} \pm f_S \tag{8.27}$$

und mit Mischung auf einer n -ten Oberwelle des Lokaloszillators die Frequenzen

$$f_{ZF} = n f_{LO} \pm f_S \tag{8.28}$$

aufweisen. Dieser Betrieb mit starkem Lokaloszillator (f_{LO}) und schwachem Signal (f_S) ist der Normalbetrieb. Wie aus (8.26) entnommen werden kann, ist dann die Amplitude I_{ZF} des Zwischenfrequenzsignals der Amplitude U_S des Eingangssignals proportional:

$$I_{ZF} \sim c_2 U_S \qquad \text{für} \quad f_{ZF} = f_{LO} \pm f_S \tag{8.29}$$

$$I_{ZF} \sim c_3 U_S \qquad \text{für} \quad f_{ZF} = 2 f_{LO} \pm f_S \tag{8.30}$$

usw.

Figur 8.13 veranschaulicht dieses bei niedrigem Signalpegel auftretende Spektrum.

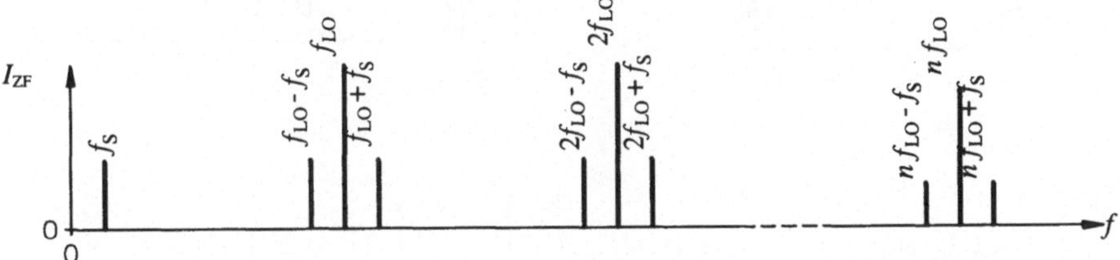

Figur 8.13   Mischspektrum bei niedrigem Signalpegel.

Für die verschiedenen möglichen Mischprodukte sind folgende Begriffe und Bezeichnungen üblich (Figur 8.14):

Aufwärtsmischung: die Zwischenfrequenz liegt über der Eingangsfrequenz: $f_{ZF} > f_S$

Abwärtsmischung: die Zwischenfrequenz liegt unter der Eingangsfrequenz: $f_{ZF} < f_S$

Gleichlage: das Zwischenfrequenzspektrum ist gegenüber dem Signalspektrum
(Regellage)   auf der Frequenzachse verschoben

Kehrlage: das Zwischenfrequenzspektrum ist gegenüber dem Signalspektrum
                         auf der Frequenzachse verschoben und gespiegelt

Spiegelfrequenz: eine 2. Signalfrequenz, die ein meist unerwünschtes Mischprodukt der
                         gleichen Ordnung liefert, wie die gewünschte 1. Signalfrequenz

Oberwellenmischung: Mischung mit einer höheren Harmonischen des Lokaloszillators:
                         $f_{ZF} = n f_{LO} \pm f_S$

In der Hochfrequenz- und Mikrowellentechnik sind folgende Bauelemente als Mischer gebräuchlich:

1. Im Frequenzbereich bis $f = 1000$ MHz werden hauptsächlich Bipolartransistoren und Feldeffekttransistoren als aktive oder passive Mischer, d.h. als Mischer mit und ohne interne Leistungsverstärkung eingesetzt. Passive FET-Mischer zeichnen sich durch eine besonders grosse Dynamik aus.

2. Im Mikrowellenbereich bei $f > 1$ GHz ist die Schottky-Diode als rein resistives nichtlineares Bauelement der meist verbreitete Mischer. Sie ist kostengünstig und einsetzbar bis in den THz-Bereich. Mit dem Einzug der Gallium-Arsenid-Technologie für monolithisch integrierte Schaltungen in den Mikrowellenbereich werden zunehmend aktive Mischer mit GaAs-FETs und HEMTs (High electron mobility transistor) verwendet.

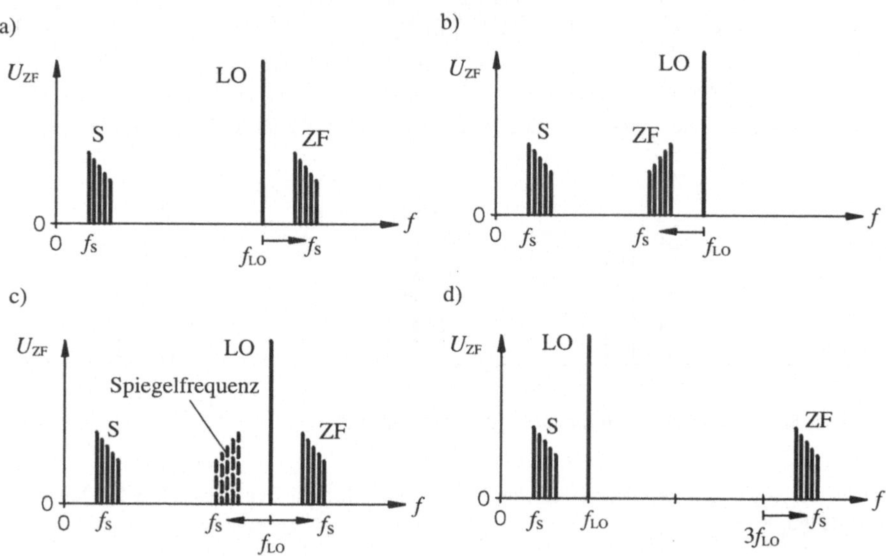

Figur 8.14   Bezeichnung verschiedener Mischprodukte: a) Aufwärtsmischung in Gleichlage,   b) Aufwärtsmischung in Kehrlage, c) Definition der Spiegelfrequenz und d) Oberwellenmischung.

8.2.1 Analyse des idealen Grundwellenmischers

Im vorhergehenden Abschnitt wurden die Quellen für Signal- und Lokaloszillator des Diodenmischers als ideale Spannungsquellen angenommen. Das ZF-Signal war der Diodenstrom. Unter diesen Bedingungen ist der Wirkungsgrad des Mischers beliebig klein. Für einen realistischen Mischer müssen endliche Quellen- und Lastimpedanzen eingesetzt werden, die dann bestmöglich an den Mischer angepasst werden sollten. Wir werden nun einen Mischer mit einer idealisierten Beschaltung, aber mit endlichen Last- und Quellenimpedanzen analysieren und die optimale Anpassung mit zugehörigem Wirkungsgrad (Konversionsverlust) bestimmen.

Figur 8.15 zeigt die Mischerschaltung mit idealen Filtern an jedem Tor.

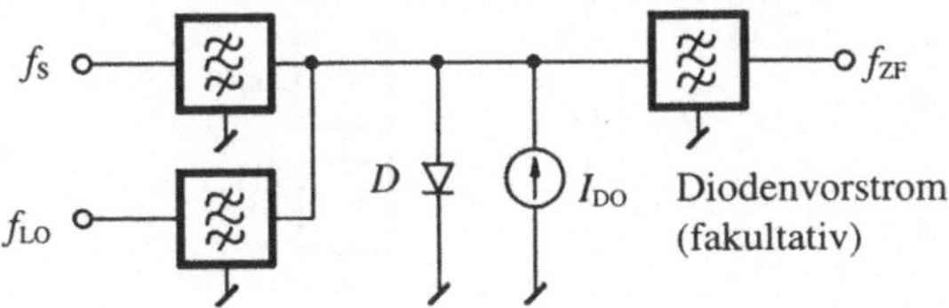

Figur 8.15   Schaltbild des idealen Grundwellenmischers.

Mit den Bandpassfiltern wird erreicht, dass nur Signal- und Lokaloszillatorleistung auf die Dioden geführt werden. Weiter findet, von der Diode aus gesehen, nur das gewünschte Mischprodukt (f_{ZF}) eine Wirklast im Ausgangskreis. Wie üblich setzen wir voraus, dass die Lokaloszillatorleistung viel grösser sei als die Signalleistung. Die Diode zeigt daher einen nur vom Lokaloszillatorstrom bestimmten differentiellen Leitwert, der periodisch mit der Lokaloszillatorfrequenz verändert, "gepumpt" wird. Die Diode kann als lineare, sich zeitlich periodisch verändernde Admittanz betrachtet werden. Figur 8.16 zeigt schematisch die Diode als zeitvariablen Leitwert $G(t)$.

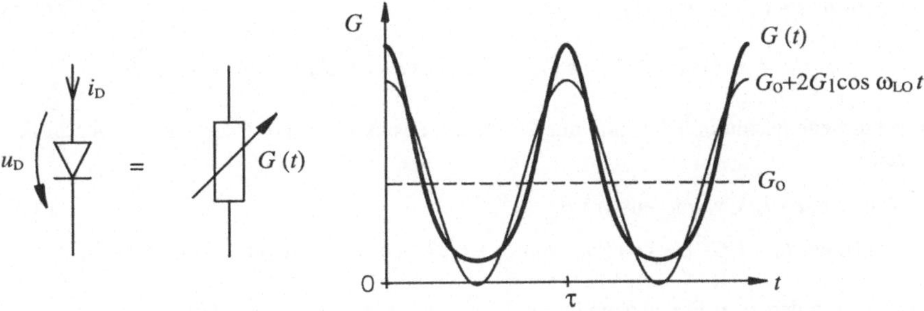

Figur 8.16   Mischerdiode als zeitvariabler Leitwert $G(t)$.

Genau genommen müsste auch die zeitvariable Suszeptanz berücksichtigt werden. In dieser Betrachtung wird die Diode vereinfachend als reeller nichtlinearer Leitwert angenommen.
Mit einem harmonischen Lokaloszillatorsignal wird der Leitwert $G(t)$ beispielsweise einen Verlauf nehmen, wie er in Figur 8.16 gezeigt wird. Mit geeignetem Ursprung auf der Zeitachse kann die Funktion $G(t)$ als reine cos-Reihe dargestellt werden:

$$G(t) = G_0 + 2 \sum_{n=1}^{\infty} G_n \cos (n\, \omega_{LO}\, t) \tag{8.31}$$

mit ω_{LO} : Kreisfrequenz des Lokaloszillators

Mit der Darstellung der Diode als periodisch veränderlicher Leitwert haben wir den Einfluss des Lokaloszillators berücksichtigt und können den Mischer nach Figur 8.17 vereinfachen. Die beiden Bandstopfilter für ω_S und ω_{ZF} bilden einen Kurzschluss für alle Frequenzen ausser ω_S und ω_{ZF}. Nach (8.31) hat die Diode die folgende zeitvariable Charakteristik:

$$\delta i(t) = \delta u(t)\, (G_0 + 2\, G_1 \cos \omega_{LO}\, t + \ldots) \tag{8.32}$$

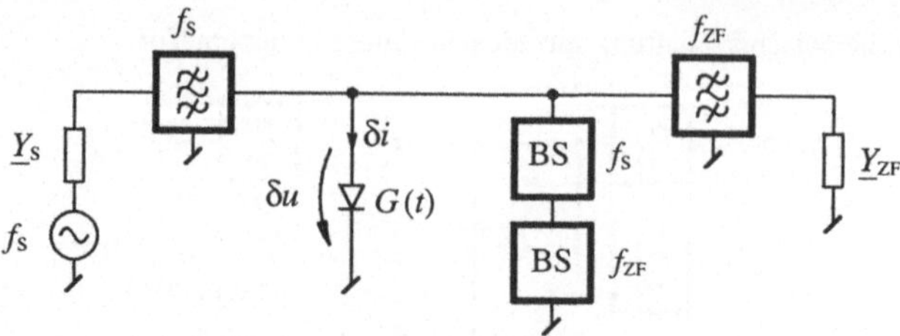

Figur 8.17   Vereinfachte Mischerersatzschaltung.

Dank den idealen Filtern können nur bei den Kreisfrequenzen ω_S und ($\omega_S - \omega_{LO}$) Diodenströme und -spannungen auftreten:

$$\delta u = U_S \cos \omega_S t + U_{ZF} \cos (\omega_S - \omega_{LO})\, t \tag{8.33}$$

$$\delta i = I_S \cos \omega_S t + I_{ZF} \cos (\omega_S - \omega_{LO})\, t \tag{8.34}$$

(8.33) und (8.34) in (8.32) eingesetzt liefert:

$$I_S \cos \omega_S t + I_{ZF} \cos (\omega_S - \omega_{LO})\, t = \tag{8.35}$$

$$\left(G_0 + 2\, G_1 \cos \omega_{LO}\, t\right) \left(U_S \cos \omega_S t + U_{ZF} \cos (\omega_S - \omega_{LO})\, t\right)$$

Die rechte Seite ausmultipliziert und nur Terme mit $\cos \omega_S t$ und $\cos (\omega_S - \omega_{LO})\, t$ berücksichtigt ergibt:

$$I_S \cos \omega_S t + I_{ZF} \cos (\omega_S - \omega_{LO})\, t = \tag{8.36}$$

$$G_0\, U_S \cos \omega_S t + G_0\, U_{ZF} \cos (\omega_S - \omega_{LO})\, t + G_1\, U_S \cos (\omega_S - \omega_{LO})\, t + G_1\, U_{ZF} \cos \omega_S t$$

Geordnet nach den zwei Frequenzen ω_S und ($\omega_S - \omega_{LO}$) finden wir zwei Gleichungen:

$$I_S = G_0\, U_S + G_1\, U_{ZF} \tag{8.37}$$

$$I_{ZF} = G_1\, U_S + G_0\, U_{ZF} \tag{8.38}$$

Diese beiden linearen Gleichungen können als Zweitorgleichungen interpretiert werden, mit I_S und U_S bei der Frequenz ω_S als Eingangsgrössen und I_{ZF} und U_{ZF} bei der Frequenz ($\omega_S - \omega_{LO}$) als Ausgangsgrössen. Der Mischer verhält sich also im einfachsten hier betrachteten Fall als lineares Zweitor. Für den allgemeinen Fall, d.h. wenn in die Analyse N Frequenzen einbezogen werden, kann der Mischer als lineares N-Tor dargestellt werden.
Figur 8.18 zeigt das Ersatzschaltbild für die Zweitorgleichungen (8.37) und (8.38).

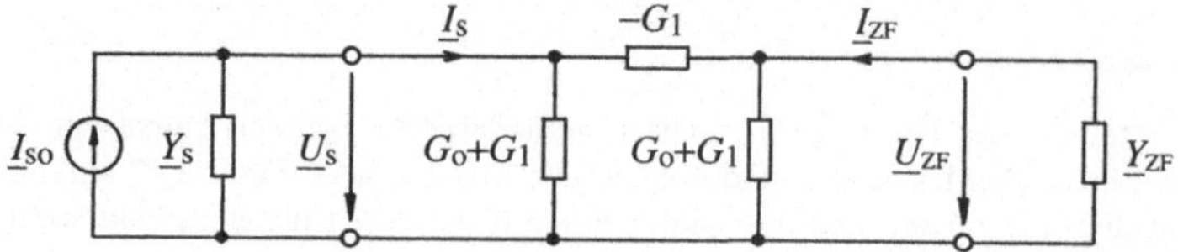

Figur 8.18   Ersatzschaltbild des Mischers gemäss (8.37) und (8.38) als π-Schaltung.

Die Leitwerte G_0 und G_1 stellen dabei den nullten und den ersten Fourierkoeffizienten des periodischen Diodenleitwerts dar.

Ausgehend von diesem Ersatzschaltbild bestimmen wir den Konversionsverlust L, der folgendermassen definiert ist:

$$L = \frac{\text{verfügbare Eingangsleistung}}{\text{Ausgangsleistung}} \tag{8.39}$$

Den minimalen Konversionsverlust L erzielen wir bei beidseitiger Anpassung. Da unser Zweitor nur reelle Elemente aufweist, sind die Quellen- und Lastadmittanzen bei Anpassung reell:

$$Y_\mathrm{S} = Y_\mathrm{ein}^* = G_\mathrm{ein} \tag{8.40}$$

$$Y_\mathrm{ZF} = Y_\mathrm{aus}^* = G_\mathrm{aus} \tag{8.41}$$

$$G_\mathrm{ein} = G_\mathrm{aus} = \sqrt{G_0^2 - G_1^2} \tag{8.42}$$

Bei beidseitiger Anpassung findet man für den zugehörigen minimalen Konversionsverlust L_min:

$$\boxed{L_\mathrm{min} = \left(\frac{G_0}{G_1} + \sqrt{\frac{G_0^2}{G_1^2} - 1} \right)^2} \tag{8.43}$$

Gleichung (8.43) besagt also, dass der minimale Konversionsverlust allein vom Verhältnis der Fourierkomponenten des Diodenleitwerts G_0 und G_1 abhängt.

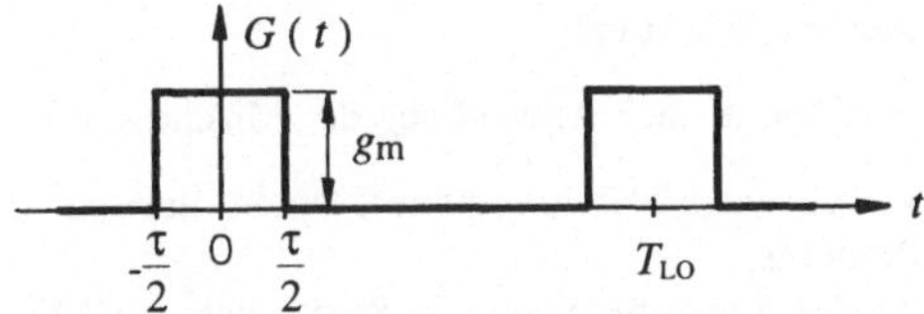

Figur 8.19   Rechteckmodulierter Leitwert $G(t)$ des idealen Mischers.

Figur 8.19 zeigt als Beispiel einen rechteckförmigen Verlauf von $G(t)$ mit einer Impulshöhe g_m, einer Periode T_LO und einem Tastverhältnis τ/T_LO.

Die Fourierreihe dieser Funktion hat die Koeffizienten

$$G_0 = g_\mathrm{m} \frac{\tau}{T_\mathrm{LO}} \tag{8.44}$$

$$G_n = g_\mathrm{m} \frac{\tau}{T_\mathrm{LO}} \frac{\sin \dfrac{n\,\tau}{T_\mathrm{LO}} \pi}{\dfrac{n\,\tau}{T_\mathrm{LO}} \pi} \tag{8.45}$$

Für ein Tastverhältnis $\dfrac{\tau}{T_{LO}} = 50\,\%$ ist $L = 7.8 \buildrel\wedge\over= 8.9\,\text{dB}$.

Mit abnehmendem Tastverhältnis nimmt der Konversionsverlust L ab und für $\dfrac{\tau}{T_{LO}} \to 0$ geht $L \to 1 \buildrel\wedge\over= 0\,\text{dB}$. Gleichzeitig nimmt aber der optimale Quellen- und Lastleitwert $G_{ein} = G_{aus}$ ab, und für $\dfrac{\tau}{T_{LO}} \to 0$ geht G_{ein} auch gegen 0 und der Mischer wird nicht mehr anpassbar.

8.2.2 Rauschverhalten des Mischers

Die minimale Signalleistung, die ein Mischer verarbeiten kann, ist bestimmt durch dessen Eigenrauschen.
Die Rauschquellen im Mischer sind:

- Schrotrauschen der Diode und
- thermisches Rauschen der parasitären Widerstände.

Mit diesen Rauschquellen zeigt der Mischer gegen das ZF-Tor eine Rauschtemperatur nahe der Umgebungstemperatur T_{LO}. Bei einem Konversionsverlust L reduziert sich das Verhältnis von Signalleistung zu Rauschleistung vom Eingang zum Ausgang um den Faktor L.
Gemäss Definition (7.35) wird die Rauschzahl F

$$F \approx L \tag{8.46}$$

Diese einfachste Abschätzung kann als "Daumenregel" betrachtet werden, die auch durch Messungen an verschiedene Mischertypen bestätigt wird. Eine genauere Analyse zeigt aber, dass die Rauschzahl F auch kleiner als der Konversionsverlust L werden kann [2].

8.2.3 Ausführungsformen von Mischern

Folgende Bedingungen werden, je nach Anwendung des Mischers, gestellt:

- Selektion eines gewünschten Mischproduktes, Unterdrückung aller anderen unerwünschten Produkte,
- Isolation zwischen den Toren für Signal, Lokaloszillator und Zwischenfrequenz,
- hoher dynamischer Bereich: niedriges Rauschen, Linearität bis zu hohem Signalpegel.

Der einfachste Mischertyp entspricht dem in Abschnitt 8.2.1 behandelten Eindiodenmischer (single ended mixer), nach Figur 8.20a. Da die Isolation der verschiedenen Tore mit Bandpassfiltern erreicht wird, ist der Frequenzbereich stark eingeschränkt. Figur 8.20b zeigt eine häufig benützte Variante des Eindiodenmischers ohne Trennfilter an den Eingängen für Signal und LO. Bei nahe beieinander liegenden Frequenzen f_{LO} und f_s werden die entsprechenden Signale gleichzeitig an den Mischer angepasst. Der 10 dB Richtkoppler entkoppelt die beiden Eingänge. Allerdings wird dabei ein starkes LO-Signal gefordert, da dieses mit einer Dämpfung von 10 dB dem Mischer zugeführt wird. Im Signalpfad ist die Dämpfung nur unerheblich. Durch Verwendung mehrerer identischer Mischerdioden und symmetrischer Schaltungen kann ein Teil der möglichen Mischprodukte unterdrückt und gleichzeitig eine Isolation der Tore erreicht werden. Figur 8.21 zeigt das Konzept des Gegentaktmischers. Bei idealer Symmetrie ist das LO-Tor gegen die beiden anderen Tore entkoppelt. Der Lokaloszillator steuert die beiden Dioden gleichzeitig aus. Sind die Dioden sperrend, dann erscheint die volle Signalspannung über den beiden Dioden. Bei leitenden Dioden wird die Signalspannung kurzgeschlossen.

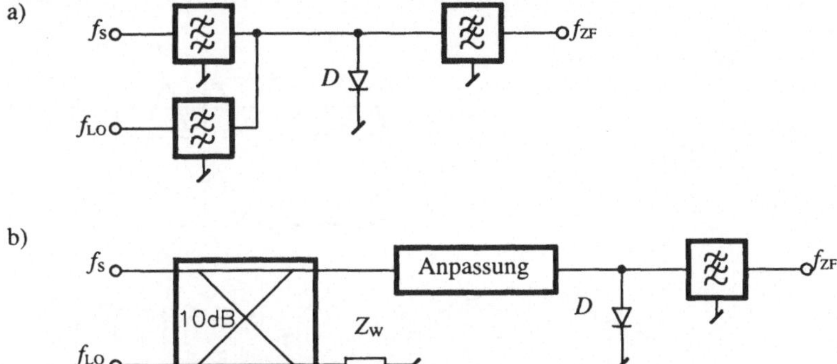

Figur 8.20   Eindiodenmischer: a) Isolation der Tore mit Bandpassfiltern, b) Isolation der
Tore mit Richtkoppler und Tiefpassfilter.

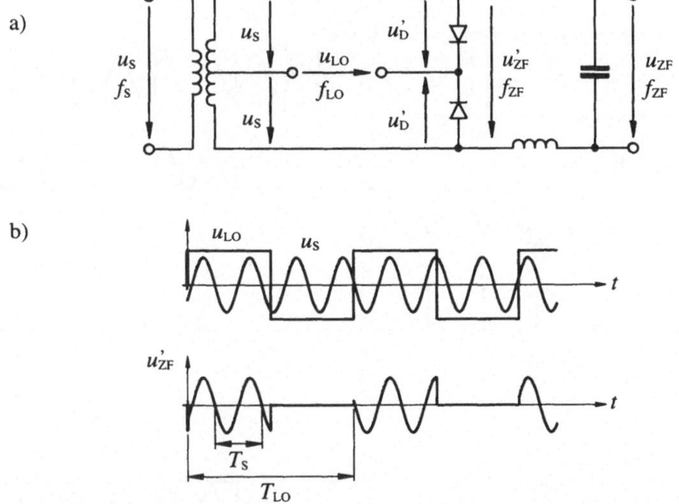

Figur 8.21   Gegentaktmischer: a) Schaltung und b) Verlauf der ungefiltrierten Ausgangsspannung u'_{ZF}.

Idealisiert hat die Spannung u'_{ZF} den in Figur 8.21 angegebenen Verlauf. Dieses Signal enthält
keine Komponente mit der LO-Frequenz. Das ZF-Signal wird auch weitgehend unabhängig
von allfälligen Schwankungen der LO-Amplitude. Figur 8.22 zeigt eine Zusammenstellung der
wichtigsten Mischertypen. Der Ringmischer, mit vier in einem Ring angeordneten Dioden,
zeigt ein stark verdünntes Mischspektrum. Er verhält sich weitgehend wie ein idealer analoger
Multiplikator des Eingangssignals mit dem LO-Signal.
Durch eine geeignete Verkoppelung der Signale von zwei Mischern ist es möglich, das untere
und das obere Seitenband auf der ZF-Seite zu trennen. Figur 8.23 zeigt einen Einseitenbandmischer. Dieser Mischer liefert die auf beiden Seiten der Lokaloszillatorfrequenz liegenden
Signalfrequenzen an getrennte Ausgänge.

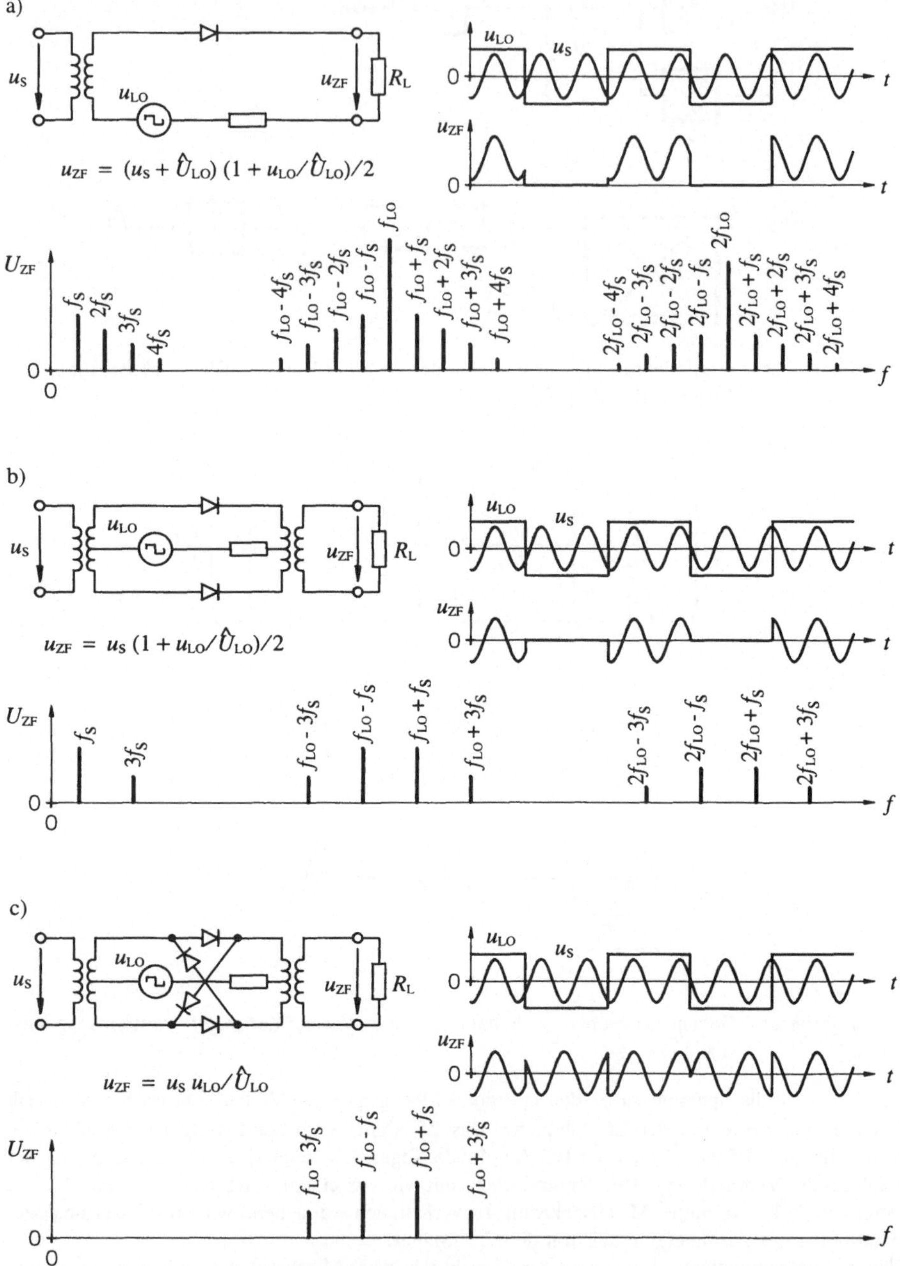

Figur 8.22   Zusammenstellung der wichtigsten Mischertypen: a) Eindiodenmischer,
b) Gegentaktmischer und c) Ringmischer.

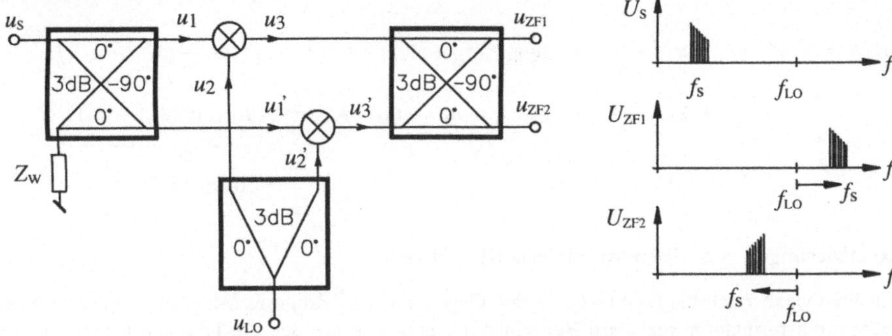

Figur 8.23   Einseitenbandmischer: Die beiden Seitenbänder mit den Frequenzen f_{s+} und f_{s-} erscheinen auf der ZF-Seite getrennt an den Toren O und U (oberes und unteres Seitenband).

Analyse der Signale des Einseitenbandmischers:

$$u_1 = \frac{u_s}{\sqrt{2}} = \frac{U_s}{\sqrt{2}} \cos \omega_s t \tag{8.47}$$

$$u_1' = \frac{u_s}{\sqrt{2}} \angle -\pi/2 = \frac{U_s}{\sqrt{2}} \cos(\omega_s t - \pi/2) = \frac{U_s}{\sqrt{2}} \sin \omega_s t \tag{8.48}$$

$$u_2 = u_2' = \frac{U_{LO}}{\sqrt{2}} \cos \omega_{LO} t \tag{8.49}$$

$$u_3 = k\, u_1\, u_2 \tag{8.50}$$
$$= \frac{k}{2} U_s U_{LO} \cos \omega_s t \, \cos \omega_{LO} t = \underbrace{\frac{k}{4} U_s U_{LO} \cos(\omega_{LO} + \omega_s) t}_{\text{oberes Seitenband}} + \underbrace{\frac{k}{4} U_s U_{LO} \cos(\omega_{LO} - \omega_s) t}_{\text{unteres Seitenband}}$$

$$u_3' = k\, u_1'\, u_2' \tag{8.51}$$
$$= \frac{k}{2} U_s U_{LO} \sin \omega_s t \, \cos \omega_{LO} t = \underbrace{\frac{k}{4} U_s U_{LO} \sin(\omega_{LO} + \omega_s) t}_{\text{oberes Seitenband}} - \underbrace{\frac{k}{4} U_s U_{LO} \sin(\omega_{LO} - \omega_s) t}_{\text{unteres Seitenband}}$$

$$u_{ZF1} = u_3 + u_3' \angle -\pi/2 = \frac{k}{4} U_s U_{LO} \Big(\cos(\omega_{LO} + \omega_s) t + \cos(\omega_{LO} - \omega_s) t + \tag{8.52}$$
$$+ \sin\big((\omega_{LO} + \omega_s) t - \pi/2\big) - \sin\big((\omega_{LO} - \omega_s) t - \pi/2\big) \Big) = \underbrace{\frac{k}{2} U_s U_{LO} \cos(\omega_{LO} - \omega_s) t}_{\text{unteres Seitenband}}$$

$$u_{ZF2} = u_3 \angle -\pi/2 + u_3' = \frac{k}{4} U_s U_{LO}\Big(\cos.\big((\omega_{LO}+\omega_s)\,t - \pi/2\big) + \cos\big((\omega_{LO}-\omega_s)\,t - \pi/2\big) \tag{8.53}$$

$$+ \sin(\omega_{LO}+\omega_s)\,t - \sin(\omega_{LO}-\omega_s)\,t\Big) = \frac{k}{2}\,U_s\,U_{LO}\,\underbrace{\sin(\omega_{LO}+\omega_s)\,t}_{\text{oberes Seitenband}}$$

Realisierungen von Mischern mit Schottky-Dioden

Im Frequenzbereich bis $f \approx 4$ GHz werden Gegentakt- und Ringmischer mit konzentrierten Ferritkerntransformatoren realisiert. Bei höheren Frequenzen werden die Transformatoren mit verschiedenen Kopplertypen bestehend aus Mikrostreifen-, Koplanar- und Schlitzleitungselementen hergestellt. Aus der Vielzahl von möglichen Mischertypen werden hier zwei vorgestellt. Figur 8.24 zeigt das Prinzipschema und den Aufbau eines Gegentaktmischers mit Ratrace-Koppler.

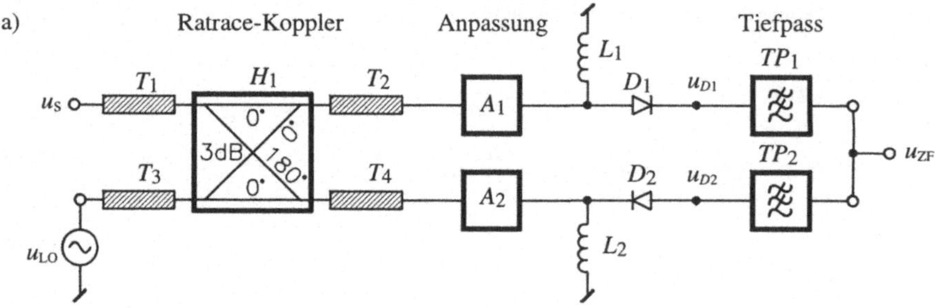

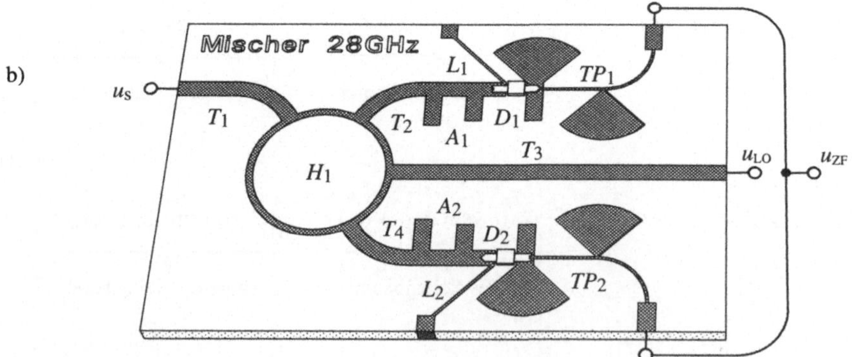

Figur 8.24   Gegentaktmischer mit Ratrace-Koppler: a) Prinzipschema, b) Aufbau in Mikrostreifentechnik.

Mit Hilfe des Ratrace-Kopplers wird das Lokaloszillatorsignal u_{LO} phasengleich auf die beiden nicht gleichsinnig gepolten Dioden D_1 und D_2 aufgeteilt. Das Eingangssignal u_s wird im Ratrace-Koppler ebenfalls auf die beiden Dioden aufgeteilt. Diese beiden Anteile des Eingangssignals zeigen einen Phasenunterschied von 180°.

Die Spannungsverläufe an den beiden Dioden und ihrer Summe als Ausgangssignal u_{ZF} sind in Figur 8.25 vereinfacht dargestellt, wobei das Lokaloszillatorsignal u_{LO} idealisiert als rechteckförmiges Signal gezeigt ist. Das Ausgangssignal u_{ZF} hat, bei idealer Diodencharakteristik, den gleichen Verlauf wie beim Ringmischer.

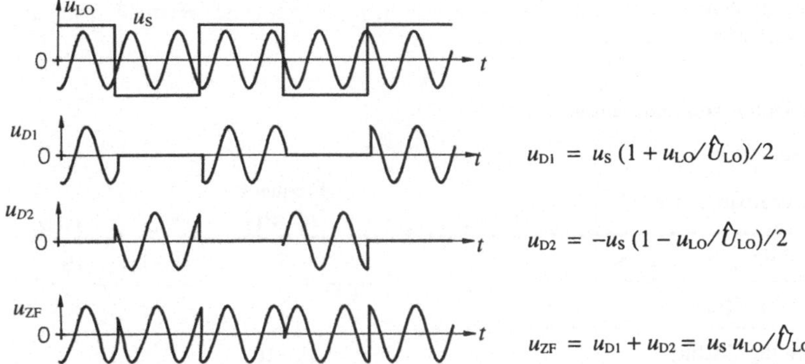

$$u_{D1} = u_S (1 + u_{LO}/\hat{U}_{LO})/2$$

$$u_{D2} = -u_S (1 - u_{LO}/\hat{U}_{LO})/2$$

$$u_{ZF} = u_{D1} + u_{D2} = u_S \, u_{LO}/\hat{U}_{LO}$$

Figur 8.25   Spannungsverläufe des Gegentaktmischers nach Figur 8.24.

In Figur 8.26 ist ein Gegentaktmischer dargestellt, der als Fin-Line-Schaltung in einem Hohlleiter eingebaut ist.

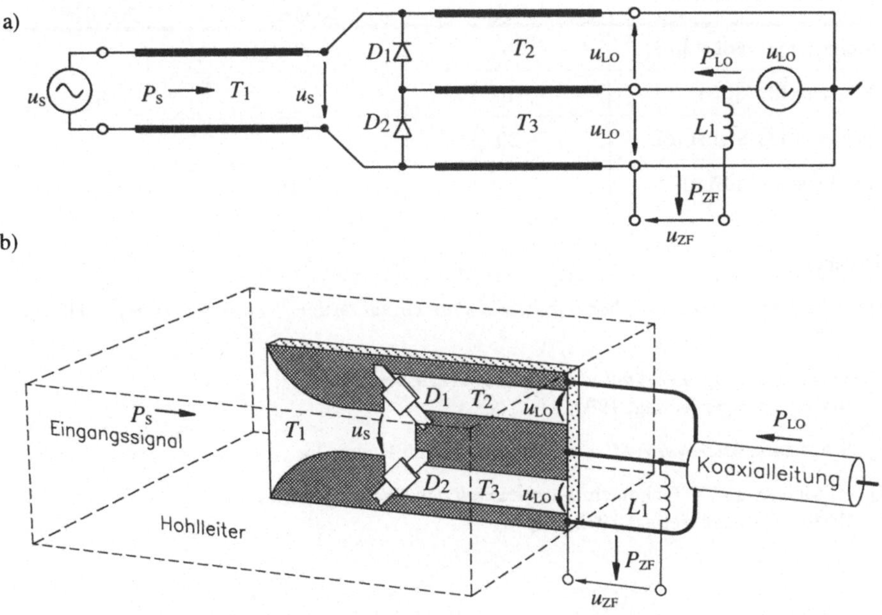

Figur 8.26   Gegentaktmischer, realisiert mit Fin-Line-Schaltung in einem Hohlleiter:
a) Prinzipschema, b) Schaltungsaufbau.

Mit dem Taper T_1 wird das elektromagnetische Feld des H_{10}-Modes in die Schlitzleitung geführt. Von der rechten Seite wird das Lokaloszillatorsignal über eine Koplanarleitung zu den bezüglich des Innenleiters der Koplanarleitung gegensinnig gepolten Dioden D_1 und D_2 eingekoppelt. Die Dioden schliessen periodisch den Innenleiter der Koplanarleitung mit der oberen bzw. unteren Seite der Schlitzleitung kurz, sodass das Nutzsignal im Takt des Lokaloszillatorsignals um 180° umgetastet wird. Das Ausgangssignal u_{ZF} hat somit ebenfalls qualitativ den gleichen Verlauf wie beim Ringmischer.

Typische Daten von Diodenmischern:

Eindiodenmischer:

Mischerparameter	Frequenz		
	1 GHz	10 GHz	20 GHz
Konversionsverlust [dB]	5	7	10
Rauschzahl F [dB]	6	7	8
LO-Leistung [dBm]	5 ... 10		

Gegentaktmischer:
(Oktav-Bandbreite)

Mischerparameter	Frequenz		
	1 GHz	10 GHz	20 GHz
Konversionsverlust [dB]	4	6	9
Rauschzahl F [dB]	6	7	8
Isolation LO-Signal [dB]	20	20	20
LO-Leistung [dBm]	5 ... 10		

Literatur

[1] I. Bahl and P. Bhartia: *Microwave solid state circuit design.* New York: Wiley, 1988, Kap.8.

[2] Zinke Brunswig: *Lehrbuch der Hochfrequenztechnik.* Band 2, Berlin: Springer Verlag, 1995.

[3] S.A. Maas: *Microwave Mixers.* Dedham: Artech House, Inc., 1993.

[4] H. Meinke und F. Gundlach: *Taschenbuch der Hochfrequenztechnik.* Berlin: Springer Verlag, 1992, Kap G.

9 Schalter, Attenuatoren, Phasenschieber und Frequenzvervielfacher

9.1 Die PIN-Diode als elektronisch steuerbarer Schalter und Attenuator

Wie im Kapitel 6 gezeigt wurde, zeichnet sich die PIN-Diode durch folgendes Verhalten für eine Vorspannung in Fluss- und Sperrichtung aus:

Flussrichtung: Leitwert G_D ist durch den Vorstrom i_D steuerbar: $G_D \sim i_D$

Sperrichtung: Bei grösserer Sperrspannung (> 4 V) ist die Sperrschichtkapazität sehr klein.

Umschaltverhalten Flussrichtung - Sperrichtung: In beiden Richtungen sehr träges Umschaltverhalten.

Die PIN-Diode eignet sich als Schalter und variabler Widerstand in Anwendungen, bei denen grosse Umschaltzeiten zulässig sind. Dank den gut ausgeprägten Schaltzuständen (sehr niedriger / sehr hoher Widerstand) können grosse HF-Leistungen geschaltet werden.
Die PIN-Diode kann nur schlecht mit anderen Komponenten auf einem Chip integriert werden, sie wird daher hauptsächlich als Einzelbauelement in hybriden Schaltungen eingesetzt. In vielen Anwendungen wirkt sich die Tatsache, dass der Pfad der Ansteuerung (Vorspannung bzw. Vorstrom) nicht vom hochfrequenten Signalpfad getrennt ist, nachteilig aus. Mikrowellen-Feldeffekttransistoren (GaAs-FETs) erlauben eine ideale Trennung der beiden Pfade (HF-Pfad: Source-Drain, Steuerung: Gate). Neuerdings werden, bei kleineren HF-Leistungen, Schalter mit GaAs-FETs realisiert.

Figur 9.1 zeigt einen einpoligen und einen zweipoligen Schalter mit PIN-Dioden.

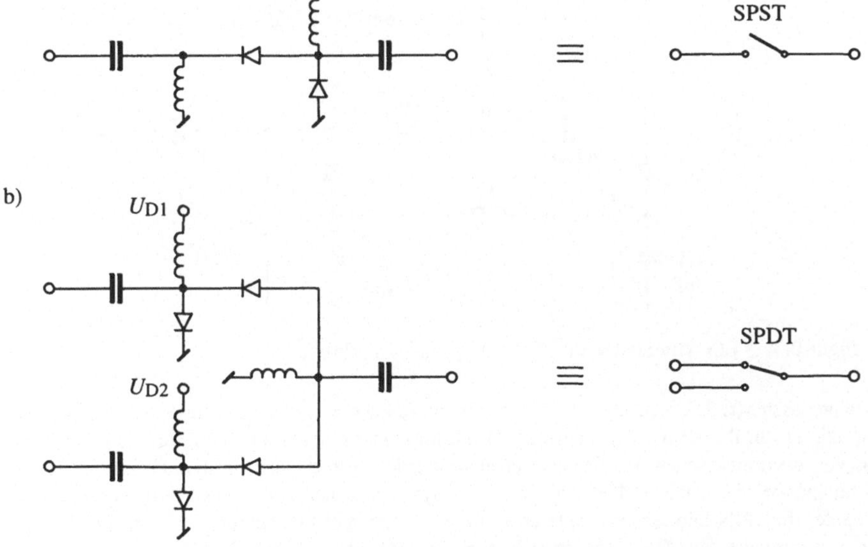

Figur 9.1   Schalter mit PIN-Dioden: a) einpoliger Schalter SPST (Single Pole Single Throw) und b) zweipoliger Umschalter SPDT (Single Pole Double Throw).

Die PIN-Diodenschalter können für grosse Bandbreiten entworfen werden, wie dies folgendes Beispiel zeigt:

Einpoliger Umschalter (SP3T = Single Pole Tripple Throw):

Frequenzbereich:	2 - 18 GHz
Isolation:	55 dB
Einfügungsdämpfung:	2 dB
Stehwellenverhältnis:	1.9 (entspricht einem Reflexionsfaktor r < 0.3)

Bei einem elektronisch steuerbaren Attenuator besteht nicht nur das Problem, die Einfügungsdämpfung in möglichst weiten Grenzen über einem grossen Frequenzbereich zu variieren, sondern auch den Reflexionsfaktor an den Toren für jeden Betriebszustand möglichst klein zu halten. Grundsätzlich kann diese Aufgabe mit der in Figur 9.2 angeführten Schaltung gelöst werden.

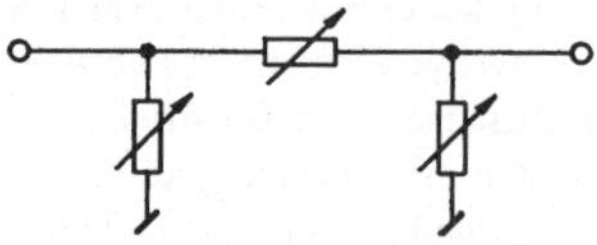

Figur 9.2   Stromgesteuerter Attenuator mit drei PIN-Dioden in π-Schaltung.

In dieser π-Schaltung von PIN-Dioden, die als variable Widerstände dargestellt sind, kann, durch geeignete Wahl des Vorstromes der Serie- und der Paralleldioden für jede Einfügungsdämpfung gleichzeitig Anpassung erreicht werden. Figur 9.3 zeigt einen solchen Attenuator.

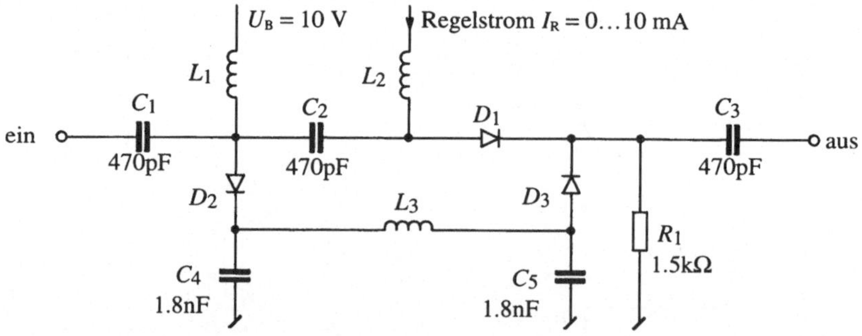

Figur 9.3   PIN-Attenuator in π-Schaltung für Fernsehtuner.

Um angepasste (reflexionsfreie) Attenuatoren zu realisieren, verlangt diese Schaltung eine komplizierte Zuführung der Steuerströme. Die Reflexionsfreiheit kann auch durch die Verwendung von asymmetrischen Schaltungen erreicht werden. Einen nach diesem Prinzip arbeitenden Attenuator zeigt Figur 9.4. Bei einem völlig symmetrischen Aufbau der 3 dB-Hybride und der beiden mit PIN-Dioden beschalteten Leitungen kann mit nur einem Vorstrom die Dämpfung bestimmt werden. Bei gesperrten Dioden besteht eine geringe Restdämpfung zwischen den Toren "ein" und "aus". Mit einem Vorstrom I_R zeigen die Dioden einen gewissen Leitwert. Ein Teil der HF-Leistung wird in den Dioden absorbiert, ein Teil wird transmittiert und beim

Ausgangskoppler phasenrichtig addiert. Ein dritter Teil wird in den beiden diodenbelasteten Leitungen reflektiert. Auf der Eingangsseite summieren sich die beiden reflektierten Signalanteile am Tor mit dem Abschlusswiderstand Z_W und werden dort absorbiert. Am Eingangstor "ein" erscheint, bei identischen Reflexionsfaktoren der diodenbelasteten Leitungen, kein reflektierter Signalanteil. Durch das Parallelschalten mehrerer Dioden kann eine beliebig grosse Dämpfung erzeugt werden. Je nach Art der verwendeten 3 dB-Hybride, können nach diesem Prinzip Attenuatoren für Bandbreiten bis mehreren Oktaven gebaut werden.

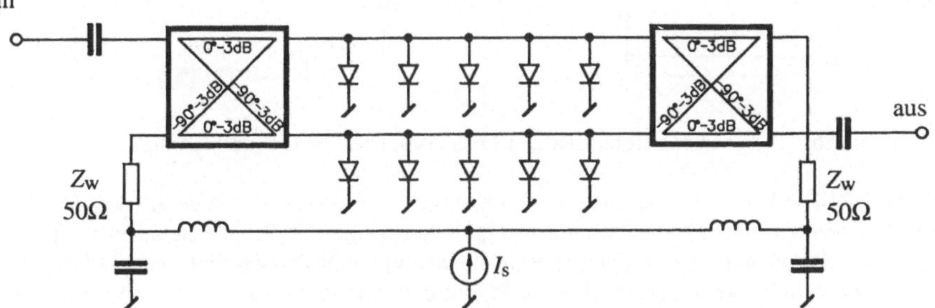

Figur 9.4   Steuerbarer Attenuator für den Frequenzbereich bis 40 GHz.

Auch für elektronisch steuerbare Attenuatoren werden heute mehr und mehr neben PIN-Dioden auch GaAs-FETs verwendet.

9. 2 Phasenschieberschaltungen

Elektronisch steuerbare Phasenschieberschaltungen werden in der Höchstfrequenztechnik für verschiedene Aufgaben eingesetzt. Für dämpfungsarme, präzise Schaltungen werden PIN-Dioden als Schalter mit sehr hochohmigem bzw. sehr niederohmigem Betriebszustand verwendet. Naheliegend ist die Anwendung als Phasenmodulator für analoge und digitale Signale. Dabei werden hohe Ansprüche gestellt bezüglich Präzision und eventuell der Geschwindigkeit, mit der die Phase eines hochfrequenten Signals gesteuert werden soll. In Kapitel 3.5 wurde die Gruppenantenne mit elektronisch steuerbarer Abstrahlrichtung, wie in Figur 9.5 abgebildet, vorgestellt.

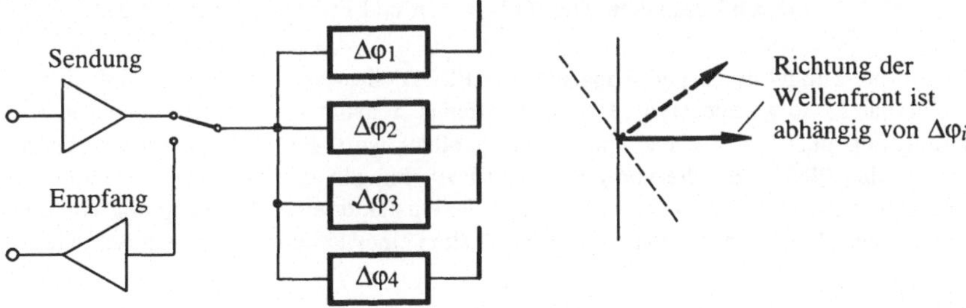

Figur 9.5   Gruppenantenne mit elektronisch steuerbarer Abstrahlrichtung.

Bei dieser Gruppenantenne muss die Phase des Signals jeder Elementarantenne mit hoher Präzision gesteuert werden. Dabei stellt man keine grosse Ansprüche an die Steuerungsgeschwindigkeit. Meist wird eine digitale Phasensteuerung verlangt. Üblich ist eine Steuerung der Phase in Inkrementen von $2\pi/2^n$, wobei n die Wortbreite des digitalen Steuersignals bedeutet.

In Figur 9.6 ist ein Phasenschieber mit fester Phasendifferenz bei konstanter Frequenz gezeigt: Der Transmissions-Laufzeit-Phasenschieber (Switched line phase shifter).

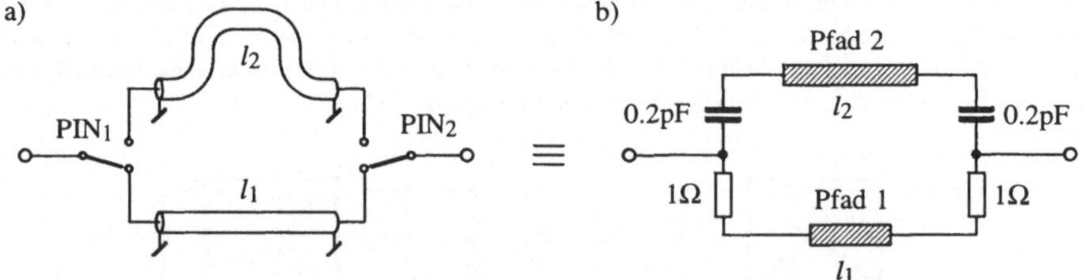

Figur 9.6   a) Transmissions-Laufzeit Phasenschieber. b) Ersatzschaltung.

Mittels PIN-Diodenschalter können zwei Leitungen verschiedener Länge in den Signalpfad eingefügt werden. Die Ersatzschaltung in Figur 9.6b zeigt den Schaltzustand mit Pfad 1 im Signalpfad. Dabei wird ein mögliches Problem des mit PIN-Dioden realisierten Phasenschiebers offensichtlich: Wenn der abgetrennte Pfad 2 eine Länge $l_2 \approx \lambda/2$ bei der Signalfrequenz aufweist, dann kann dieses Leitungsstück zusammen mit den Sperrkapazitäten der Dioden in Resonanz kommen, was zu einer stark frequenzabhängigen Dämpfung und Phasendifferenz zwischen den Pfaden 1 und 2 führen würde. Im Entwurf dieses Phasenschiebers muss daher darauf geachtet werden, dass die Längen l_1 und l_2 nicht nahe bei $\lambda/2$ liegen.

In Figur 9.7 ist eine Phasenschieberschaltung dargestellt, bei der mit einem PIN-Schalter die Phase eines Reflexionsfaktors gesteuert wird.

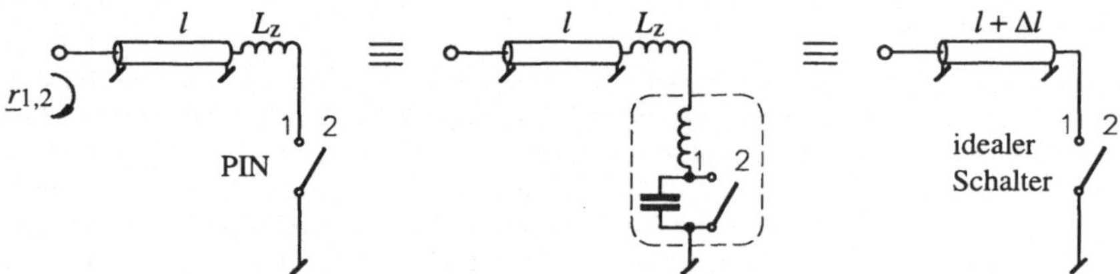

Figur 9.7   Reflexionsphasenschieber für einen Phasensprung $\Delta\varphi = \pi$ mit Steuerung durch Zuschalten einer Induktivität und Ersatzschaltungen dazu.

Die parasitäre Induktivität und Kapazität der PIN-Diode werden zusammen mit der Zusatzinduktivität L_z so kompensiert, dass beim offenen Schalter eine beinahe ideale leerlaufende Leitung mit einer Zusatzlänge von Δl nachgebildet wird. Bei Abschluss einer Leitung mit einer idealen PIN-Diode, die von einem sehr hochohmigen zu einem sehr niederohmigen Zustand umgeschaltet werden kann, zeigt der Reflexionsfaktor einen Phasensprung von $\Delta\varphi = \pi$. Ein beliebiger Phasensprung kann durch Zuschalten eines Leitungsstücks gemäss Figur 9.8

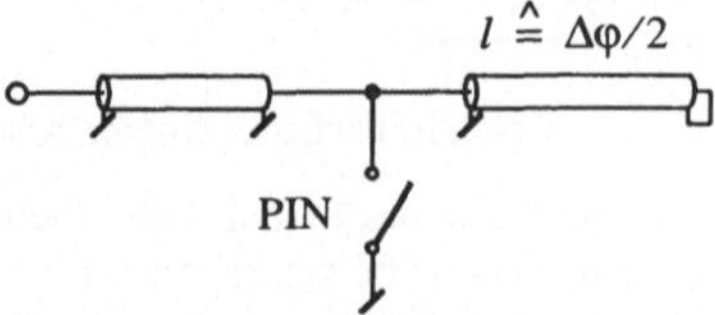

Figur 9.8   Reflexionsphasenschieber mit Steuerung durch Zuschalten einer Leitung.

erreicht werden. Jeder Reflexionsphasenschieber kann in einen in der Praxis häufiger benötigten Transmissionsphasenschieber überführt werden. Dazu werden zwei identische Reflexionsphasenschieber nach Figur 9.9 an zwei nichtgekoppelte Tore eines Quadraturhybrids (oder 3dB-Richtkoppler) geschaltet.

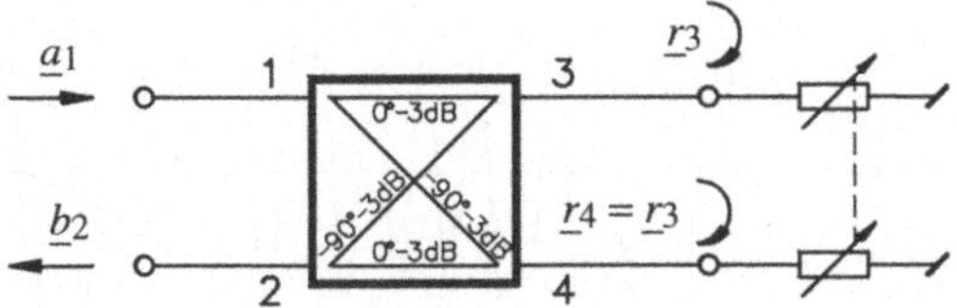

Figur 9.9   Transmissionsphasenschieber, aufgebaut aus zwei identischen, geschalteten Reaktanzen und einem Quadraturhybrid.

Ein am Tor 1 eingespeistes Signal erscheint zu gleichen Teilen an den Toren 3 und 4 und wird dort von den durch PIN-Dioden geschalteten Reaktanzen reflektiert. Wie leicht gezeigt werden kann, erscheint die Summe der beiden reflektierten Signale am Ausgangstor 2. Gleichzeitig bleibt aber das Tor 1 angepasst. Die Schaltung ist also ein Transmissionsphasenschieber mit dem Übertragungsparameter $\underline{T}_{21} = \underline{b}_2/\underline{a}_1 = \underline{r}_3$.

9. 3 Frequenzvervielfacher

In der Zeit, als schnelle aktive Halbleiterbauelemente noch nicht verfügbar waren, wurde eine Vielfalt von Frequenzvervielfachern entwickelt, um vorhandene Signalquellen in höheren Frequenzbereichen einzusetzen. Heute stehen qualitativ hochwertige Oszillatoren mit Halbleiterbauelementen bis zu Frequenzen von ca. 200 GHz zur Verfügung.
Die Frequenzvervielfachung wird in folgenden Bereichen eingesetzt:

   - als Signalquellen für Frequenzen > 200 GHz

   - zur Verarbeitung von Signalen aller Art

Hauptsächlich in der Signalverarbeitung besteht ein Bedarf an Vervielfachern mit unterschiedlichsten Ansprüchen. Beispielsweise kann der Träger eines phasengetasteten Signals über Frequenzverdopplung und anschliessender Frequenzhalbierung zurückgewonnen werden, wie dies in Figur 9.10 dargestellt ist.
Grundsätzlich kann mit jedem nichtlinearen Bauelement eine Frequenzvervielfachung erreicht werden. Es stehen dazu die folgenden Klassen von Bauelementen zur Verfügung:

   a) Positiv-nichtlinear-resistive Zweipolelemente, d.h. resistive Elemente, die im ganzen Betriebsbereich einen positiven differentiellen Widerstand aufweisen. (Schottky-Diode: am meisten verbreitet, einfacher Schaltungsentwurf)

   b) Nichtlineare aktive Zweipolelemente. (Tunneldiode: kleine Bedeutung, anspruchvoller Schaltungsentwurf)

   c) Nichtlineare reaktive Zweipolelemente. (Varaktordiode: Vervielfacher im mm- und sub-mm-Wellenbereich, anspruchsvoller Schaltungsentwurf)

   d) Nichtlineare Dreipolelemente. (Bipolartransistoren, GaAs-FETs: zunehmende Bedeutung im Höchstfrequenzbereich, einfacher Schaltungsentwurf)

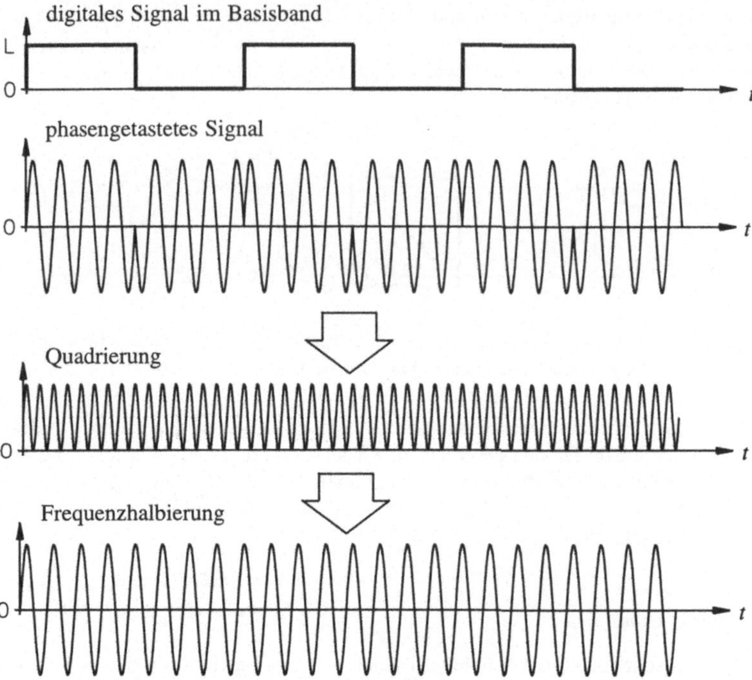

Figur 9.10   Rückgewinnung des Trägers eines phasengetasteten Signals über
Quadrierung und Frequenzhalbierung.

In diesem Kapitel beschränken wir uns auf die Behandlung von nichtlinearen, resistiven Zweipolen (Schottky-Dioden) und nichtlinearen reaktiven Zweipolen (Varaktordioden) als Frequenzvervielfacher. Mit sehr allgemeinen Annahmen kann gezeigt werden, dass positiv-nichtlinear-resistive Zweipole als Frequenzvervielfacher den folgenden maximal möglichen Wirkungsgrad η aufweisen (Beziehung von Pantell und Page, [1]):

$$\eta = \frac{1}{N^2}$$

mit $\eta = \dfrac{\text{verfügbare Leistung der N--ten Harmonischen}}{\text{Eingangsleistung}}$

Der Wirkungsgrad eines Verdopplers kann also 25 %, der eines Verdreifachers 11 % nicht überschreiten. Für nichtlinear-reaktive Frequenzvervielfacher zeigen die Manley Rowe-Gleichungen [2], dass der maximal mögliche Wirkungsgrad bei 100 % liegt. Während im Bereich über 50 GHz ein geringer Konversionsverlust wichtig ist, ist dies bei niedrigeren Frequenzen, hauptsächlich in der Signalverarbeitung, von untergeordneter Bedeutung, da eine allfällige Signalverstärkung problemlos ist. Für diese Anwendungen soll der Vervielfacher möglichst breitbandig und kostengünstig sein. Kostengünstige Vervielfacher werden heute mit Schottkydioden oder aktiven Bauelementen wie GaAs-FETs aufgebaut. Hoher Konversionswirkungsgrad und hohe Grenzfrequenzen bis 600 GHz werden mit Schottky-Varaktordioden erreicht.

9.3.1 Frequenzverdoppler und -verdreifacher mit Schottky-Dioden

In der Niederfrequenztechnik, beispielsweise in Speisegeräten, werden Vollweggleichrichter mit einer Diodenbrücke (Graetz-Schaltung) nach Figur 9.11 realisiert.

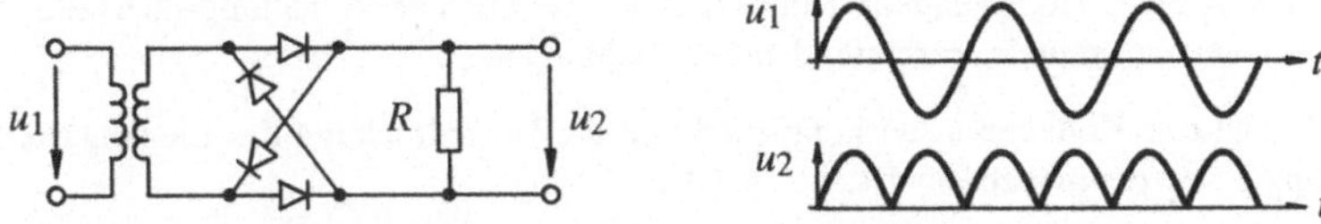

Figur 9.11   Vollweggleichrichter der Leistungselektronik.

Das ideale gleichgerichtete Signal enthält nur geradzahlige Vielfache der Grundfrequenz und damit, mit höchstem Wirkungsgrad, die zweifache Grundfrequenz. Die bei dieser Schaltung benötigten Transformatoren sind im Hochfrequenzbereich nur bis ca. 2 GHz mit sehr kleinen Ferritkernen realisierbar. Eine äquivalente Realisierung mit Mikrostreifenleitungen ist in Figur 9.12 dargestellt [3].

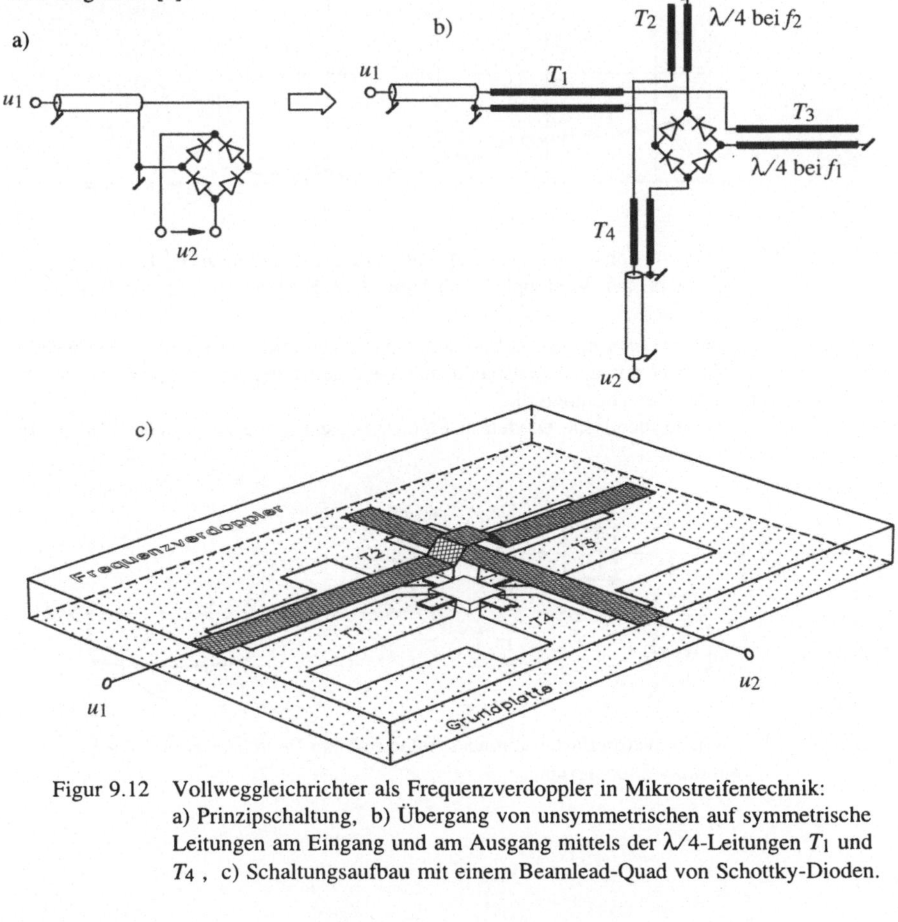

Figur 9.12   Vollweggleichrichter als Frequenzverdoppler in Mikrostreifentechnik:
a) Prinzipschaltung, b) Übergang von unsymmetrischen auf symmetrische Leitungen am Eingang und am Ausgang mittels der $\lambda/4$-Leitungen T_1 und T_4 , c) Schaltungsaufbau mit einem Beamlead-Quad von Schottky-Dioden.

Die wichtigsten Elemente sind dabei:

- Übergang von unsymmetrischen auf symmetrische Leitungen am Eingang und am Ausgang.

- Herstellung eines Hochfrequenz-Kurzschlusses zwischen der Schaltungsoberseite und -unterseite mittels leerlaufenden $\lambda/4$-Leitungen.

Figur 9.13 zeigt den Konversionswirkungsgrad und die Unterdrückung des Eingangssignals für den Verdoppler im Frequenzbereich 4.5 ... 9 GHz.

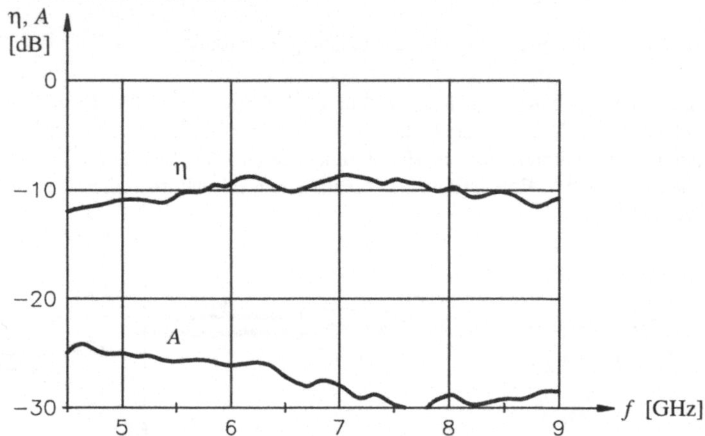

Figur 9.13   a) Konversionswirkungsgrad η und b) Unterdrückung A des Eingangssignals für den Verdoppler nach Figur 9.12. Eingangsleistung: 20 dBm.

Neben dem Verdoppler werden mit Schottky-Dioden auch Verdreifacher realisiert. Ein nichtlinear-resistives Bauelement mit im Arbeitspunkt punktsymmetrischer Strom-Spannungscharakteristik erzeugt nur ungerade Harmonische.
Zwei antiparallel gepolte identische Dioden in Figur 9.14 zeigen die gewünschte Charakteristik.

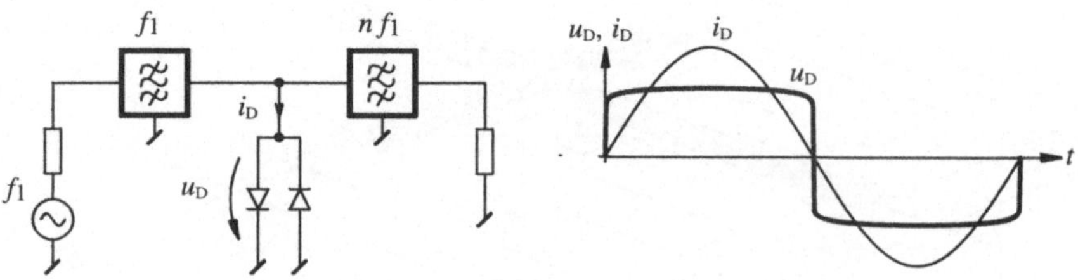

Figur 9.14   Frequenzverdreifacher mit als symmetrischem Begrenzer geschalteten
Schottky-Diodenpaar.

9.3.2 Frequenzvervielfacher mit Ladungsspeicherdiode

Die Funktionsweise der Ladungsspeicherdiode ist in Abschnitt 6.5 beschrieben. Diese Diode zeigt bei einem Wechsel des Diodenstroms von der Flussrichtung zur Sperrichtung einen sehr ausgeprägten, abrupten Zusammenbruch des Stroms. Dieser nichtlineare Effekt kann zur Erzeugung von Harmonischen eingesetzt werden. Figur 9.15 zeigt die Beschaltung einer Ladungsspeicherdiode zur Generierung kurzer Impulse.

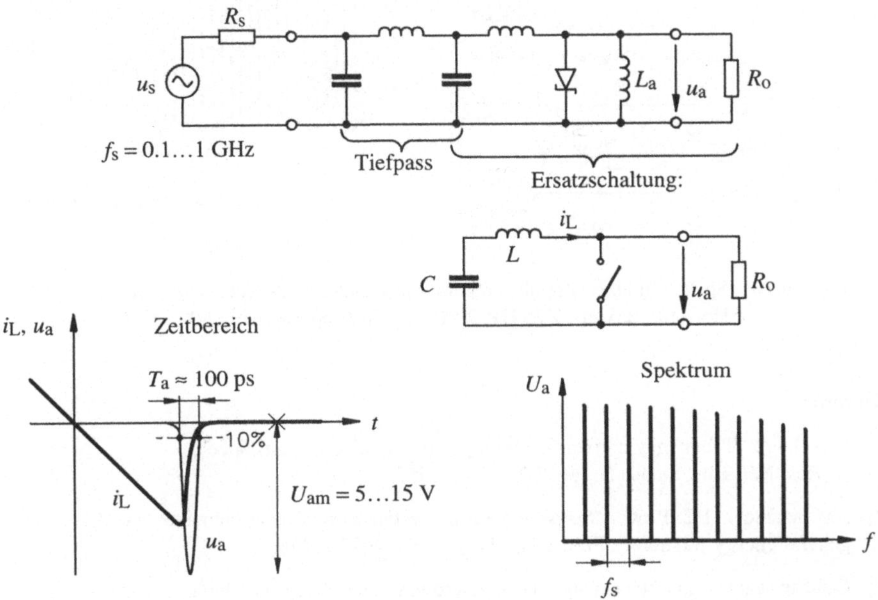

Figur 9.15   Ladungsspeicherdiode als Impulsgenerator.

Die Signalquelle ist ein Generator im Frequenzbereich 100 ... 1000 MHz. Der Tiefpass TP sorgt dafür, dass die in der Diode erzeugten Harmonischen nicht zur Signalquelle gelangen können. Die LC-Schaltung mit dem Lastwiderstand R_O bildet einen kritisch gedämpften Resonanzkreis, der durch die Ladungsspeicherdiode angestossen wird. Die Induktivität L_a dient zur Gleichstromrückführung und beeinflusst das Hochfrequenzverhalten nicht. Die Diode verhält sich, vereinfacht dargestellt, wie ein Schalter der, geöffnet wird, sobald die in der Diode gespeicherte Ladung abgebaut ist. Bei jedem Stromzusammenbruch in der Diode wird ein relativ hoher Spannungsimpuls (5 ... 15 V) erzeugt. Ein mit dieser Schaltung erzeugtes Spektrum ist in Figur 9.16 dargestellt.
Die Schaltung wird als Impulsgenerator für verschiedene Zwecke eingesetzt:

- Generator für die Messung von Impulsantworten

- sogenannter Kammgenerator für die Herstellung von Frequenzmarken

- Lokaloszillator für harmonische Mischer (Mischung mit einer Oberwelle des Lokaloszillators)

- Impulsgenerator für die Ansteuerung von schnellen Sampling Gates (Abtastschaltung)

Wird der Ausgang als schmalbandiger Bandpass ausgeführt, kann selektiv nur eine bestimmte Harmonische erzeugt werden.

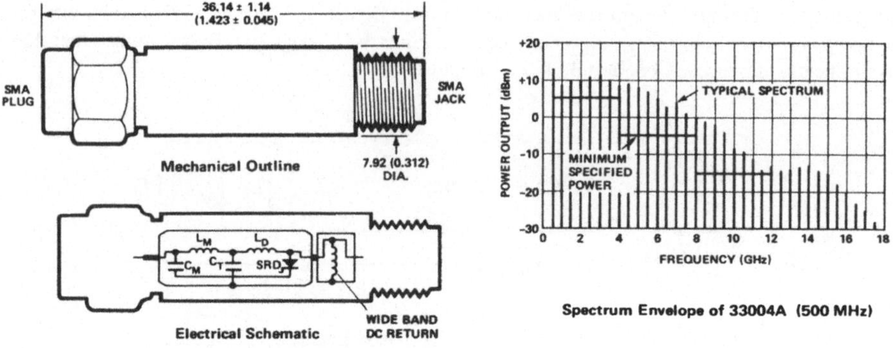

Figur 9.16　Spektrum eines Impulsgenerators mit Ladungsspeicherdiode von Hewlett-Packard: Typ HP 33004A, Eingangsfrequenz 500 MHz.

Literatur

[1] C.H. Page: "Frequency conversion with positive nonlinear resistance",
    J. Res. Nat. Bur. Stand. 56, pp. 179 - 182, 1956.

[2] J.M. Manley, H.E. Rowe: "Some general properties of nonlinear elements, part I,
    general energy relations", Proc. IRE, 44, pp. 904 - 913, 1956.

[3] O. Osterwald: "An octave-wide planar microwave frequency doubler",
    Proc. 15th European Microwave Conference, pp.623 - 628, 1985.

[4] I. Bahl, P. Bhartia: *Microwave solid state circuit design*, New York: Wiley 1988.

[5] H.G. Unger, W. Harth: *Hochfrequenz-Halbleiterelektronik*,
    Stuttgart: Hirzel Verlag, (1972).

[6] A. Chu et al.: "Monolithic frequency doublers with series connected varactor diodes",
    IEEE Microwave and Millimeterwave Monolithic Circuit Symp. Digest
    pp. 74 - 77, 1984.

[7] R.H. Pantell: "General power relationships for positive and negative nonlinear resistive
    elements", Proc. IRE, 46, pp. 1910 - 1913, 1958.

Sachwortverzeichnis

Berechnungs- und Entwurfsverfahren der Hochfrequenztechnik 1+2

von Rainer Geißler,
Werner Kammerloher,
Hans W. Schneider

Band 1
1993. X, 480 Seiten mit
109 Beispielen, 54 Übungsaufgaben
und mehr als 280 Abbildungen
(Viewegs Fachbücher der Technik)
Br. DM 62,00
ISBN 3-528-04749-6

Band 2
1994. X, 338 Seiten mit
67 Beispielen, 49 Übungsaufgaben
und 239 Abbildungen
(Viewegs Fachbücher der Technik)
Br. DM 58,00
ISBN 3-528-04943-X

Dieses zweibändige Lehrbuch führt in die grundlegenden Verfahren des Entwurfs und der Berechnung von Hochfrequenzschaltungen ein. Zahlreiche Übungen und Aufgaben mit Lösungen dienen dazu, diese Verfahren kennen zu lernen und sie sicher anzuwenden. Behandelt werden die wichtigsten HF-Schaltungen und Anwendungen, Kreis- und Schmithdiagrammme werden ausführlich vorgestellt. Bei der Darstellung der allgemeinen Wellenübertragung werden auch die Schwierigkeiten aufgezeigt, die beim praktischen Schaltungsentwurf entstehen. Der Band schließt mit den Grundlagen der Antennen, deren wichtigste Ausführungsformen beschrieben werden. Im Anhang werden die eingesetzten mathematischen Operationen in einer Übersicht zusammengestellt. Eine umfangreiche Literaturliste hilft bei der Suche nach weiterführender Literatur.

Abraham-Lincoln-Straße 46
D-65189 Wiesbaden
Fax (0180) 5 78 78-80
www.vieweg.de

Stand Februar 1999
Änderungen vorbehalten.
Erhältlich beim Buchhandel oder beim Verlag.